“十四五”职业教育国家规划教材

“十三五”职业教育国家规划教材

数控机床控制系统装调

第 2 版

主　编　吴　毅

副主编　吕家将　陈军源

参　编　梁恒乐　王宏松　蒋梦鸽　刘宗涛

机械工业出版社

本书为“十三五”和“十四五”职业教育国家规划教材的修订版。本书是依托项目化教学，紧紧围绕数控机床本身，在对教学内容进行改革与重组的基础上编写而成的。编写本书时，按照从较简单的直接控制到越来越复杂的PLC控制的原则，选取有代表性的数控机床子控制系统为教学情境载体，完成学习情境的设计，安排了数控机床控制系统认识、数控机床风扇控制系统装调、数控机床冷却控制系统装调、数控车床刀架控制系统装调、数控机床主轴控制系统装调及数控机床进给控制系统装调等内容，在各情境中串入常用低压电器、继电器控制、PLC控制等知识点，突出教学内容的岗位针对性和适用性。为方便阅读，本书采用双色印刷、植入二维码。

本书可作为高等职业院校智能制造装备技术、数控技术、机电一体化技术等机电类专业的核心课程教材，也适合一般数控技术培训机构使用。

为便于读者使用，本书开发了基于学银在线平台的省级精品在线开放课程“数控机床控制系统装调”，网址为：https://www.xueyinonline.com/detail/232730866，欢迎使用。

本书配有电子课件，凡使用本书作教材的教师可登录机械工业出版社教育服务网（http://www.cmpedu.com），注册后免费下载。咨询电话：010-88379375。

图书在版编目（CIP）数据

数控机床控制系统装调/吴毅主编. —2版. —北京：机械工业出版社，2024.2（2025.1重印）

“十四五”职业教育国家规划教材：修订版

ISBN 978-7-111-74373-6

Ⅰ.①数… Ⅱ.①吴… Ⅲ.①数控机床-数字控制系统-安装-高等职业教育-教材②数控机床-数字控制系统-调试方法-高等职业教育-教材 Ⅳ.①TG659

中国国家版本馆CIP数据核字（2023）第231781号

机械工业出版社（北京市百万庄大街22号 邮政编码100037）
策划编辑：王英杰 责任编辑：王英杰
责任校对：宋 安 封面设计：王 旭
责任印制：常天培
固安县铭成印刷有限公司印刷
2025年1月第2版第3次印刷
184mm×260mm · 10.75印张 · 262千字
标准书号：ISBN 978-7-111-74373-6
定价：36.00元

电话服务	网络服务
客服电话：010-88361066	机 工 官 网：www.cmpbook.com
010-88379833	机 工 官 博：weibo.com/cmp1952
010-68326294	金 书 网：www.golden-book.com
封底无防伪标均为盗版	机工教育服务网：www.cmpedu.com

关于“十四五”职业教育
国家规划教材的出版说明

为贯彻落实《中共中央关于认真学习宣传贯彻党的二十大精神的决定》《习近平新时代中国特色社会主义思想进课程教材指南》《职业院校教材管理办法》等文件精神，机械工业出版社与教材编写团队一道，认真执行思政内容进教材、进课堂、进头脑要求，尊重教育规律，遵循学科特点，对教材内容进行了更新，着力落实以下要求：

1. 提升教材铸魂育人功能，培育、践行社会主义核心价值观，教育引导学生树立共产主义远大理想和中国特色社会主义共同理想，坚定“四个自信”，厚植爱国主义情怀，把爱国情、强国志、报国行自觉融入建设社会主义现代化强国、实现中华民族伟大复兴的奋斗之中。同时，弘扬中华优秀传统文化，深入开展宪法法治教育。

2. 注重科学思维方法训练和科学伦理教育，培养学生探索未知、追求真理、勇攀科学高峰的责任感和使命感；强化学生工程伦理教育，培养学生精益求精的大国工匠精神，激发学生科技报国的家国情怀和使命担当。加快构建中国特色哲学社会科学学科体系、学术体系、话语体系。帮助学生了解相关专业和行业领域的国家战略、法律法规和相关政策，引导学生深入社会实践、关注现实问题，培育学生经世济民、诚信服务、德法兼修的职业素养。

3. 教育引导学生深刻理解并自觉实践各行业的职业精神、职业规范，增强职业责任感，培养遵纪守法、爱岗敬业、无私奉献、诚实守信、公道办事、开拓创新的职业品格和行为习惯。

在此基础上，及时更新教材知识内容，体现产业发展的新技术、新工艺、新规范、新标准。加强教材数字化建设，丰富配套资源，形成可听、可视、可练、可互动的融媒体教材。

教材建设需要各方的共同努力，也欢迎相关教材使用院校的师生及时反馈意见和建议，我们将认真组织力量进行研究，在后续重印及再版时吸纳改进，不断推动高质量教材出版。

机械工业出版社

前 言

数控机床控制系统装调是智能制造装备技术、数控技术、机电一体化技术等专业的核心技能之一，如何给职业教育类学习者提供“有效、有趣、有料”的立体化教材是个关键问题。

本书作为“十三五”和“十四五”职业教育国家规划教材的修订版，紧跟智能制造产业发展潮流，将产业中的新技术、新工艺、新规范、新标准融入书中，根据现行电气符号国家标准 GB/T 4728，更新教材中相应的图形文字符号，每章都设有“任务实施”环节，并配有图片讲解和二维码形式的微课或动画，把纸质教材变成全媒体教材，顺应当下“轻阅读”的潮流。

本书在内容选取和组织上，从实际工作任务出发，采用情境式教材结构，将企业数控装调维修真实工作岗位内容迁移到课堂教学中，依托项目化教学，从实际工作角度出发，把各个知识点打散重组，重构数控机床控制系统知识树，按照从较简单的直接控制到越来越复杂的 PLC 控制的原则，共设计了数控机床风扇控制系统装调、数控机床冷却控制系统装调、数控车床刀架控制系统装调、数控机床主轴控制系统装调、数控机床进给控制系统装调五个学习情境作为知识树的主干，再在每个树状分支上挂上相应知识点。

习近平总书记在全国高校思想政治工作会议上强调，要坚持把立德树人作为中心环节，把思想政治工作贯穿教育教学全过程，实现全程育人、全方位育人，努力开创我国高等教育事业发展新局面。本着“三全育人”的理念，响应“三全育人”的号召，本书绝大多数章节前有学生职业的“素养目标”，大部分章节设有“课后见闻”板块，供同学们参考学习。另外，编者团队开发了省级精品在线开放课程“数控机床控制系统装调”，拓展了本课程的学习空间，实现课前、课中、课后全方位全过程育人，为国家培养更多的素质高、专业技术全面、技能熟练的大国工匠、高技能人才。在线课网址为：https://www.xueyinonline.com/detail/241200694，课程内容动态更新，包含“1+X”数控设备维护维修证书最新内容，其中，前 4 章对应初级相关内容，后 2 章对应中级相关内容。

党的二十大报告指出：“实施产业基础再造工程和重大技术装备攻关工程，支持专精特新企业发展，推动制造业高端化、智能化、绿色化发展。”本书在编写过程中坚决贯彻党的二十大精神，以培养高技能型应用人才为目标。机床是制造机器的机器，是工业母机，是装备制造业的基础核心，本书涉及的数控机床型号囊括了国内外机床市场的主要品牌，有华中数控、广州数控、FANUC、西门子等。为培养更多适应市场的应用型人才，让学生毕业即可上岗，本书对市场上的主流数控装置的控制原理和控制过程进行了详细介绍；同时模块化地对国产品牌机床的继电控制电路部分进行讲解，通过“中国智慧”“中国方案”“中国力量”让同学们树立强烈的民族自豪感和使命感。

本书由吴毅任主编，吕家将、陈军源任副主编，梁恒乐、王宏松、蒋梦鸽、刘宗涛参与编写。

由于编者学识和经验有限，书中错误在所难免，恳请专家和读者批评指正！

编 者

二维码索引

页码	名　　称	图形
3	视频 000：国内外常见数控系统及机床介绍	
6	视频 001：导学	
8	视频 002：机床开机安全操作	
11	视频 003：断路器	
14	视频 004：变压器	
39	视频 005：接触器	
41	视频 006：中间继电器	
46	视频 007：长动控制	
52	视频 008：PLC 原理	
86	视频 009：电动刀架控制流程	
100	视频 010：四方刀架拆装	
108	视频 011：主轴控制类型	
120	视频 012：主轴调速方式	
136	视频 013：伺服驱动系统结构	
137	视频 014：进给控制原理	
152	视频 015：急停回路设计方法	

目录

前言
二维码索引
第1章　数控机床控制系统认识 ………… 1
1.1　数控机床控制技术概述 ………… 1
1.1.1　数控机床控制技术的概念 ………… 1
1.1.2　数控机床控制技术的发展 ………… 1
1.2　课程认知 ………… 3
1.2.1　课程性质 ………… 3
1.2.2　课程内容 ………… 4
1.3　课程特色 ………… 4
1.4　任务实施及评价 ………… 6
1.4.1　数控机床控制系统认知 ………… 6
1.4.2　检查评价 ………… 8
课后见闻 ………… 8
第2章　数控机床风扇控制系统装调 ………… 9
2.1　情境引入 ………… 9
2.2　任务　数控机床风扇控制系统装调 ………… 10
2.2.1　低压电器的认识与选用（一） ………… 10
2.2.2　机床电气图介绍 ………… 19
2.2.3　电气原理图的识读 ………… 20
2.2.4　数控机床电气柜风扇电气原理图解读 ………… 23
2.2.5　任务实施及评价 ………… 24
2.2.6　拓展资料 ………… 29
课后见闻 ………… 33
第3章　数控机床冷却控制系统装调 ………… 34
3.1　情境引入 ………… 34
3.2　任务1　三相异步电动机起动控制系统装调 ………… 35
3.2.1　低压电器的认识与选用（二） ………… 35
3.2.2　三相异步电动机起动点动控制 ………… 44
3.2.3　三相异步电动机起动长动控制 ………… 46
3.2.4　任务实施 ………… 47
3.2.5　检查评价 ………… 48
3.3　任务2　三相异步电动机星-三角降压起动PLC控制系统装调 ………… 48
3.3.1　时间继电器的认识与选用 ………… 49
3.3.2　星-三角降压起动原理 ………… 50
3.3.3　星-三角降压继电器控制电气原理图解读 ………… 51
3.3.4　PLC基础 ………… 52
3.3.5　PLC指令应用 ………… 61
3.3.6　星-三角降压起动PLC控制及程序设计 ………… 66
3.3.7　任务实施 ………… 67
3.3.8　检查评价 ………… 67
3.4　任务3　数控机床冷却控制系统装调 ………… 70
3.4.1　数控机床冷却系统的机械结构组成 ………… 71
3.4.2　数控机床冷却系统的电气控制组成 ………… 72
3.4.3　数控机床用PLC介绍 ………… 73
3.4.4　FANUC系统PMC ………… 75
3.4.5　数控机床冷却控制电路 ………… 82
3.4.6　数控机床冷却控制梯形图 ………… 82
3.4.7　任务实施 ………… 84
3.4.8　检查评价 ………… 84
课后见闻 ………… 85
第4章　数控车床刀架控制系统装调 ………… 86
4.1　情境引入 ………… 86
4.2　任务1　三相异步电动机运行控制电路 ………… 87
4.2.1　低压电器的认识与选用（三） ………… 87
4.2.2　三相异步电动机的正/反转控制 ………… 89
4.2.3　三相异步电动机的往返控制 ………… 90
4.2.4　三相异步电动机的顺序控制 ………… 90

4.2.5 任务实施 …… 91
4.2.6 检查评价 …… 92
4.3 任务2 数控车床刀架控制系统装调 …… 92
4.3.1 转塔式电动刀架的机械结构及工作原理 …… 93
4.3.2 霍尔元件介绍 …… 94
4.3.3 电动刀架控制流程 …… 94
4.3.4 电动刀架的控制电路 …… 94
4.3.5 电动刀架控制的 PLC 程序 …… 95
4.3.6 任务实施 …… 100
4.3.7 检查评价 …… 105
4.3.8 拓展资料 …… 106

第5章 数控机床主轴控制系统装调 …… 108

5.1 情境引入 …… 108
5.2 任务1 典型数控系统及其接口 …… 109
5.2.1 数控系统结构 …… 110
5.2.2 FANUC 0i-D 数控系统的结构与接口 …… 110
5.2.3 FANUC 0i-D 数控系统的综合连接 …… 113
5.2.4 任务实施 …… 113
5.2.5 检查评价 …… 115
5.3 任务2 变频器装调 …… 115
5.3.1 三相异步电动机的调速原理 …… 115
5.3.2 变频器原理及分类 …… 117
5.3.3 变频器外部结构 …… 118
5.3.4 变频器的连接 …… 120
5.3.5 变频器的调试 …… 120
5.3.6 任务实施及评价 …… 123
5.3.7 拓展资料 …… 124
5.4 任务3 主轴控制系统装调 …… 126
5.4.1 主轴控制类型 …… 127
5.4.2 主轴控制电气原理图解读 …… 128
5.4.3 主轴正/反转 PLC 程序解读 …… 130
5.4.4 任务实施及评价 …… 131
课后见闻 …… 134

第6章 数控机床进给控制系统装调 …… 135

6.1 情境引入 …… 135
6.2 任务1 进给轴控制系统装调 …… 136
6.2.1 伺服控制系统简介 …… 136
6.2.2 发那科 βi 伺服驱动器的连接 …… 137
6.2.3 进给控制原理及参数设置 …… 140
6.2.4 进给轴相关 PMC 控制程序 …… 142
6.2.5 任务实施 …… 146
6.2.6 检查评价 …… 148
6.2.7 拓展资料 …… 149
6.3 任务2 数控机床急停控制系统装调 …… 151
6.3.1 数控机床急停概念 …… 151
6.3.2 急停回路相关元件介绍 …… 152
6.3.3 数控机床急停回路设计方法 …… 152
6.3.4 数控机床急停回路与 PMC 程序 …… 153
6.3.5 任务实施 …… 154
6.3.6 检查评价 …… 159
课后见闻 …… 159

附录 常用电气图形符号、文字符号一览表 …… 160

参考文献 …… 163

第 1 章 数控机床控制系统认识

1.1 数控机床控制技术概述

随着时代的发展以及社会的需求，数控机床控制技术得到了长足的发展，尤其是计算机技术的发展以及数控理论的深入研究，使得数控系统更加智能化与高效化。机械产业也因此得到了发展，生产率不断提高，工艺质量也得到了有效的保障。

1.1.1 数控机床控制技术的概念

所谓数控机床控制技术，就是指利用专门的程序下达指令，使机床按照指令的要求对工件进行自动化加工的技术。在操作数控机床之前，先要确定零件在机床上的安装位置、刀具与零件之间的距离和相关尺寸参数，以及机器操作路线、切削规格等具体信息等。掌握这些信息后，再由程序员编制加工程序，然后控制系统依据加工程序执行命令，进行规范的自动操作，从而实现加工机械零件的目的。

数控机床作为自动化程度很高的设备，一般由数控装置（CNC 装置）、伺服系统、强电控制系统（包括电气控制装置等）、检测反馈装置和机床本体等组成，如图 1-1 所示。其工作原理是：CNC 装置发送处理信号，该信号由可编程序控制器（PLC）转换为电动机的动作，最后经由检测反馈装置将运行状况反馈给 CNC 装置，并由 CNC 装置判断是否需要下一步操作，以此来达到自动化控制的要求。

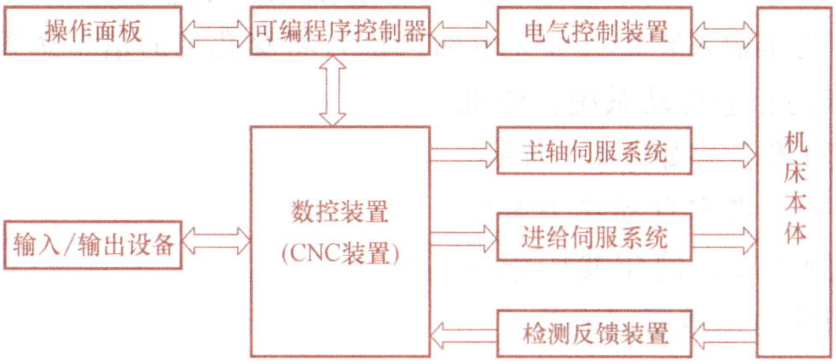

图 1-1　数控机床的组成

1.1.2 数控机床控制技术的发展

机械设备最早的控制装置是手动控制器。目前，继电器-接触器控制仍然是我国机械设备最基本的电气控制形式之一。20 世纪 20—50 年代，出现了交磁放大机-电动机控制，这是一种闭环反馈系统，系统的控制精度和快速性都有所提高。20 世纪 60 年代出现了晶体管-晶闸管控制，由晶闸管供电的直流调速系统和交流调速系统不仅使调速运算性能大为改善，而且减少了机械设备和占地面积，耗电少，效率高，完全取代了交磁放大机-电动机控制系统。随着大规模集成电路和微处理器技术的发展及应用，在 20 世纪 70 年代出现了一种以微处理器为核心的新型工业控制器——可编程序控制器。这种器件完全能够适应恶劣的工业环境，并且由于它具备计算机控制和继电器控制二者的优点，因此目前已作为一种标准化通用设备，普遍应用于工业控制。随着计算机技术的迅速发展，数控机床的应用日益广泛，进一步推动了数控系统的发展，产生了自动编程系统、计算机数控系统、计算机群控系统和柔性制造系统。计算机集成制造系统及计算机辅助设计、制造一体化是机械制造一体化的高级阶段，可实现产品从设计到制造的全部自动化。

我国机床数控技术的发展历程，与世界其他国家一样，大体上可以分为数字控制机床、加工中心和柔性制造生产线三个阶段。

我国的机床数字控制起步于 1958 年，清华大学和当时的北京第一机床厂共同研制了 101 型和 102 型两台程序控制的三坐标立式铣床。101 型程序控制铣床采用自整角机直流电动机半闭环伺服系统；102 型程序控制铣床采用电液脉冲马达开环伺服系统，其外观如图 1-2 所示。这两台机床成为我国最早研制成功的数控机床，机床本体和数控系统所用元件、功能部件和装置，如滚珠丝杠、步进电动机、液压伺服阀、液动机、继电器、输入装置以及程序编制等软件、硬件全部都是我国自行研制和生产的。

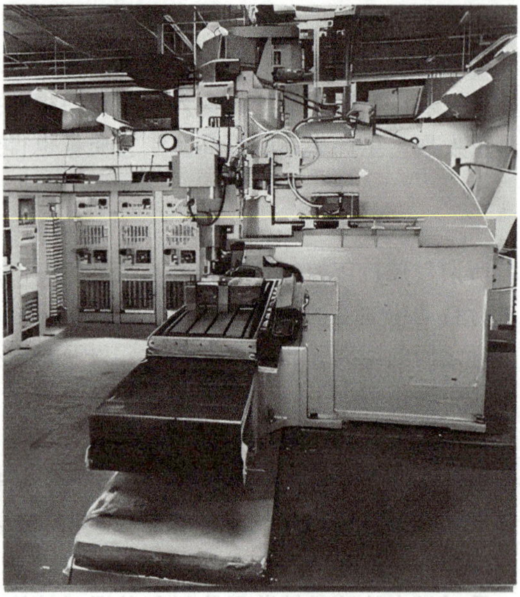

图 1-2　我国第一台 102 型程序控制铣床外观

102 型数控铣床由穿孔机、穿孔带、输入装置、数控装置和机床组成，其工作原理是：根据加工图样进行编程，通过穿孔机穿孔将程序载入到穿孔带上，再由输入装置（如光电输入机）将穿孔带的信息送入数控装置，信息经过处理后，控制机床的相应传动系统，使机床按照程序工作。其工作原理如图 1-3 所示。

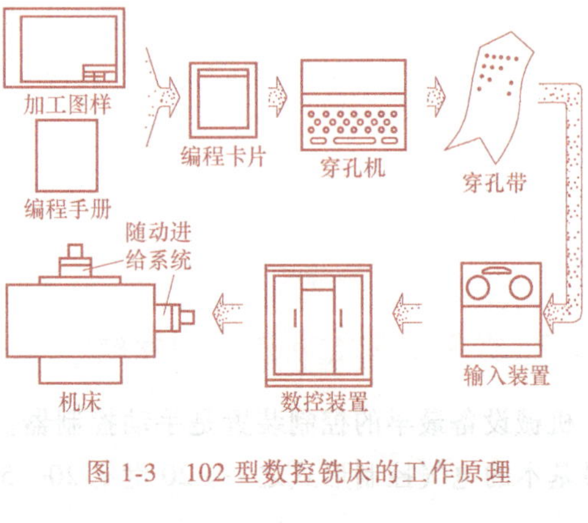

图 1-3　102 型数控铣床的工作原理

1962 年我国第一台带有自动换刀装置的数字控制机床研制成功，同年我国第一台 B1-64 程序控制机床自动线研制成功。

1985 年，由北京机床研究所和日本联合研制的 JCS-FMS-1 柔性制造系统问世，用于加工直流伺服电动机的轴类、盘类等 14 种零件，整个系统由加工系统、物流系统和控制系统组成，数控机床、物流系统由我国提供，控制系统由日本发那科公司开发，这是我国自行研制的最早向世人公开的柔性制造系统，如图 1-4 所示。

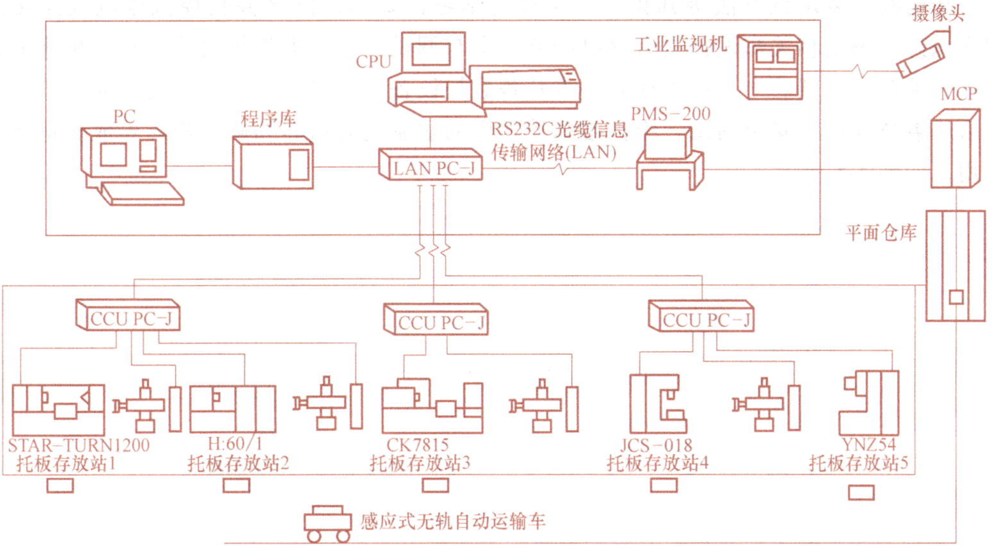

图 1-4 JCS-FMS-1 回转体类零件柔性制造系统

现代的数控技术朝着智能化、网络化和柔性化的方向发展。智能化是 21 世纪制造技术发展的一个大方向。智能化的内容体现在数控系统中的几个方面：①为提高加工效率和加工质量的智能化，如自适应控制、工艺参数自动生成等；②为提高驱动性能及使用连接方便的智能化，如前馈控制、自动识别负载、自动选定模型、自整定等；③简化编程、简化操作的智能化，如智能化的自动编程、智能化的人机界面等；④智能诊断、智能监控，方便系统的诊断及维修等。

数控机床的网络化，主要指机床通过所配装的数控系统与外部的其他控制系统或上位计算机进行网络连接和网络控制。随着信息化技术的大量采用，越来越多的用户要求机床具备远程通信服务等功能。虚拟设计、虚拟制造等高端技术也越来越多地为工程技术人员所追求。通过软件智能替代复杂的硬件，正在成为当代机床发展的重要趋势。

柔性自动化技术是制造业适应动态市场需求及产品迅速更新的主要手段，是各国制造业发展的主流趋势，是先进制造领域的基础技术。其重点是以提高系统的可靠性、实用化为前提，以易于联网和集成为目标；注重加强单元技术的开拓、完善；CNC 单机向高精度、高速度和高柔性方向发展；数控机床及其构成的柔性制造系统能方便地与 CAD、CAM、CAPP、MTS 连接，向信息集成方向发展；网络系统向开放、集成和智能化方向发展。

总之，数控机床技术的进步和发展为现代制造业的发展提供了良好的条件，促使制造业向着高效、优质以及人性化的方向发展。可以预见，随着数控机床技术的发展和数控机床的广泛应用，制造业将迎来一次足以撼动传统制造业模式的深刻革命。

1.2 课程认知

1.2.1 课程性质

“数控机床控制系统装调”是数控设备应用与维护专业具体体现和实现培养目标的最主

要的专业综合课程。课程主要讲授数控机床的工作原理、系统软件调试、电气系统调试技术、机械结构及安装调试方法等知识；学生通过学习该课程，能掌握数控机床电气连接及PLC 程序识读与编制相关知识；具有继电线路配盘与调试、机床电气柜总装及数控机床 PLC 程序识读、编制与调试能力，从而使其基本具备数控设备应用与维护岗位群的职业素养。课程对今后从事数控机床安装调试、维护维修的学生的职业能力培养和职业素质养成起重要的支撑作用，如图 1-5 所示。

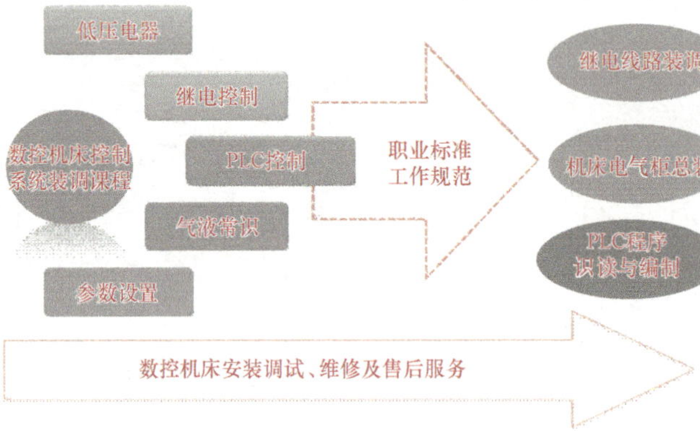

图 1-5　课程性质示意图

1.2.2　课程内容

设置课程内容时，按照从较简单的直接控制到越来越复杂的 PLC 控制的原则，紧紧围绕数控机床，选取有代表性的数控机床子控制系统作为教学情境载体，完成学习情境的设计，并且安排了数控机床风扇控制系统装调、数控机床冷却控制系统装调、数控车床刀架控制系统装调、数控机床主轴控制系统装调、数控机床进给控制系统装调共 5 项相关内容。

本课程沿革于数控技术专业的数控机床电气控制课程，主要讲述继电器控制及 PLC 控制方面的知识。但数控机床电气控制的课程内容完全脱离了数控机床，继电器控制主要以普通机床为主，而 PLC 控制更是与机床毫无关系的小车控制、流水线控制、红绿灯控制等内容，缺少专业针对性。本课程紧紧围绕数控机床本身，大胆进行教学内容的改革与重组，以冷却、刀架控制系统等典型的数控机床子控制系统为学习情境载体，在各情境中串入常用低压电器、继电器控制、PLC 控制等知识点，突出教学内容的岗位针对性和适用性。

1.3　课程特色

从实际工作角度出发，把各个知识点打散重组，重构数控机床控制系统知识树，在每个树状分支上重新挂上相应知识点，如图 1-6 所示。这样既方便教师利用“微课”“翻转课程”等现代化的教学手段进行有效教学；又便于学生自主学习，提高学习的效率与效果。

此外，针对当代学生接受新事物快但学习持续性相对较弱等特点，进行了一系列的改革尝试。例如在每章都有任务实施，并配有图片讲解，顺应当下“轻阅读”的潮流；教材还配有二维码，扫码即可获得相应的视频，把纸质化教材变成全媒体教材，让学生感受到

"原来手机还可以这样用"。全书力求做到"抓痛点、解难点、有看点、无槽点"，真正做到寓教于乐。

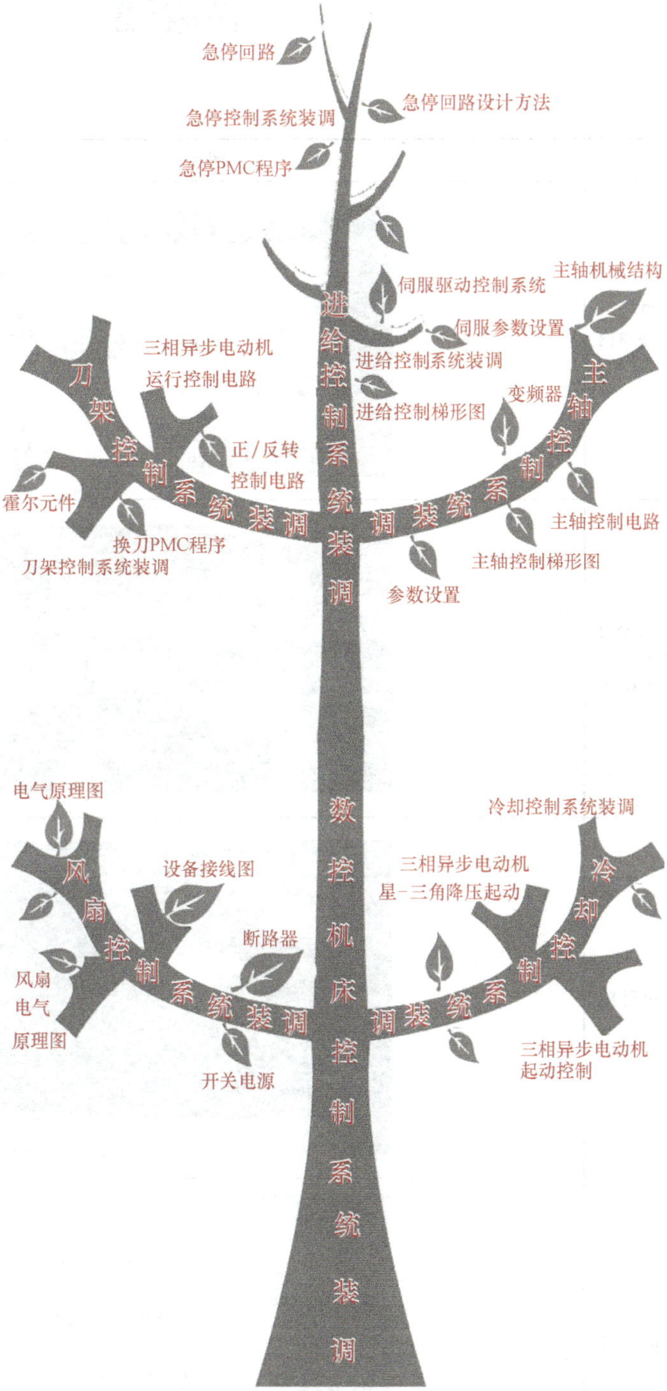

图 1-6 课程结构树状图

1.4　任务实施及评价

1.4.1　数控机床控制系统认知（表 1-1）

表 1-1　数控机床控制系统认知

文字说明	图片说明
(1)数控装置面板认识 图示为华中数控系统 818 系列操作面板	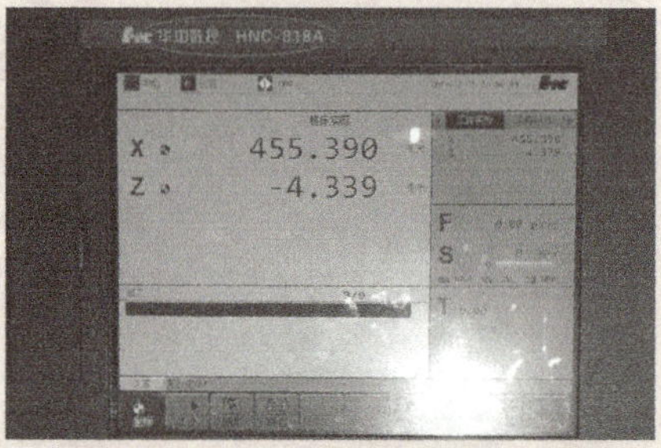
(2)I/O 装置认识 图示为沈阳机床 CAK3665SJ 电气柜，I/O 装置带发光二极管指示，可以帮助判断 I/O 接通与否	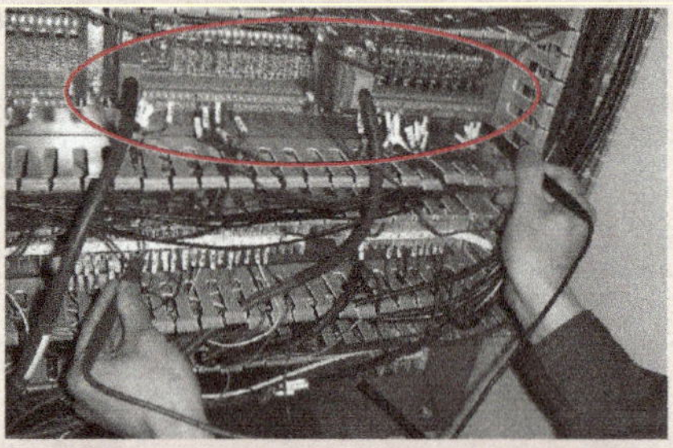
(3)PLC 认识 图示为华中数控系统目前已开发梯形图语言	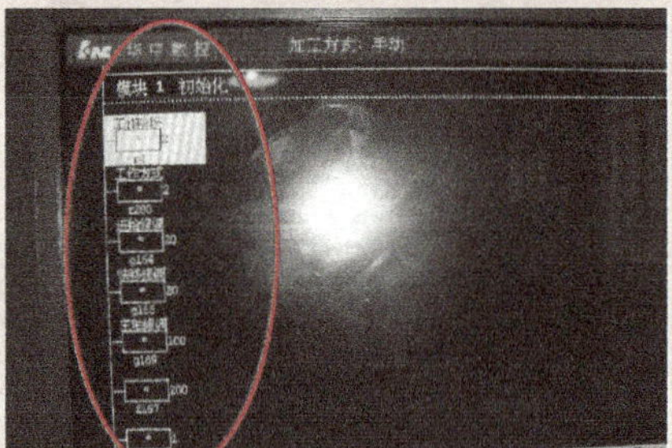
(4)主轴单元认识 通过变频器来控制主轴运转	

（续）

文字说明	图片说明
(5)伺服单元认识 伺服驱动器驱动伺服电动机带动丝杠运动	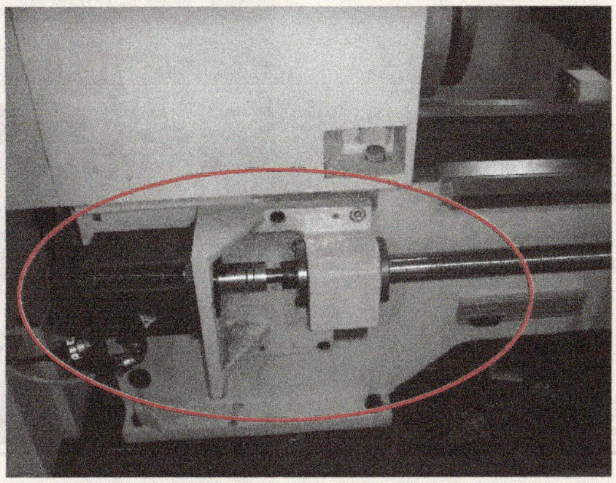
(6)反馈单元认识 主轴编码器通过同步带和主轴相连，用来测量主轴转速	
(7)辅助装置认识 图中通过润滑电磁阀的通断可控制润滑油的开关	

（续）

文字说明	图片说明
（8）数控装置接口认知 图示为华中数控系统背面接口。图中圆圈内为该数控系统的电源接口	

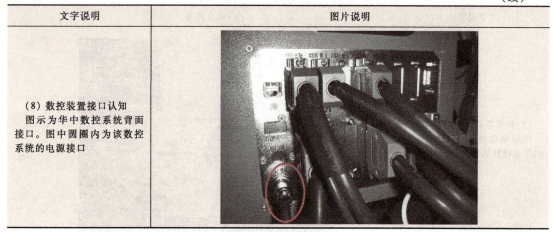

1.4.2 检查评价

1）数控机床控制系统由哪几部分组成？

2）根据你所在学校的现有机床，填写表 1-2。

表 1-2 数控机床控制系统认知表（参考内容）

控制系统部件名称	控制系统部件型号	技术参数	作用
数控系统	0i MF PLUS		解析数控程序和操作，发出控制指令
电源单元	α i PS-B	额定功率为 7.5kW	向驱动供电
主轴驱动单元	α iSP15-B	额定输出功率为 15kW	接收数控系统发出的主轴控制指令，控制主轴电动机
主轴电动机	β iI3/12000-B	额定功率为 3.7/5.5kW，最高转速为 12000r/min	接收主轴驱动单元发出的指令，带动主轴旋转
进给驱动单元	α iSV 20-B	最大输出电流为 20A	接收数控系统发出的伺服控制指令，控制伺服电动机
伺服电动机	α iS8/4000B	堵转转矩为 8N · m，最大转速为 4000r/min	接收伺服驱动单元发出的指令，带动进给轴旋转

课后见闻：从“东芝事件”到“华中数控”——国产数控系统的重要性和必要性

1983 年由苏联海运公司开到日本的万吨货轮“老共产党员”号，从日本芝浦码头出港，运走了数十箱“五轴联动的数控机床”的部件。按照日本人的说法，苏联人购买这些数控机床的用途，除了使潜艇的推进性能改善之外，还能使当时正在建造中的新型航空母舰的推进器得到改进。这就是轰动一时的“东芝公司违反巴统输出事件”，美国海军第一次丧失对苏联海军舰艇的水声探测优势。

我国装备制造业发展已经向质量与效率型转变，产业链逐步迈向高端。就长期来看，随着装备数控化率的不断提高，工业自动化、智能化不断推进，以及国家出台的《中国制造2025》计划，都助力了装备制造业市场的提升。目前国产数控机床的占有率也有了很大的提高，数量上更是达到了进口数控机床的 2 倍。由于这些进步，国内军工企业进口机床的数量下降了 6 成。国产智能装备企业积极开展数控机床智能化研究及数字化车间的建设，并取得了明显成效，例如华中数控就成功研制我国第一台自主制造的“五轴联动”数控机床，从此打破了发达国家对高端数控机床的技术封锁，我们才有独立自主的“工业母机”。

第 2 章

数控机床风扇控制系统装调

2.1 情境引入

数控机床电气柜是数控机床的重要组成部分，伺服装置、接触器、继电器等电气控制用电器皆安装于此电气柜内。为使相关的电气元件具有稳定的可靠性，一般都采用风扇对其进行冷却，且一般电气柜通电，电气柜风扇（图 2-1）就要工作。电气柜风扇的控制系统能否可靠工作直接关系到数控机床工作的稳定性。

图 2-1 数控机床电气柜风扇

【典型结构】

数控机床风扇控制系统示意图如图 2-2 所示。

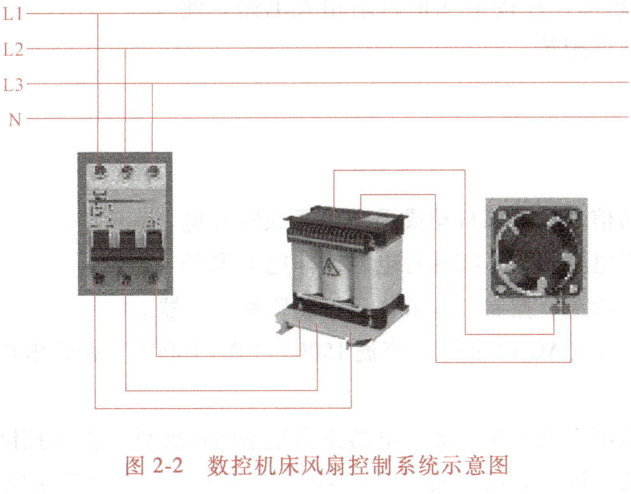

图 2-2 数控机床风扇控制系统示意图

【涉及元件】

断路器、变压器、电气柜风扇

【情景任务】

任务 数控机床风扇控制系统装调

2.2 任务 数控机床风扇控制系统装调

【教学目标】

1. 掌握电气控制电路基础知识。
2. 掌握常用低压电器的识读与选择。
3. 掌握数控机床电气原理图的阅读方法。
4. 能够制作连接线。
5. 根据电气原理图，连接电气柜风扇相关电路。

【素养目标】

1. 团队合作能力。
2. 工作有计划、科学、认真、严谨的作风。
3. 课前自学微课，培养学生自主学习、合作探究能力。
4. 激发民族自信心和自豪感以及爱国情怀，做到道路自信、理论自信和文化自信。

【任务描述】

1. 根据数控机床风扇电气原理图（图 2-3），找出电气柜风扇控制电路并在 A4 纸上绘制出来。

2. 按照电气原理图，连接电气柜风扇相关电路，使电气柜一通电，风扇就旋转。

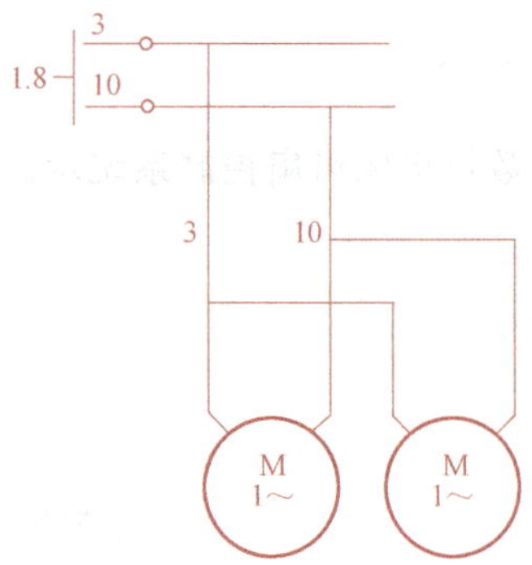

图 2-3 数控机床风扇电气原理图

2.2.1 低压电器的认识与选用（一）

1. 电器的作用与分类

根据外界特定的信号和要求自动或手动接通或断开电路，断续或连续改变电路参数，实现对电路或非电对象的接通、切换、保护、检测、控制、调节作用的装置称为电器。

工作在交流 1200V（AC 1200V）、直流 1500V（DC 1500V）额定电压以下的电路中的电器称为低压电器。

数控机床电气控制系统中采用低压电器作为基本组成元件，而且控制系统的优劣与所用的低压电器直接相关，因此只有掌握低压电器的基本知识和常用低压电器的结构及工作原理，并能准确选用、检测和调整常用低压电气元件，才能够分析数控机床电气控制系统的工作原理，处理及维修一般故障。

低压电器种类繁多、功能各样、构造各异，其工作原理也各不相同，常用低压电器的分类方法如下：

（1）按用途分类

1）配电电器。主要用于低压配电系统中。要求系统发生故障时准确动作、可靠工作，在规定条件下具有相应的动稳定性与热稳定性，使电器不会被损坏。常用的配电电器有断路器、转换开关、熔断器等。

2）控制电器。主要用于电气传动系统中。要求寿命长，体积小，重量轻且动作迅速、准确、可靠。常用的控制电器有接触器、继电器、电磁铁等。

（2）按操作方式分类

1）自动电器。依靠自身参数的变化或外来信号的作用，自动完成接通或分断等动作，如接触器、继电器等。

2）手动电器。用手动操作来进行切换的电器，如按钮开关（以下简称按钮）、组合开关、转换开关等。

（3）按工作原理分类

1）电磁式电器。根据电磁感应原理动作的电器，如接触器、继电器、电磁铁等。

2）电子式电器。利用电子元件的开关效应，即导通和截止来实现电路的通、断控制，如接近开关、霍尔开关、电子式时间继电器、固态继电器等。

3）非电量控制电器。依靠外力或非电量信号（如速度、压力、温度等）的变化而动作的电器，如行程开关、转换开关、速度继电器、压力继电器、温度继电器等。

以上这些电器中有很多在机床电路中得到广泛应用，因此有时也称之为“机床电器”。机床电器属于低压电器。

图 2-4　低压断路器的外观

2. 低压断路器

（1）低压断路器外观　低压断路器过去称为自动空气开关，现采用 IEC 标准。它是将控制电器、保护电器的功能合为一体的电器。图 2-4 所示为低压断路器的外观。

（2）低压断路器的图形和文字符号　图 2-5 所示为低压断路器的电路图形和文字符号。

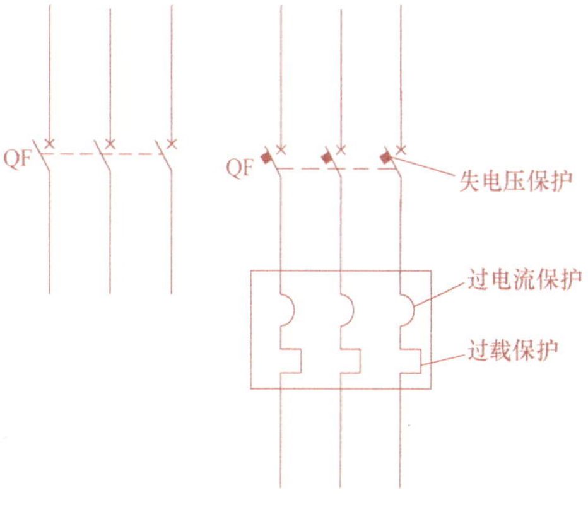

图 2-5　低压断路器的电路图形和文字符号

（3）低压断路器作用　低压断路器可有效保护串接在它后面的电器设备。

低压断路器有控制电器和保护电器的复合功能，可用于数控机床主电路及分支电路的通断控制。当电路发生短路、过载或欠电压等故障时能自动分断。在正常情况下也可用于不频繁地直接接通和断开电动机供电电路。

（4）低压断路器的种类　低压断路器的种类繁多，按其用途和结构特点分为框架式（或称万能式）断路器、塑料外壳式（简称塑壳式或装置式）断路器、直流快速断路器和限流式断路器等。

框架式断路器的规格、体积都比较大，主要用作配电电路的保护开关；而塑壳式断路器相对要小，除用作配电电路的保护开关外，还可用于电动机、照明电路及电热电路的控制。因此，数控机床上主要使用塑壳式断路器。

(5) 低压断路器的结构及工作原理　下面以塑壳式断路器为例，简要介绍其结构和工作原理。

低压断路器主要由执行部分（触点和灭弧系统）、故障检测部分（各种脱扣器）、操作机构与自由脱扣机构等基本部分组成，图 2-6 所示为低压断路器的结构及工作原理。断路器的主触点 1 依靠操作机构手动或电动合闸，主触点闭合后自由脱扣器 2 将主触点锁在合闸位置上。过电流脱扣器 3 的线圈及热脱扣器 5 的热元件串接于主电路中，失电压脱扣器 6 的线圈并联在电路中。当电路发生短路或严重过载时，过电流脱扣器线圈中的磁通急剧增加，将衔铁吸合并使之逆时针旋转，使自由脱扣器动作，主触点在弹簧作用下分开，从而切断电路。

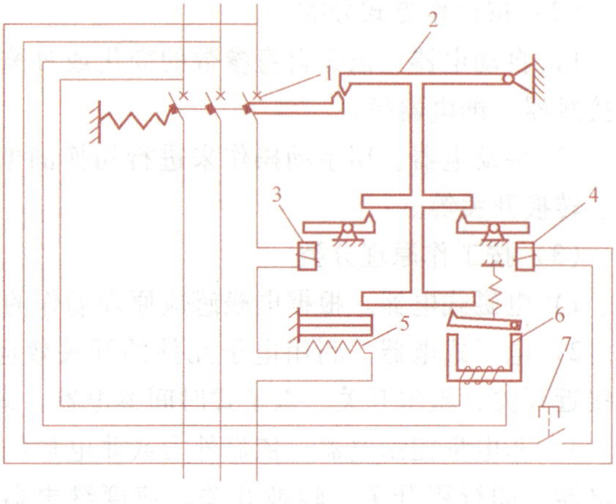

图 2-6　低压断路器的结构及工作原理

1—主触点　2—自由脱扣器　3—过电流脱扣器　4—分励脱扣器　5—热脱扣器　6—失电压脱扣器　7—按钮

注意，低压断路器由于过载而分断后，应等待 2～3min 热脱扣器复位后才能重新操作接通。

分励脱扣器 4 可用于远距离控制断路器的分断。

断路器因其脱扣器的组合形式不同，其保护方式、保护作用也不同。一般在图形符号中应标注其保护方式，如图 2-5 中标注了失电压、过载、过电流三种保护方式。

断路器的断开、闭合及过电流三种工作状态的示意图分别如图 2-7～图 2-9 所示。

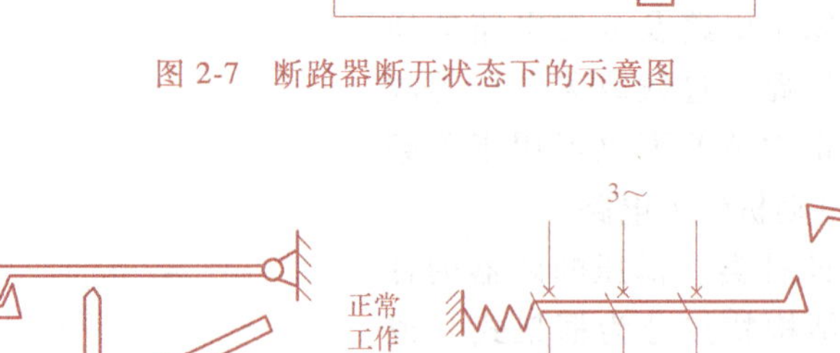

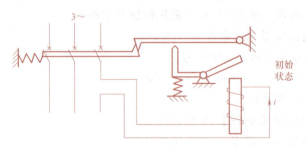

图 2-7　断路器断开状态下的示意图

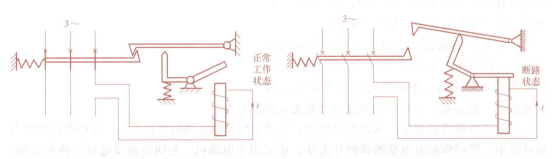

图 2-8　断路器闭合状态下的示意图

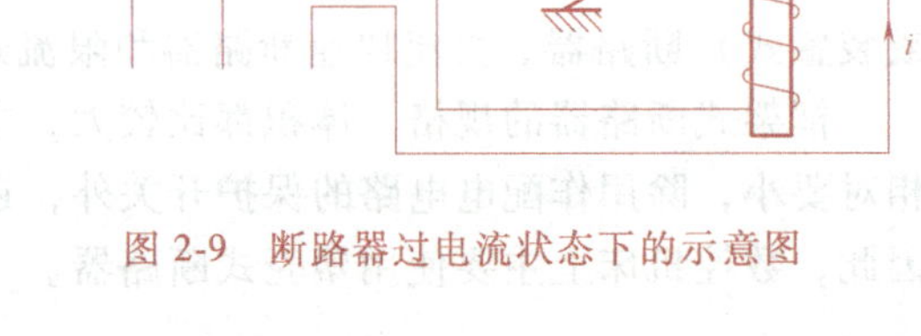

图 2-9　断路器过电流状态下的示意图

(6) 低压断路器的型号和主要技术参数

1) 低压断路器的型号及其含义如图 2-10 所示。

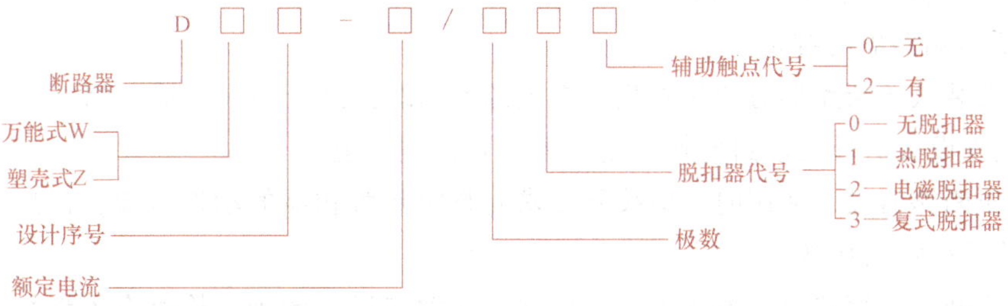

图 2-10　低压断路器型号及其含义

2) 低压断路器的主要技术参数

① 额定电压

a. 额定工作电压：断路器的额定工作电压是指与分断能力及使用类别相关的电压值。对多相电路是指相间的电压值。

b. 额定绝缘电压：断路器的额定绝缘电压是指设计断路器的电压值，电气间隙和爬电距离应参照这些值而定。除非型号产品技术文件另有规定，额定绝缘电压是断路器的最大额定工作电压。在任何情况下，最大额定工作电压不超过绝缘电压。

② 额定电流

a. 断路器壳架等级额定电流：用尺寸和结构相同的框架或塑料外壳中能装入的最大脱扣器额定电流表示。

b. 断路器额定电流：断路器额定电流就是额定持续电流，也就是脱扣器能长期通过的电流。对于带可调式脱扣器的断路器，额定电流指可长期通过的最大电流。

(7) 低压断路器的选用

1) 一般选型

① 断路器额定电压≥电路额定电压。

② 断路器额定电流≥电路计算负荷电流。

③ 断路器脱扣器额定电流≥电路计算负荷电流。

④ 断路器极限通断能力≥电路中最大短路电流。

⑤ 线路末端单相对地短路电流不小于 1.25 倍的断路器瞬时（或短延时）脱扣整定电流。

⑥ 断路器欠电压脱扣器额定电压等于电路额定电压。

2) 配电用断路器的选型

① 长延时动作电流整定为导线允许载流量的 0.8~1 倍。

② 3 倍长延时动作电流整定值的可返回时间不小于电路中最大起动电流的电动机的起动时间。

③ 短延时动作电流整定值不小于 $1.1(I_{jx}+1.35kI_{edm})$。其中 I_{jx} 为电路计算负荷电流；k 为电动机起动电流倍数；I_{edm} 为最大一台电动机的额定电流。

④ 短延时时间按被保护对象的热稳定校验。

⑤ 无短延时时，瞬时电流整定值不小于 1.1$(I_{jx}+1.35k_1kI_{edm})$。其中，k_1 为电动机起动电流的冲击系数，取 1.7~2，其他字母含义同前。如有短延时，则瞬时电流整定值不小于 1.1 倍的下级开关进线端计算短路电流值。

（8）低压断路器的维护

1）在安装低压断路器时应注意把来自电源的母线接到开关灭弧罩一侧（上口）的端子上，来自电气设备的母线接到另外一侧（下口）的端子上。

2）低压断路器投入使用时，应按照要求先整定热脱扣器的动作电流，以后就不要再随意旋动有关的螺钉和弹簧。

3）发生断路、短路事故的动作后，应立即对触点进行清理，检查有无熔坏，清除金属熔粒、粉尘等，特别要把散落在绝缘体上的金属粉尘清除干净。

4）在正常情况下，每六个月应对开关进行一次检修，清除灰尘。

（9）断路器常见故障及修理方法　低压断路器在使用时有可能出现一些故障，表 2-1 列出了一些常见故障、产生原因及修理方法。

表 2-1　低压断路器常见故障、产生原因及修理方法

常见故障	产生原因	修理方法
手动操作断路器不能闭合	(1)电源电压太低 (2)热脱扣器的双金属片尚未冷却复原 (3)欠电压脱扣器无电压或线圈损坏 (4)储能弹簧变形，导致闭合力减小 (5)反作用弹簧力过大	(1)检查线路并调高电源电压 (2)待双金属片冷却后再合闸 (3)检查电路，施加电压或调换线圈 (4)调换储能弹簧 (5)重新调整弹簧反力
电动操作断路器不能闭合	(1)电源电压不符 (2)电源容量不够 (3)电磁铁拉杆行程不够 (4)电动机操作定位开关变位	(1)调换电源 (2)增大操作电源容量 (3)调整或调换拉杆 (4)调整定位开关
电动机起动时断路器立即分断	(1)过电流脱扣器瞬时整定值太小 (2)脱扣器某些零件损坏 (3)脱扣器反作用弹簧断裂或落下	(1)调整瞬时整定值 (2)调换脱扣器或损坏的零部件 (3)调换弹簧或重新装好弹簧
分励脱扣器不能使断路器分断	(1)线圈短路 (2)电源电压太低	(1)调换线圈 (2)检修电路，调整电源电压
欠电压脱扣器噪声大	(1)反作用弹簧力太大 (2)铁心工作面有油污 (3)短路环断裂	(1)调整反作用弹簧 (2)清除铁心油污 (3)修好短路环或调换铁心
欠电压脱扣器不能使断路器分断	(1)反作用弹簧弹力变小 (2)储能弹簧断裂或弹簧力变小 (3)机构生锈卡死	(1)调整弹簧 (2)调换或调整储能弹簧 (3)清除锈污

3. 变压器

变压器是一种静止电器，它通过线圈间的电磁感应，将一种电压等级的交流电能转换成同频率的另一种电压等级的交流电能。

（1）变压器的外观及符号　常见机床变压器的外观如图 2-11 所示，其图形及文字符号（星形-三角形联结）如图 2-12 所示。

（2）变压器的基本工作原理　变压器是按照“动电生磁，动磁生电”的电磁感应原理

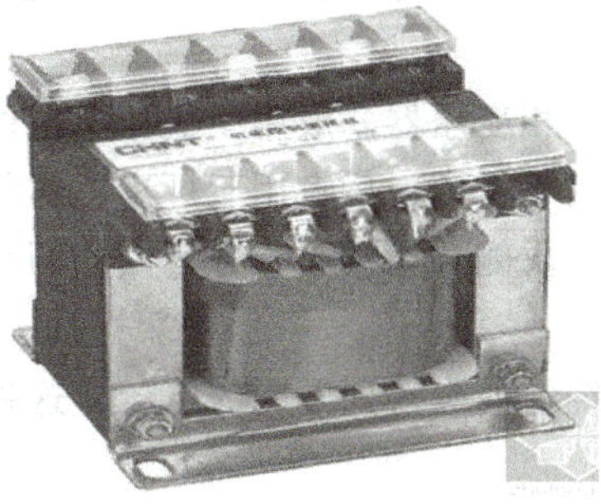

图 2-11　变压器的外观

制成的，如图 2-13 所示。

（3）变压器的种类

1）按用途分，有电力变压器、调压器、仪用互感器、电子变压器、特种变压器。

2）按绕组数目分，有单绕组（自耦）变压器、双绕组变压器、三绕组变压器和多绕组变压器。

3）按相数分，有单相变压器、三相变压器和多相变压器。

4）按铁心结构分，有心式变压器和壳式变压器。

5）按冷却介质和冷却方式分，有干式变压器、油浸式变压器和充气式变压器。

（4）变压器的选择

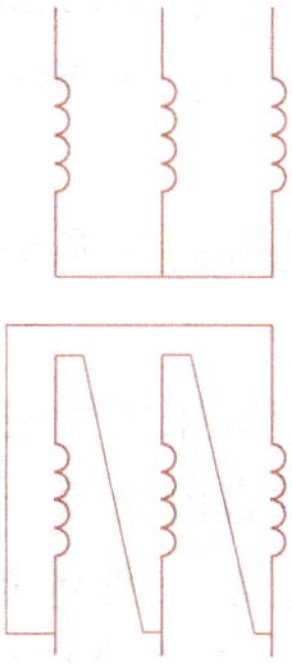

图 2-12　变压器的图形及文字符号

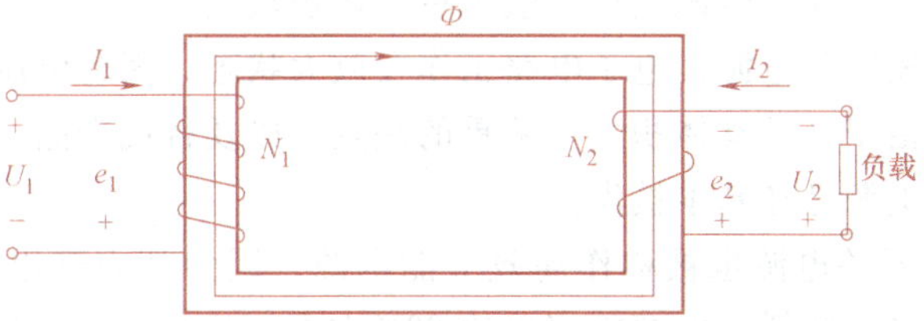

图 2-13　变压器的工作原理示意图

1）根据实际情况选择一次额定电压 U_1（380V，220V），再选择二次额定电压 U_2，U_3……二次额定电压值是指一次侧加额定电压时二次侧的空载输出，二次侧带有额定负载时输出电压下降 5%，因此选择输出额定电压时应略高于负载额定电压。

2）根据实际负载情况，确定二次绕组额定电流 I_2，I_3……一般绕组的额定输出电流应大于或等于额定负载电流。

3）二次额定容量由总容量确定。总容量算法如下

$$P_2 = U_2 I_2 + U_3 I_3 + U_4 I_4 + \cdots$$

根据二次电压、电流（或总容量）可选择变压器。

4）变压器的选用除了要满足变压比之外，还要考虑变压器性价比，优先选用变压档输出全的变压器。

（5）机床变压器　机床变压器通常用于电源电压的数值变换，一般是由高压到低压，分为单相变压器、三相变压器两类。

单相变压器用于控制电源电压的变换，而三相变压器一般用于机床电源的整体变换。机床变压器区别于供电电网的电力变压器，前者用于机床，后者用于厂房整体供电。

单相变压器按线圈下线方式，有一次侧、二次侧共用铁心和分用铁心两种，比较好的是后一种，不易烧损。

还有一种自耦变压器，其二次侧可由一次绕组抽头得到不同的电压，这种变压器一般不采用，因其使用安全性不易控制。

机床变压器的主要参数如下：

输入电压：AC 460V、AC 380V、AC 220V、AC 110V 等。

输出电压：AC 220V、AC 110V、AC 36V、AC 27V、AC 6.3V 等。

视在功率：即变压器的总功率，单位 VA 或 kVA。

4. 直流电源

直流电源的功能是将非稳定交流电源变成稳定直流电源，包括降压、整流、滤波、稳压环节。

在数控机床电气控制系统中，需要稳压电源给驱动器、控制单元、直流继电器、信号指示灯等提供直流电源。

直流电源一般包括串联型电源、开关电源、一体化电源、净化电源、不间断电源（UPS）等，现在常用的主要是开关电源和一体化电源。

（1）传统的串联型电源　这种电源曾经在 20 世纪被广泛使用，是最早的半导体电源。

串联型电源是由一个变压器把交流电压（如 220V/110V）变换为较低的交流电压（几伏到几十伏），再通过晶体管电路转换为稳定直流电压的，其功率受变压器的限制。由于有一个比较大的变压器，串联型电源显得比较笨重，体积较大。

串联型电源属于模拟型电源，电子电路工作在放大状态，因此电压比较平稳，且没有脉动，这是其优点。但由于其具有体积大、笨重的缺点，以及替代产品——开关电源技术的日益发展，目前串联型电源已经基本被淘汰。

（2）开关电源　开关电源也被称作高效节能电源，因为其内部电路工作在高频开关状态，所以自身消耗的能量很低，电源效率可达 80%左右，比普通线性稳压电源提高近 1 倍。

开关电源没有大的变压器，系统把交流电源通过变压、整流、滤波，送入开关管高频电路处理，再转换为直流稳定电压。

目前生产的无工频变压器式中、小功率开关电源，仍普遍采用脉冲宽度调制器（简称脉宽调制器）或脉冲频率调制器（简称脉频调制器）专用集成电路。它们是利用体积很小的高频变压器来实现电压变化及电网隔离的，因此能省掉体积笨重且损耗较大的工频变压器。

1）开关电源的外观及符号。开关电源的外观如图 2-14 所示，其符号如图 2-15 所示。

开关电源的控制对象包括驱动器、控制单元、小直流继电器、信号指示灯等。

2）开关电源的主要性能指标。以 GZM-U40 型开关电源为例，其主要性能指标有：

输入电压：AC 85V～AC 264V。

输入频率：47～63Hz。

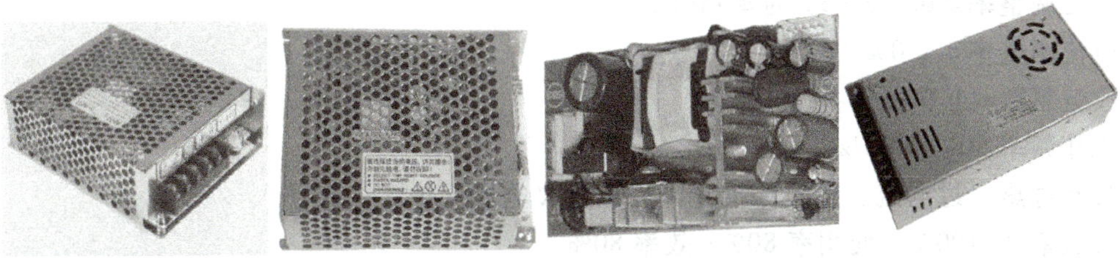

图 2-14　开关电源的外观

冷态冲击电流：20A/AC 115V；30A/AC 220V。

过电流保护：105%~150%的额定值开始保护，过电压保护，过功率保护，短路保护，自动恢复。

启动时间、上升时间、保持时间：500ms、50ms、大于 20ms。

抗电强度：输入与输出之间、输入与大地可承受 AC 1.5kV/min。

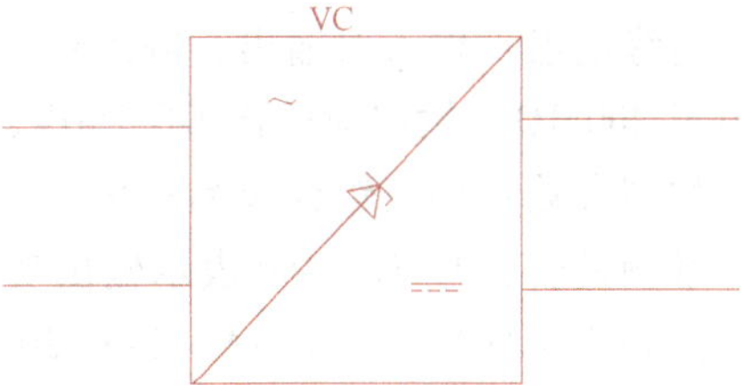

图 2-15　开关电源的符号

绝缘电阻：输入与大地、输入与输出之间加 DC 500V 时，绝缘电阻大于 50MΩ。

工作环境温度：-10~45℃。60℃时可用满功率的 60%；70℃时可用满功率的 35%。

效率：65%~87%。

纹波噪声：小于输出电压的 1%。

存储温度：-20~85℃。

输出电压调整：±10%范围内，总调整率（线性负载）不超过±2%。

安全标准：参考 UL1950。

（3）一体化电源　一体化电源是采用外壳传导冷却方式的 AC/DC 开关电源。它作为直流供电电源通常应用于数字电路、工业仪表、交通运输、通信设备、工控机等大型设备及科研与实验设备之中，外观如图 2-16 所示。

图 2-16　一体化电源的外观

以 4NIC 系列电源为例，其主要性能指标如下：

输入参数：

AC 220V×(1±10%)/50(47~63) Hz 单相或 AC 380×(1±10%)V/50Hz 三相。

输出参数：

电压 DC 5V~DC 300V。

电流 0.5~20A，功率 2~2000W。

电压调整率≤0.5%（5V时≤1%）。

电流调整率≤1.0%（5V时≤2%）。

纹波系数≤1.0%。

工作频率50~100kHz。

具有过热、过电流、短路保护；可另加过欠电压保护。

负载率0~100%；使用率80%；效率80%。

一般隔离电压：输入对外壳AC 1500V/min，漏电流不大于10mA；输入对输出AC 1000V/min，漏电流不大于10mA。

绝缘电阻：输入对输出、输入对外壳DC 1000V，不小于200MΩ；输出对外壳DC 250V，不小于200MΩ；输出对输出DC 250V，不小于200MΩ。

物理参数：外壳铝合金黑氧化，六面金属屏蔽。

举例说明：4NIC-K480表示输出功率为480W的开关集成一体化电源。其输出电压、电流可以是48V/10A、60V/8A、24V/20A、80V/6A等。对于自带风扇的隧道式风冷外壳，其型号的最后加一个字母“F”。

（4）净化电源　净化电源是一种高品质的电源，可以将电网中的干扰、浪涌、纹波等过滤掉。这种电源一般为交流输入，交流输出，在对电源有特殊要求的场合可以选用。其参数和普通电源类似。

（5）不间断电源（UPS）　这种电源已成为民用产品，用于计算机等的供电，防止系统电源突然中断而无法使用。其主要指标是功率和后备待机时间，待机时间一般不低于15min。

（6）直流电源的选择　选择直流电源时需要考虑的内容主要有：电源的输出功率、输出路数，电源的尺寸，电源的安装方式和安装孔位，电源的冷却方式，电源在系统中的位置及走线，环境温度，绝缘强度，电磁兼容性，环境条件。

1）为了提高系统的可靠性，建议电源工作在50%~80%的额定负载时为佳，即假设所用功率为20W，应选用输出功率为25~40W的电源。

2）尽量选用生产厂家的标准电源，包括标准的尺寸和输出电压。厂家的标准产品一般都会有库存，因此送样及以后的订货、交货都比较快；相对而言，特殊的尺寸和特殊的输出电压则会增加开发时间及成本。

3）所需电源的输出电压路数越多，挑选标准电源的机会就越小。同时，增加输出电压路数会带来成本的增加。目前多电路输出的电源以三路、四路输出较为常见。所以，在选择电源时应该尽量减少输出路数，选用多路输出共地的电源。

4）明确输入电压范围。以交流输入为例，常见的电网电压规格有110V、220V，所以相应直流稳压电源就有了110V、220V交流切换，以及通用输入电压（AC 85V~AC 264V）三种规格。在选择输入电压规格时，应明确系统将会在哪些地区使用，如果要出口到电网电压为AC 110V的国家，可以选择110V交流输入的电源；若只在国内使用时，可以选择220V交流输入的电源。

5）电源在工作时会消耗一部分功率，并以热量的形式释放出来，所以用户在进行系统（尤其是封闭的系统）设计时应考虑电源的散热问题。如果系统能形成良好的自然对流风道，且电源位于风道上，可以考虑选择自然冷却的电源；如果系统的通风条件比较差，或系统内部温度比较高，则应考虑选择风冷的电源。

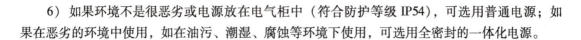

6）如果环境不是很恶劣或电源放在电气柜中（符合防护等级 IP54），可选用普通电源；如果在恶劣的环境中使用，如在油污、潮湿、腐蚀等环境下使用，可选用全密封的一体化电源。

2.2.2　机床电气图介绍

电气控制线路主要由各种电气元件和电动机等用电设备组成。电气控制线路的表示形式有电气原理图、电气设备安装图和电气设备接线图。电气控制线路应遵循简明易懂的原则，用规定的方法和符号进行绘制。

1. 电气原理图

电气原理图表示电气控制线路的工作原理，以及各电气元件的作用和相互关系，而不考虑各电气元件实际安装的位置和实际连线情况。电气原理图具有结构简单、层次分明的特点，主要用于研究和分析电路工作原理，如图 2-17 所示。

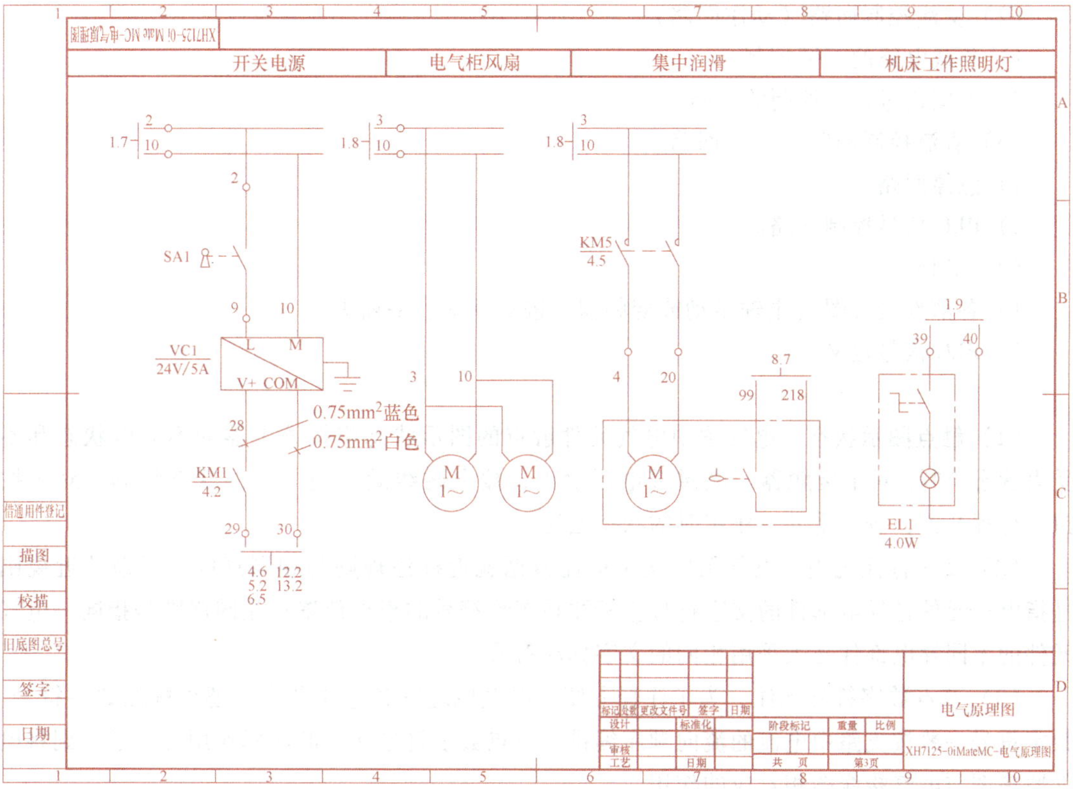

图 2-17　机床强电部分电气原理图

2. 电气设备安装图

电气设备安装图用来表示各种电器在生产设备和电器控制柜中的实际安装位置，如图 2-18 所示。

3. 电气设备接线图

电气设备接线图是根据电气原理图，配合安装要求来绘制的，用来表示各电气元件之间实际接线情况。它为安装电气设备和电气元件而进行配线或检修电气故障提供服务。在电气设备接线图中可显示电气设备中各元件的空间位置和接线情况，在实际安装或检修工作时可与电气原理图配合使用。它可以是电器控制设备各单元之间的接线图，对于复杂的电气设备，还可画出安装板的接线图，如图 2-19 所示。

2.2.3 电气原理图的识读

以图 2-20 所示机床电气原理图为例，阅读电气原理图的内容如下：

1. 电气原理图的组成

(1) 强电回路图（电源回路）

1）反映各部件所需电源的来源情况。

2）反映直接使用交流强电的部件控制情况。

(2) 交流控制回路（动作回路）

1）负载电路的互锁控制。

2）不便通过直流控制的回路。

(3) 直流控制回路（动作回路）

1）急停回路。

2）PLC 信号控制回路。

(4) 其他

1）各部件接线图（主轴驱动或变频器、进给驱动、手摇等）。

2）PLC 信号定义。

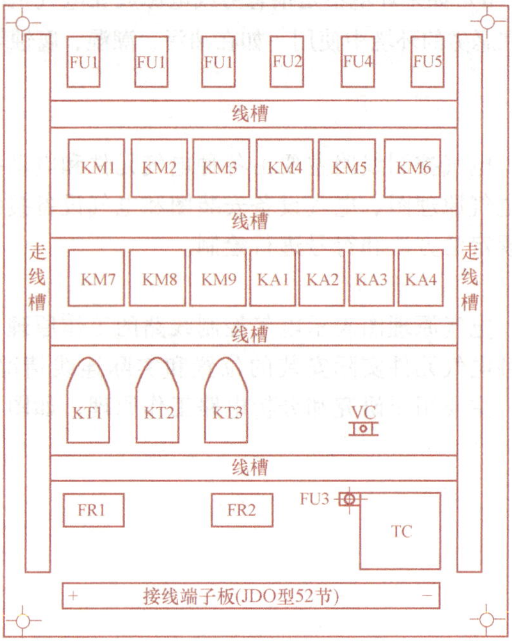

图 2-18 电气设备安装图

2. 电气元件的绘制规则

(1) 触点图示状态　电气图中电气元件触点的图示状态应按该电器的不通电状态和不受力状态绘制。对于接触器、电磁继电器触点，按电磁线圈不通电时的状态绘制；对于按钮、行程开关，按不受外力作用时的状态绘制。

(2) 文字标注规则　电气图中文字标注遵循就近标注规则与相同规则。所谓就近规则是指电气元件各导电部件的文字符号应标注在图形符号的附近位置；相同规则是指同一电气元件的不同导电部件必须采用相同的文字标注符号。

(3) 节点数字符号标注　为了注释方便，电气原理图各电路节点处还可标注数字符号。数字符号一般按支路中电流的流向顺序编排。节点数字符号除了起注释作用外，还起到将电气原理图与电气接线图相对应的作用。

3. 图幅分区规则

为了确定图上内容的位置及其用途，应对一些幅面较大、内容复杂的电气图进行分区。

(1) 分区方法及其标注　垂直布置电气原理图中，上方一般按主电路及各功能控制环节自左至右进行文字说明分区，并在各分区方框内加注文字说明，帮助阅读理解机床电气原理；下方一般按“支路居中”原则从左至右进行数字标注分区，并在各分区方框内加注数字，以方便继电器、接触器等电器触点位置的查阅。

对于水平布置的电气原理图，则实现左右分区。左侧自上而下进行文字说明分区，右侧自上而下进行数字标注分区。

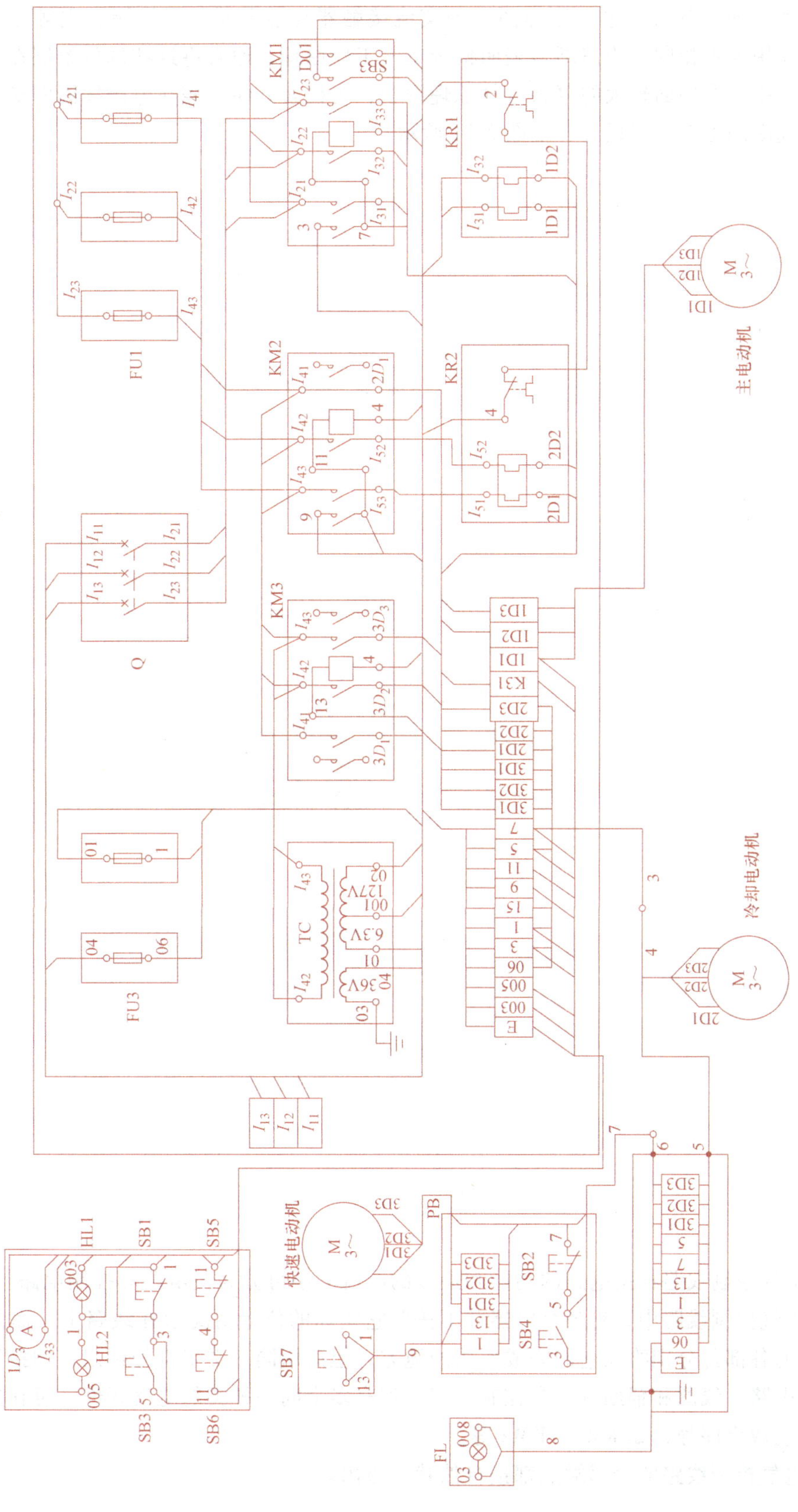

图 2-19　机床电气设备接线图

（2）触点索引代号　电气原理图中的交流接触器与继电器，因线圈、主触点、辅助触点所起的作用各不相同，为清晰地表明机床电气工作原理，通常将这些部件绘制在各自发挥作用的支路中。在幅面较大的复杂电气原理图中，为检索方便，需在电磁线圈图形符号下方标注电磁线圈的触点索引代号，如图 2-21 所示。

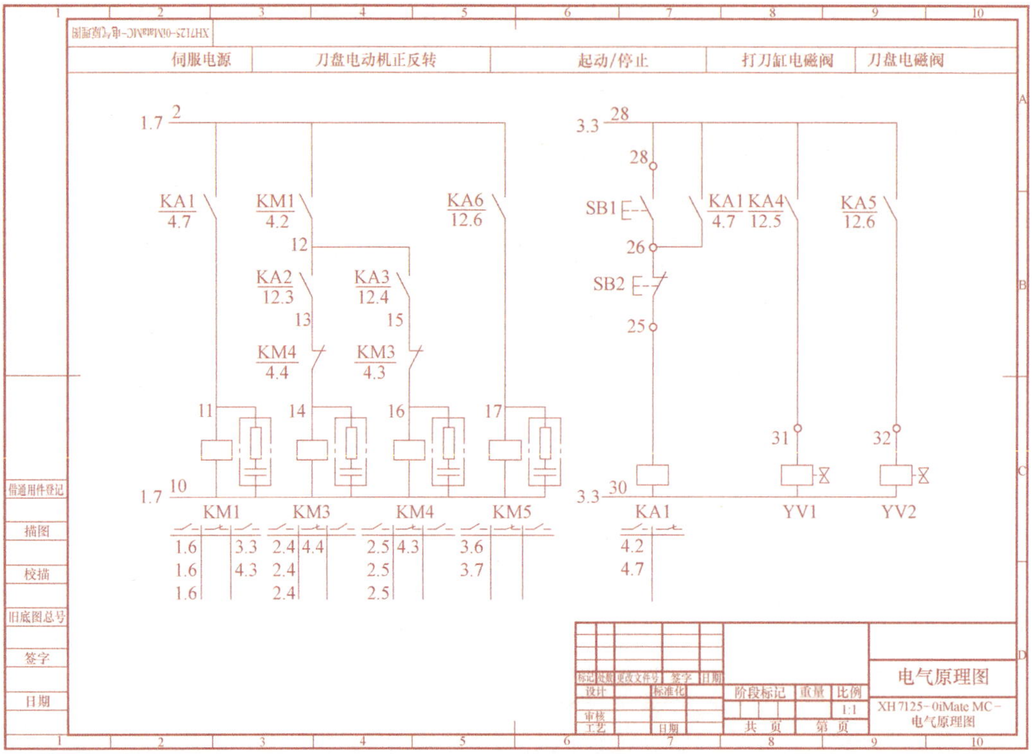

图 2-20　某型号机床电气原理图

a) 接触器触点索引代号　　b) 继电器触点索引代号

图 2-21　电磁线圈的触点索引代号

4. 其他绘制原则

1）电气控制线路根据电路的功能和通过的电流大小可分为主电路和控制电路。

2）电气控制线路中，对各个电器并不按照它实际的位置情况绘在线路上，而是对同一电气元件的各部件分别绘在它们完成作用的地方，但需用同一文字符号标出，如接触器的主触点在主电路，线圈和辅助触点在控制电路。若有多个同一种类的电气元件，可在文字符号的后面加上数字序号，如 KM1、KM2 等。

3）电气控制线路的全部触点都按自然状态绘出。

4）控制电路的分支线路原则上按照动作先后顺序排列，两线交叉连接时的电气连接点需用黑点标出。

5）表示导线、信号通路、连接线等的图线都应是交叉和折弯最少的直线。可以水平布置，或者垂直布置，也可以用斜的交叉线。

2.2.4　数控机床电气柜风扇电气原理图解读

数控机床通电，电气柜风扇就开始旋转，属于直接控制范畴，其电气原理图相对而言比较简单。图 2-22 所示为车床电气柜风扇的电气原理图，只涉及断路器的直接控制。

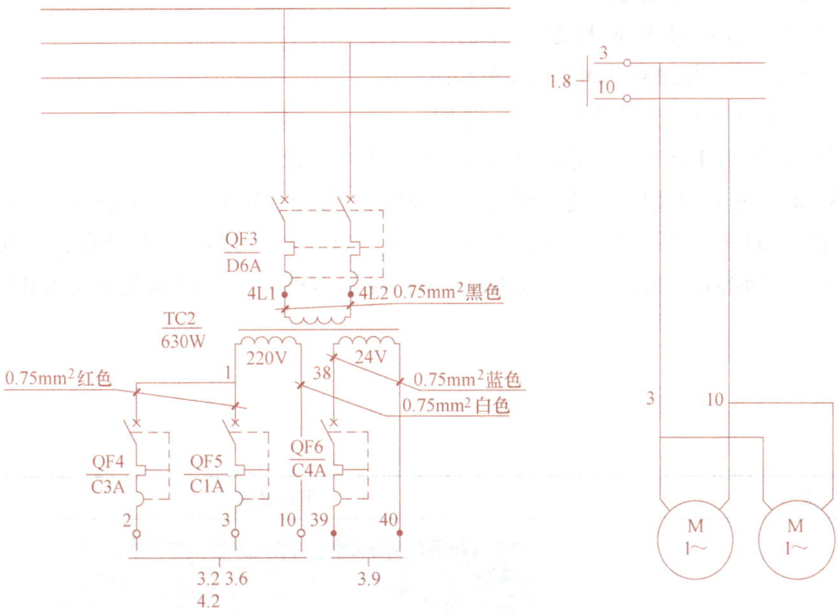

图 2-22　车床电气柜风扇的电气原理图

阅读电气原理图的方法主要有两种：查线读图法和逻辑代数法。

（1）查线读图法

1）了解生产工艺与执行电器的关系。在分析电路之前，应该熟悉生产机械的工艺情况，充分了解生产机械要完成哪些动作，这些动作之间又有什么联系；然后进一步明确生产机械的动作与执行电器的关系，必要时可以画出简单的工艺流程图，为分析电路提供方便。

2）分析主电路。在分析电路时，一般应先从电动机着手，根据主电路中有哪些控制元件的主触点、电阻等大致判断电动机是否有正反转控制、制动控制和调速要求等。

3）分析控制电路。通常对控制电路应按照由上往下或由左往右的顺序依次阅读，可以按主电路的构成情况，把控制电路分解成与主电路相对应的几个基本环节，依次分析，然后把各环节串起来。首先，记住各信号元件、控制元件或执行元件的原始状态；然后设想按动了操作按钮，电路中有哪些元件受控动作；这些动作元件的触点又是如何控制其他元件动作的，进而查看受驱动的执行元件有何运动；再继续追查执行元件带动机械运动时，会使哪些信号元件状态发生变化。在读图过程中，特别要注意各元件间的相互联系和制约关系，直至将电路全部看懂为止。

（2）逻辑代数法　以图 2-23 所示基本逻辑电路图为例。

1）逻辑与。逻辑与用触点串联来实现。图 2-23a 所示的 KM1 和 KM2 触点串联电路可实现逻辑与运算，只有当触点 KM1 且 KM2 都闭合，即 KM1 = 1 且 KM2 = 1 时，线圈 KM3 才得电，即 KM3 = 1。否则，若 KM1 或 KM2 有一个断开，即有一个为“0”，电路就断开，KM3 = 0。其逻辑关系为 KM3 = KM1 * KM2。

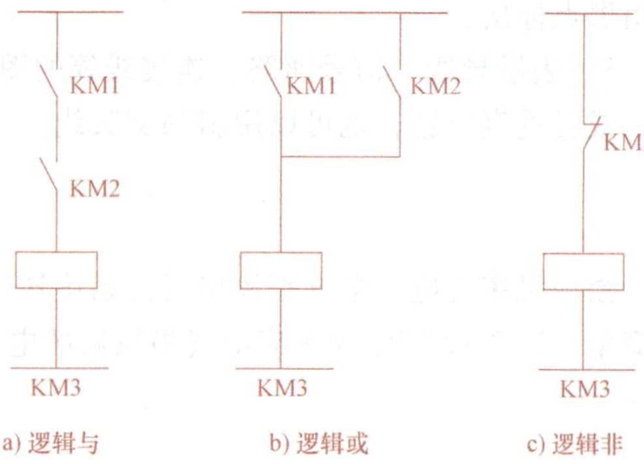

图 2-23　基本逻辑电路图

2）逻辑或。逻辑或用触点并联电路实现。图 2-23b 所示的 KM1 和 KM2 触点并联电路实现逻辑或运算，当触点 KM1 或 KM2 任一个闭合，即 KM1 = 1 或 KM2 = 1 时，线圈 KM3 即可得电，即 KM3 = 1。其逻辑关系为 KM3 = KM1+KM2。

3）逻辑非。逻辑非实际上就是触点状态取反。图 2-23c 所示为电路实现逻辑非运算，当接触器线圈 KM1 得电后，常闭触点 KM1 闭合，KM3 = 1，线圈得电吸合；当接触器线圈 KM1 失电后，常闭触点 KM1 断开，则 KM3 = 0，线圈不得电。其逻辑关系为 KM3 = KM1。

2.2.5　任务实施及评价

1. 数控机床风扇控制系统认知（表 2-2）

表 2-2　数控机床风扇控制系统认知

文字说明	图片说明
（1）数控机床电气柜认识 图中为大连机床厂生产的 CAK6140 机床，数控系统为 FANUC 0i MateTD	

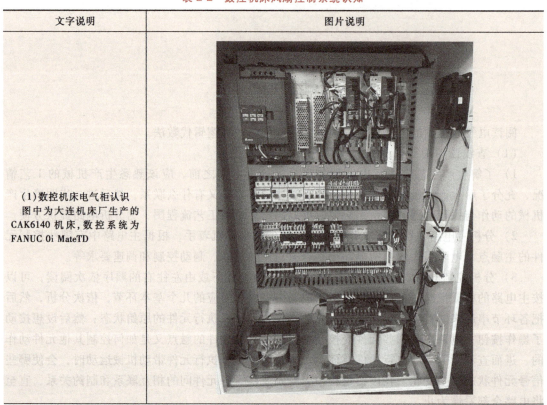

（续）

文字说明	图片说明
（2）电气原理图认识 图示为该车床电气原理图中的电源部分	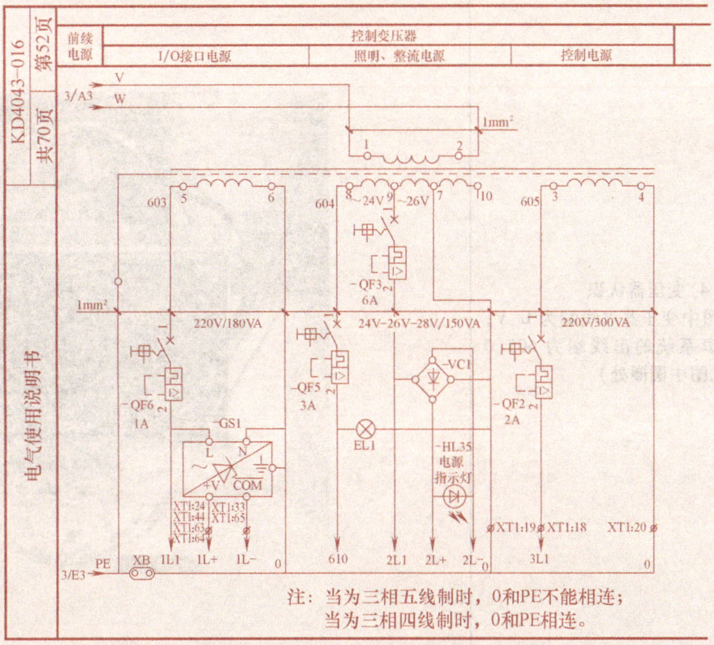
（3）风扇电源原理图认识 从三相进线中分出一相到控制变压器，其输出的一个接点送到风扇控制系统（即图中的605和0）	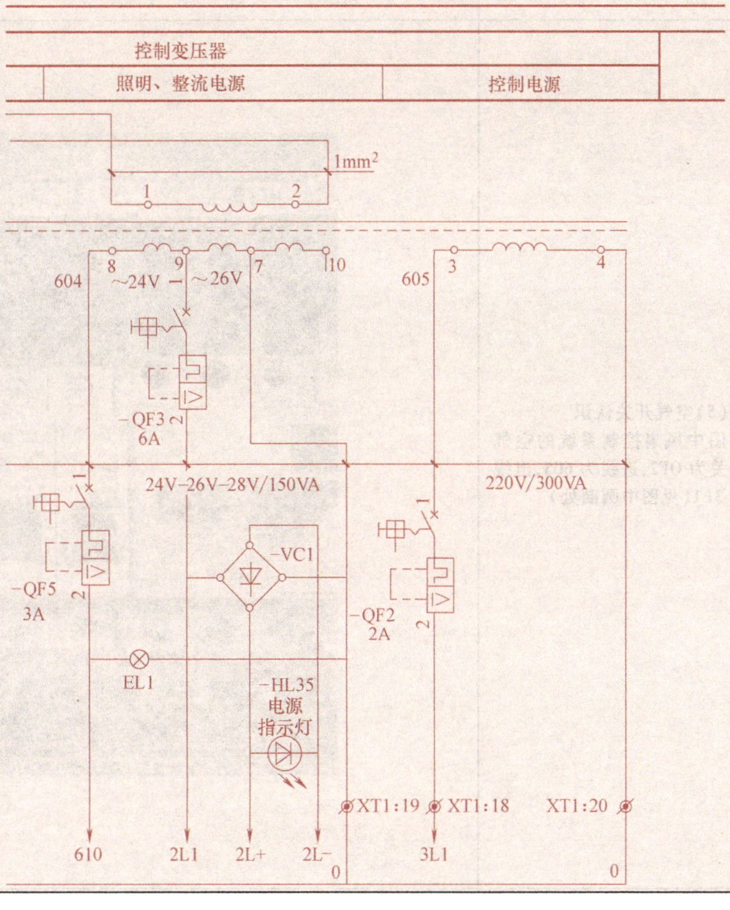

（续）

文字说明	图片说明
（4）变压器认识 图中变压器进线端为 U、V，风扇系统的出线端为 605、0（见图中圆圈处）	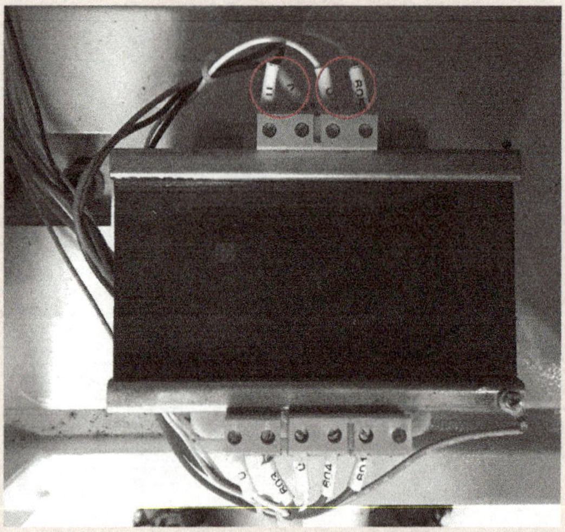
（5）空气开关认识 图中风扇控制系统的空气开关为 QF2，进线为 605，出线为 3L1（见图中圆圈处）	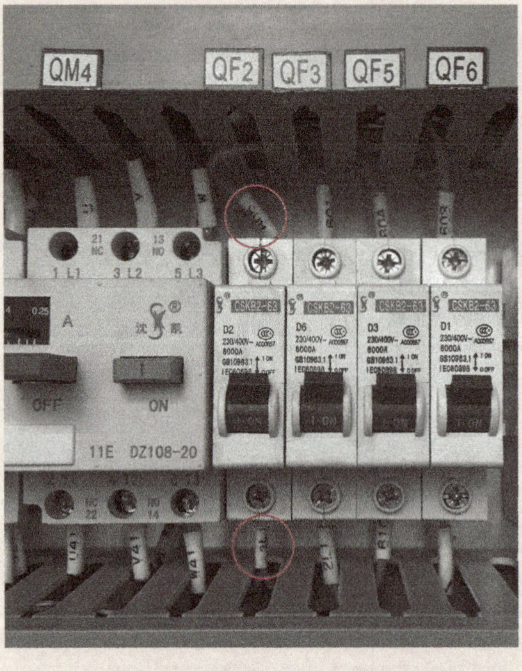

（续）

文字说明	图片说明
(6)风扇控制电路图认识 图中接触器 KM11 得电后，将接通风扇控制电路，使风扇 MFIN2 通电旋转	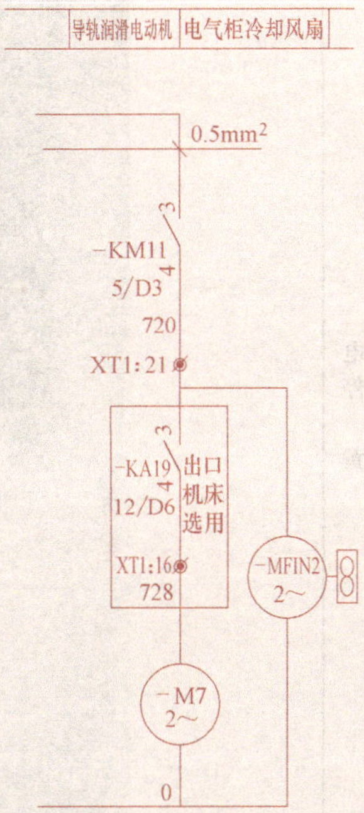
(7)接触器认识 接触器 KM11 上的常开触点(3L1、720)将在线圈通电后导通 注:KM11 左边的 FV4 为灭弧器，在数控机床中常配合接触器使用	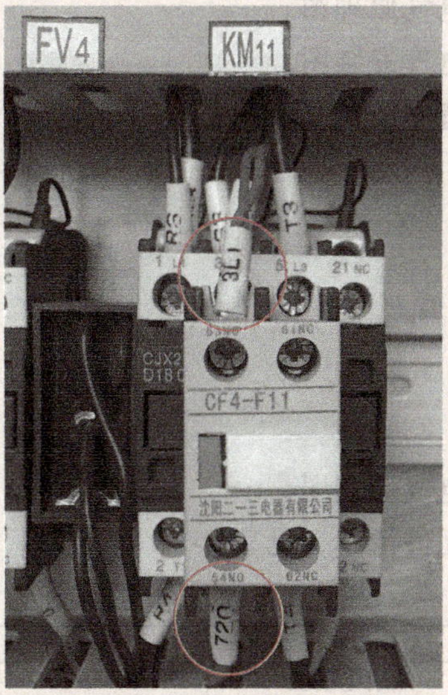

（续）

文字说明	图片说明
(8)电气柜风扇认识 导线 720 和 0 最终接到电气柜风扇上,控制风扇的起停(见图中圆圈处) 注:图中右下角的地线为黄绿线,符合地线的规定颜色	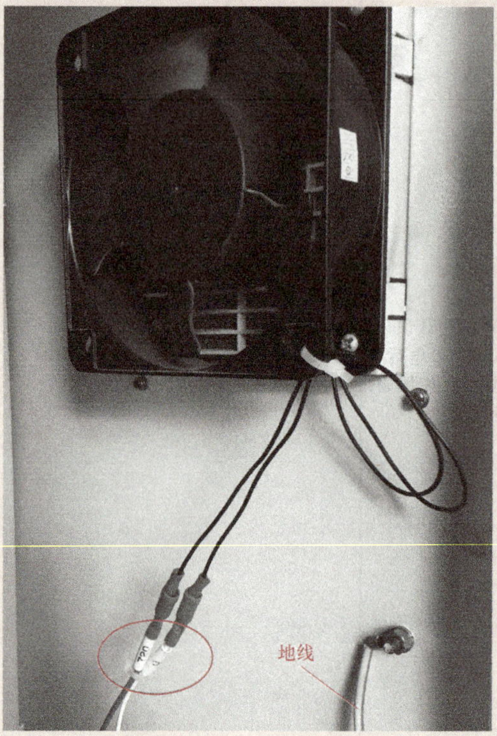

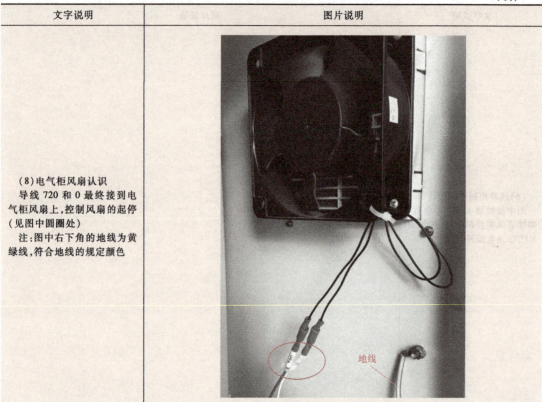

2. 数控机床风扇控制系统装调实训

（1）制订计划

1）绘制风扇电气原理图。

2）绘制风扇电气安装图。

3）列出元件清单及工具清单。

4）选配导线。

5）电气连接。

6）断电检查。

7）通电调试。

8）小组评价。

（2）小组决策

1）确定风扇电气原理图。

2）列出电气元件清单，见表 2-3。

表 2-3　电气元件清单表（参考内容）

电气元件代号	名称	型号	技术数据	数量
MFIN2	风扇电动机	FP-108EX-S1-B	AC 220V	1
TC2	变压器	TENGEN	AC 380V-AC 220V	1
QF2	低压断路器	正泰	单相 AC 380V	1
QF3	低压断路器	正泰	双相 AC 220V	1
	导线	庐山	$0.75mm^2$	若干

3）列出工具清单，见表 2-4。

表 2-4　工具清单表（参考内容）

序号	工具名称	数量	规格	型号
1	小螺钉旋具	2	3mm×75mm	一字、十字
2	大螺钉旋具	2	6mm×100mm	一字、十字
3	剥线钳	1	6″	EVER POWER

4）小组分工。

5）确定工作流程。

（3）操作实训

1）领取电气元件。

2）领取工具。

3）绘制电气原理图（每人一份），自己安排时间，用 A4 纸。

4）制作连接线（线标）。

5）电气连接操作。

（4）检查评价

1）断电检查。

2）通电调试。

2.2.6　拓展资料

1. 低压电器市场分析

由于固定投资规模的紧缩和国家积极财政政策的逐步淡出，基础性建设项目中的低压电器的用量将会逐步减少；但随着人们生活的日益现代化和工业生产向自动化、信息化快速迈进，低压电器应用的深度和广度将会有进一步的提高。同时，低压电器市场将进一步细分，并通过生产规模、产品质量、产品性价比、新品创造能力及售后服务等全方位的竞争，逐步淘汰弱小企业，形成相对集中的行业格局。

（1）产品发展分析　我国目前生产的低压电器产品大体分为三代，以 10 系列为代表的第一代产品目前占有的市场份额约为 35%；第二代产品为更新换代产品，如 20 系列以及引进国外技术生产的产品，目前占有市场约 40% 的份额，第三代产品为跟踪国外新技术自行开发的产品，如 40 系列，但其市场占有率不到 25%。

当前行业发展的重点是第三代产品，提高高档国产低压电器产品市场占有率；满足低压配电、控制系统与装置，以及国家重点工程配套需要；明显提高我国主要低压电器产品的可靠性及外观质量。从目前发展情况看，应重点开发以下八大类电器产品：智能化框架式断路器、智能化塑壳式断路器、交流接触器、低压真空断路器、电子式电动机保护器、启动器（包括软启动器）、新型终端电器（重点发展低压浪涌保护器）、控制与保护开关电器。

根据我国低压电器市场的实际，为满足不同的用户需求，拉开主导产品的档次，低压电器主要系列产品发展应分为高级型、较高型、经济实用型三个档次，以方便用户根据实际需要合理选用。第一是高级型，第三代产品可以作为我国目前阶段（5~10 年）的高档次低压电器产品；第二是较高型，以我国第二代低压电器产品为主体，同时应根据市场需要对这一档次产品进行二次开发。进行二次开发主要是为了提高产品性能，增加我国中档低压电器产品的市场竞争能力，挡住外国产品向我国低压电器中档产品市场渗透。第三是经济实用型，重点应抓好万能式断路器、塑壳式断路器、交流接触器、热继电器等几大类产品。有必要指出的是，开发新一代经济实用型产品是我国低压电器发展的战略需要，是为适应不同档次用户要求而提出的，它将在未来的市场中担负重要的角色，并将加速我国第一代落后产品的淘汰。

在我国努力开发第三代产品并逐步推向市场的同时，国外主要低压电器公司又开始推出更新的产品——第四代低压电器。这类产品除了具有高性能、小型化、电子化、智能化、模块化、组合化的特点外，还有可通信、高可靠性、维护性能好、符合环保要求等更为突出的优点。特别指出的是，新一代产品能与现场总线系统连接，实现网络化。这将从根本上改变传统的低压配电与控制系统及其装置，同时给传统低压电器产品注入高新技术，使低压电器产品功能发生质的飞跃。

第三代产品的开发与应用使我国低压电器产品与国外先进水平差距已缩短至 10 年，但如果我们的低压电器产品在可通信技术方面跟不上，那么上述差距将重新拉大，造成与国外产品在功能上有质的差异，使我国低压电器产品在未来低压配电与控制系统中完全失去市场竞争能力。

（2）国内市场分析　我国低压电器产品的销售市场主要在国内。低压电器生产厂家的产品绝大多数由低压成套设备厂家购买，然后组装成配电屏、动力配电箱、保护屏、控制屏等低压成套装置，再卖给用户，因此是为发电设备、配电设备、电气传动自动控制设备等配套的产品。

发电设备所发出电能的 80%以上是通过低压电器分配使用的。据粗略估计，每新增 1 万 kW 发电设备，约需 6 万件各类低压电器产品与之配套。一套 30 万 kW 的发电设备需要 180 万件各类低压电气元件与之配套，其中包括框架式断路器 6900 台，塑壳式断路器 66000 台。

据估算，2001—2002 年全国发电量增幅应在 4%左右，2008—2010 年在 4.5%左右；在 10 年内电力弹性系数平均为 0.6 左右。这样，2001—2005 年全国每年需增加发电量（680~770）亿 kW · h。2006—2010 年年平均增加发电量（660~770）亿 kW · h，按照 1997 年全国电力机组平均每年运行 1.3kh 计算，2001—2010 年每年平均新增装机容量为 21GW 左右。按照经验配套比计算，每年需要低压框架式断路器约 48 万台，塑壳式断路器约 482 万台，而其他各类低压电器产品也将有着巨大的需求量。

（3）国际市场分析　发达国家十分重视低压电器工业的发展，并注意将微处理器、光耦合技术、光纤等新技术以及新工艺、新材料和新理论运用于低压电器产品的改进与更新中。特别是为了适应配电与控制系统不断高级化、复杂化以及高度信息化的需要，他们在低压电器智能化、组合化方面进行了大量研究工作，并取得了很大成绩。

进入 20 世纪 90 年代以后，国外在自动控制领域开始重点发展现场总线技术（又称为过程控制技术）。它以数字信号取代模拟信号，在计算机、控制与通信技术的基础上，对大量现场检测与控制的信息就地采集、就地处理、就地使用，许多控制功能从控制室移到现场设备，从而使系统成本大幅度降低，可靠性提高，设备的安装、调试和维护时间大为减少。

现场总线技术的发展，对低压电器产生了重大的影响。目前国外各大公司迅速推出可连接现场总线的具有通信能力的低压电器，其中以德国西门子较为突出，其可通信的低压电器已可组成十分庞大的工业制造系统、电力配电监控系统和楼宇自动化系统。

2. 低压断路器典型产品介绍

低压电器常见的品牌中，进口品牌有施耐德、ABB、西门子、富士、海格、TGL、穆勒等，国产品牌有上海人民电器、正泰、德力西、常熟、天正、沈阳斯沃、天水等。低压断路器主要分为以下四类。

（1）塑壳式断路器　塑壳式断路器的外壳是绝缘的，内装触点系统、灭弧室及脱扣器等，可手动或电动（对大容量断路器而言）操作。有较高的分断能力和动稳定性，有较完善的选择性保护功能，用途广泛。

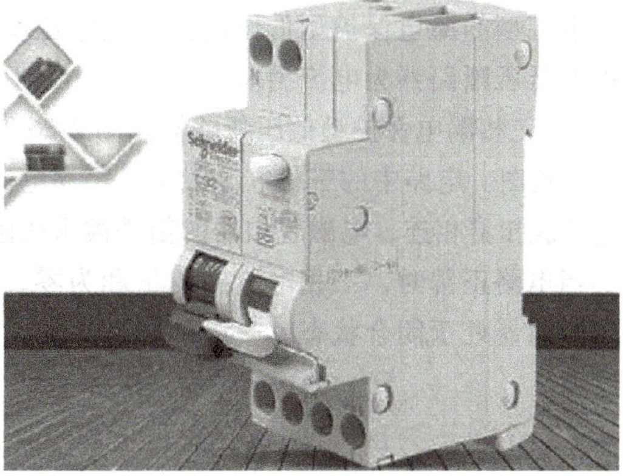

图 2-24　施耐德 C65 系列塑壳式低压断路器

塑壳式断路器（Moulded Case Circuit Breaker，MCCB）又称装置式断路器，如 ABB 公司的 lsomaxS、Tmax 系列，施耐德公司的 NS、NSX 系列，国产的 DZ20 系列等。目前数控机床常用的塑壳式断路器有 DZ5、DZ20、DZXl9、DZ108 和 C45（目前已升级为 C65）等系列产品。其中，施耐德 C65（图 2-24）具有体积小、分断能力高、限流性能好、操作轻便、型号规格齐全、可以方便地在单极结构基础上组合成二极、三极、四极断路器的优点，广泛使用在 60A 及以下的支路中。以 DZ5 系列断路器为例，其主要技术参数见表 2-5。

表 2-5　DZ5 系列低压断路器主要技术参数

型号	额定电压/V	额定电流/A	极数	脱扣器类别	热脱扣器额定电流/A	电磁脱扣器瞬时动作整定值/A
DZ5-20/200	AC 380	20	2	无脱扣器	—	—
DZ5-20/300			3			
DZ5-20/210			2	热脱扣器	0.15(0.10~0.15) 0.20(0.15~0.20) 0.30(0.20~0.30) 0.45(0.30~0.45) 1(0.65~1) 1.5(1~1.5) 3(2~3) 4.5(3~4.5) 10(6.5~10) 15(10~15)	为热脱扣器额定电流的 8~12 倍（出厂时整定于 10 倍）
DZ5-20/310			3			
DZ5-20/220			2	电磁脱扣器		
DZ5-20/320			3			
DZ5-20/230	DC 220		2	复式脱扣器		
DZ5-20/330			3			

（2）漏电保护型低压断路器　漏电保护型低压断路器，常用于低压交流电路中配电，电动机过载、短路、漏电保护，如图 2-25 所示。

漏电保护型低压断路器主要由三部分组成：断路器、零序电流互感器和漏电脱扣器。实际上，漏电保护型低压断路器就是在一般的低压断路器的基础上增加了零序电流互感器和漏电脱扣器，用来检测漏电情况。当有人身触电或设备漏电时，该断路器能够迅速切断故障电路，避免人身和设备受到危害。

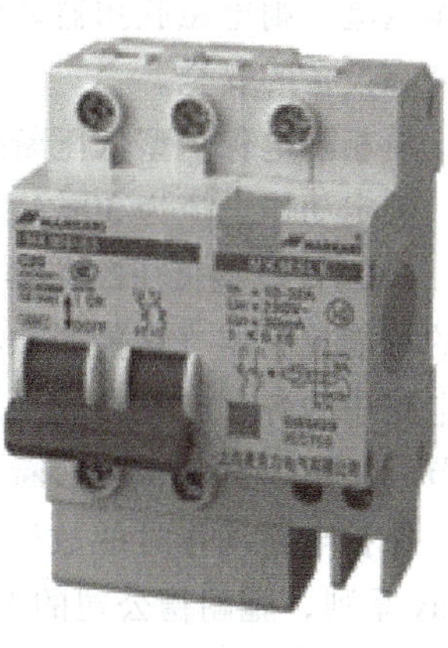

图 2-25　漏电保护型低压断路器

常用的漏电保护型低压断路器有电磁式和电子式两大类。电磁式漏电保护型低压断路器又分为电压型和电流型两种。

电流型的漏电保护型低压断路器比电压型的性能较为优越，所以目前使用的大多数漏电保护型低压断路器为电流型。

1）三相漏电保护型低压断路器。图 2-26 所示为电磁式电流型的三相漏电保护型低压断路器的原理图。电路中的三相电源线穿过零序电流互感器的环形铁心，零序电流互感器的输出端与电磁脱扣器相连，电磁脱扣器的衔铁被永久磁铁吸住，拉紧释放弹簧。

当电路正常时，三相电流的向量和为零，零序电流互感器的输出端无输出，漏电保护型低压断路器处于闭合状态。

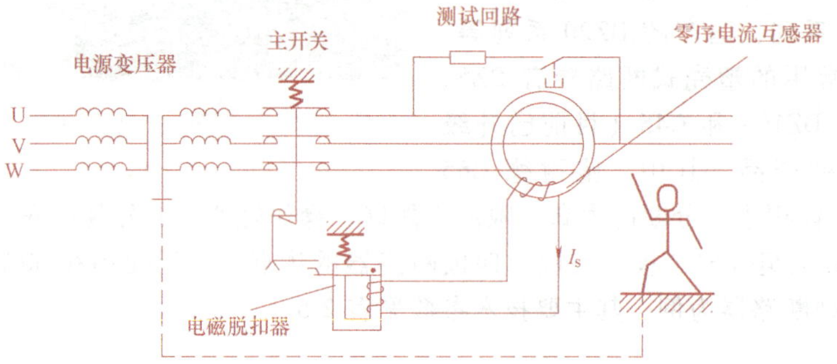

图 2-26　电磁式电流型的三相漏电保护型低压断路器的原理图

当有人触电或设备漏电时，触电电流或漏电电流从大地流回变压器的中性点，此时，三相电流的向量和不为零，零序电流互感器的输出端有感应电流 I_s 输出，当 I_s 足够大时，该感应电流使得电磁脱扣器产生的电磁吸力抵消掉永久磁铁所产生的对衔铁的电磁吸力，电磁脱扣器释放弹簧的反力就会将衔铁释放，漏电闭合低压断路器触点动作，从而切断电路，使触电的人或漏电的设备与电源脱离，起到漏电保护的作用。

2）单相漏电保护型低压断路器。其保护原理类似于三相漏电保护型低压断路器。不同的是，单相漏电保护型低压断路器穿过零序电流互感器的导线是相线和中线。当线路正常时，相线和中线电流的向量和为零，因此零序电流互感器铁心中的磁通也为零，互感器的二次回路无输出，漏电保护型低压断路器的触点处于闭合状态；而当出现人身触电或设备漏电时，相线和中线的矢量和不为零，互感器的二次侧有输出，如该输出电流大于电磁脱扣器的动作电流，则电磁脱扣器动作，使漏电保护型低压断路器的触点断开，从而切断电路，保护人身和设备的安全。

单相漏电保护型低压断路器一般其额定电压为 AC 220V，额定电流为 15~16A 或 32A 左右，额定动作电流为 30mA，电磁脱扣器动作时间小于 0.1s。

（3）智能型低压断路器　智能型低压断路器的特征是采用了以微处理器或单片机为核心的智能控制器（智能脱扣器），它不仅具备普通断路器的各种保护功能，同时还可实时显示电路中的各种电气参数（电流、电压、功率、功率因数等），对电路进行在线监视、自行调节、测量、试验、自诊断、通信等，能够对各种保护功能的动作参数进行显示、设定和修改，保护电路动作时的故障参数能够存储在非易失存储器中以便查询，如 ABB 公司的 F、Emax 系列，施耐德公司的 M、MT 系列，穆勒公司的 IZM 系列，西门子公司的 WL 系列、国产的 DW 系列等。图 2-27 所示为框架式低压断路器（DW 系列），国内 DW45、DW40、

DW914（AH）、DW18（AE-S）、DW48、DW19（3WE）、DW17（ME）等智能化框架式断路器和智能化塑壳式断路器，都配有ST系列智能控制器及配套附件，它采用积木式配套方案，可直接安装于断路器本体中，无须重复二次接线，并可多种方案任意组合。

（4）微型断路器　其英文全称为Micro-Circuit Breaker，缩写为MCB，又称微断，如ABB公司的S250系列、施耐德公司的C65系列、国产的DZ47系列（图2-28）等。实际上微型断路器也是塑壳式断路器的一种，只是因其体积很小而被另列。微断的特点是结构紧凑、接触防护好、安装使用方便、价格便宜，与塑壳式断路器相比容量更小，短路分断能力更低，短时耐受能力更差，主要做微小型电动机、小容量配电线路和照明保护和家用。

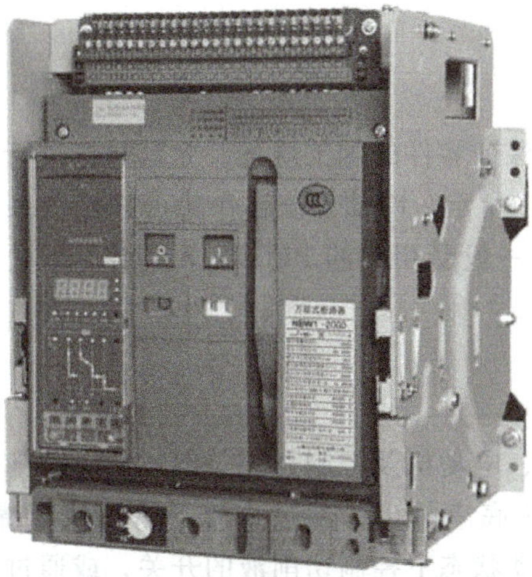

图2-27　框架式低压断路器

图2-28　正泰DZ47系列微型断路器

课后见闻：从“正泰电器”到“小熊电器”——民族电器企业的成长之路

1991年温州正泰电器有限公司成立。如今，正泰集团设有北美、欧洲、亚太三大全球研发中心、14家国际子公司，为140多个国家和地区提供产品与服务。在巴基斯坦，正泰的变压器占据70%的市场份额。

小熊电器股份有限公司，由李一峰先生创立于2006年，其凭借精致、创新、健康的小家电产品享誉千万家庭，成为中国“创意小家电”领导品牌。“小熊电器”始终坚持“妙想生活”的发展理念，从生活中寻找产品设计的灵感，专注做“小”事，将妙想植入企业灵魂，坚持提供创新与惊喜的工业设计，从而带来完美的精神享受和真实可触的生活价值。2019年8月23日，小熊电器股份有限公司成功登陆深交所，上市首日，其当天收盘每股价格为49.32元，总市值达59.18亿元。

如今，这种“小而美”的国产电器已走进我们平民百姓的日常生活。

第3章 数控机床冷却控制系统装调

3.1 情境引入

进行机械切削加工时，为了保证刀具寿命，保证零件的加工质量，尤其是在进行高温高热加工时，必须对刀具和工件进行冷却，如图 3-1 所示。冷却系统工作的可靠性关系到加工的质量和加工过程的稳定性。数控机床冷却系统一般受相关的 PLC 程序控制，通过数控机床的操作面板完成相关的操作。

【典型结构】

典型数控机床的冷却系统是由冷却泵、水管、电动机及控制开关等组成的。冷却泵安装在机床底座的内腔里（图 3-2），由它将切削液从底座打出，经过水管，然后从喷嘴喷出，对切削部分进行冷却。也可以通过控制面板在手动状态下控制切削液的开关，或通过程序指令 M07、M08 打开切削液，用指令 M09 关闭切削液。

图 3-1　数控机床冷却工作图

图 3-2　数控机床冷却泵图

【涉及元件】

低压断路器、接触器、热继电器、时间继电器、熔断器、直流电源、PLC、面板按钮

【情景任务】

任务 1　三相异步电动机起动控制系统装调

任务 2　三相异步电动机星-三角降压起动 PLC 控制系统装调

任务 3　数控机床冷却控制系统装调

3.2 任务1 三相异步电动机起动控制系统装调

【教学目标】

1. 掌握三相异步电动机直接起动电气原理。
2. 掌握低压电器选用。
3. 根据电气原理图，合理布置电气元件，并正确连线，控制电动机起动和停止。

【素养目标】

1. 培养工作有计划、科学、认真、严谨的作风。
2. 增强学生用电安全意识。
3. 培养学生团队合作意识。
4. 培养学生批判性思维能力。

【任务描述】

根据三相异步电动机长动控制电气原理图，选配低压电器和导线，合理布局，并正确进行连接，控制三相异步电动机的起动和停止，如图 3-3 所示。

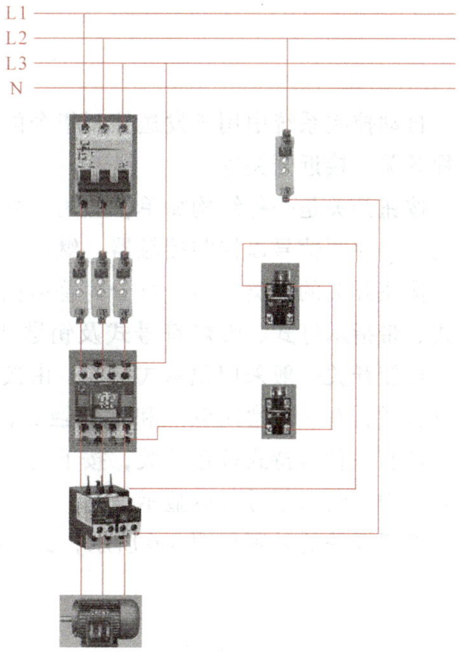

图 3-3 三相异步电动机的起动控制图

3.2.1 低压电器的认识与选用（二）

1. 开关电器

开关电器是指低压电器中用于不频繁地手动接通和分断电路的开关，或用于机床电路中电源的引入开关。本任务涉及的开关电器主要有低压断路器、组合开关等。

（1）低压断路器 低压断路器（俗称自动开关或空气开关）可用来分配电能、不频繁起动电动机、对供电电路及电动机等进行保护，用于正常情况下的接通和分断操作，以及出现严重过载、短路及欠电压等故障时的自动切断电路。由于其在分断故障电流后，一般不需要更换零件，且具有较大的接通和分断能力，因而得到广泛应用。具体内容参见 2.2 节。

（2）组合开关 组合开关又称转换开关，在电气控制线路中，常被作为电源引入的开关，可以用来直接起动或停止小功率电动机或使电动机正反转等。组合开关有单极、双极、三极、四极几种，额定持续电流有 10A、25A、60A、100A 等多种。

组合开关具有多触点、多位置、体积小、性能可靠、操作方便、安装灵活等优点，多用作机床电气控制线路中电源的引入开关，起隔离电源作用。组合开关还常用于局部照明电路控制，还可作为5kW以下的异步电动机不频繁起动和停止的直接控制开关。组合开关不适用于频繁操作的场所，开关额定电流一般取电动机额定电流的1.5~2.5倍。

组合开关的结构原理和实物如图3-4所示，其图形和文字符号如图3-5所示。

组合开关分为单极、双极、三极，主要根据电源种类、电压等级、所需触点数及电动机容量选用。组合开关的常用产品有HZ5、HZ10系列。其中，HZ5系列组合开关的额定电流有10A、20A、40A、60A四种；HZ10系列组合开关的额定电流有10A、25A、60A、100A四种，适用于AC 380V以下、DC 220V以下的电气设备中。

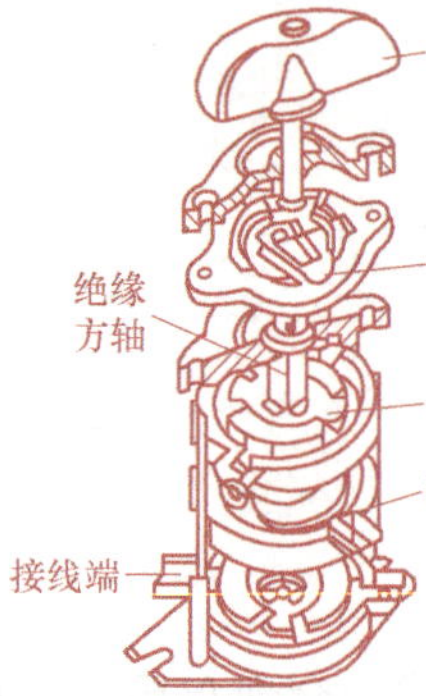

a) 结构原理

b) 实物

图3-4　组合开关的结构原理和实物图

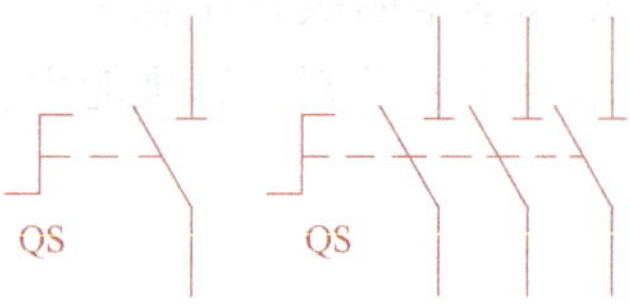

a) 单极　　b) 三极

图3-5　组合开关的图形和文字符号

2. 主令电器

自动控制系统中用于发送控制指令的电器称为主令电器。常用的主令电器有按钮开关、行程开关、接近开关等。

按钮开关是一种结构简单，应用十分广泛的主令电器。在电气自动控制电路中，它用于手动发出控制信号以控制接触器、继电器、电磁起动器等。

按钮开关的种类很多，可分为普通揿钮式、蘑菇头式、自锁式、自复位式、复合式、旋钮式、带指示灯式、带灯符号式及钥匙式等，并且有单钮、双钮、三钮及其他不同组合形式。按钮开关一般采用积木式结构，由按钮帽、复位弹簧、桥式触点和外壳等组成，通常做成复合式，有一对常闭触点和常开触点，对有的产品可通过多个元件的串联增加其触点对数。还有一种自持式按钮开关，按下后即可自动保持闭合位置，断电后才能打开。指示灯按钮开关内可装入信号灯以显示信号。

按钮开关的外观如图3-6所示，其结构原理如图3-7所示，图形和文字符号如图3-8所

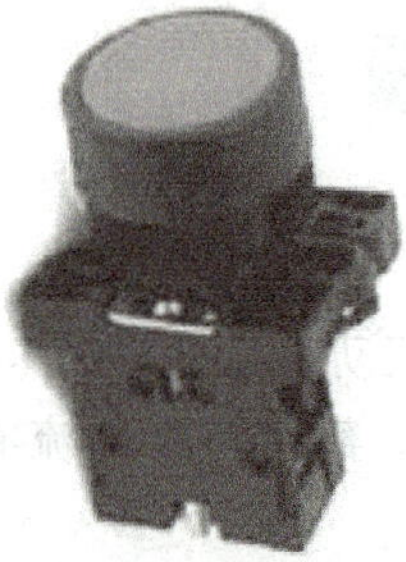

图3-6　按钮开关的外观

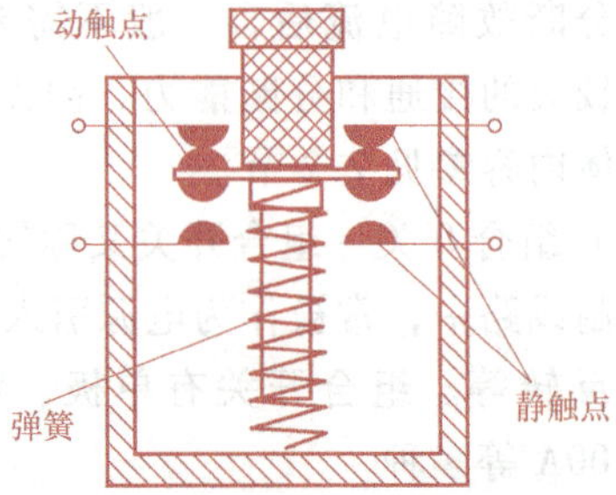

图3-7　按钮开关的结构原理

示。为了便于识别各个按钮开关的作用，避免误操作，通常在按钮上涂以不同颜色，以示区别。一般用红色表示停止，绿色表示启动。

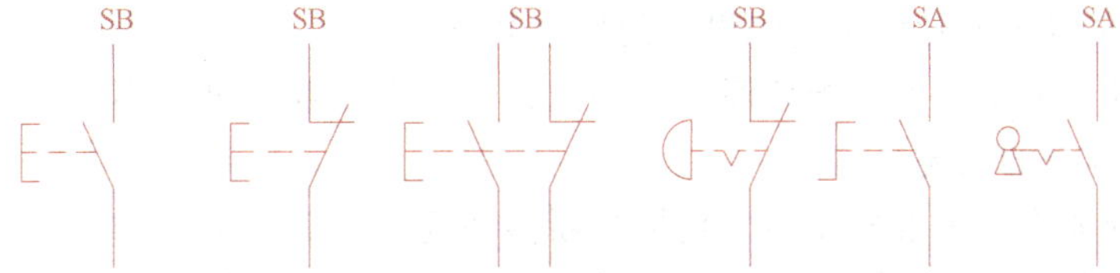

a) 一般式按钮开关(常开触点) b) 一般式按钮开关(常闭触点) c) 复合式按钮开关 d) 急停式按钮开关 e) 旋钮式按钮开关 f) 钥匙式按钮开关

图 3-8 按钮开关的图形和文字符号

当按下按钮时，先断开常闭触点，然后才接通常开触点；按钮释放后，复位弹簧使触点复位。按钮接线没有进线和出线之分，直接将所需的触点连入电路即可。在没有按动按钮时，接在常开触点接线柱上的电路是断开的，常闭触点接线柱上的电路是接通的；当按下按钮时，两种触点的状态改变，同时也使与之连接的电路状态改变。

按钮开关选择的主要依据是使用场所、所需触点数量、种类及颜色。

3. 熔断器

熔断器是根据电流超过规定值一段时间后，以其自身产生的热量使熔体熔化，从而使电路断开这一原理制成的一种电流保护器。熔断器广泛应用于高低压配电系统、控制系统以及用电设备中，作为短路和过电流的保护器。

熔断器按结构形式可分为瓷插式、螺旋式、无填料封闭管式和有填料封闭管式等熔断器，如图 3-9 所示。

a) 瓷插式熔断器 b) 螺旋式熔断器 c) 无填料封闭管式熔断器 d) 有填料封闭管式熔断器

图 3-9 熔断器的外观

熔断器主要由熔体、外壳和支座三部分组成。机床电路中常用的熔断器有 RC1 系列瓷插式熔断器，RL1 系列的螺旋式熔断器，以及 RT0、RT18 系列封闭管式熔断器等，其外形如图 3-10 所示。熔断器的图形和文字符号如图 3-11 所示。

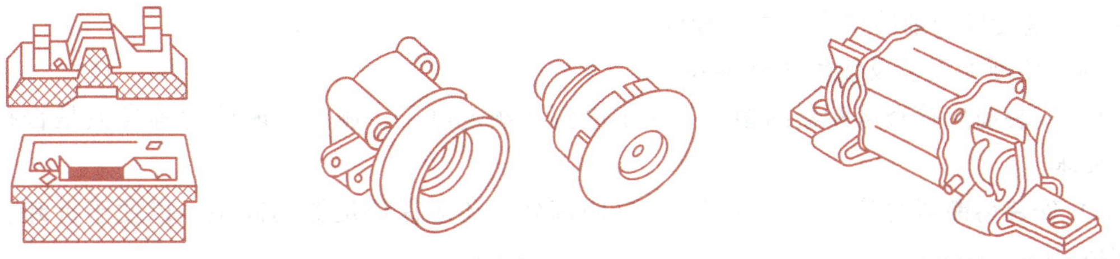

a) RC1系列瓷插式熔断器 b) RL1系列螺旋式熔断器 c) RT0系列有填料封闭管式熔断器

图 3-10 常见的几种熔断器

（1）熔断器的主要参数

1）额定电压。额定电压是指熔断器长期工作时的分断后能够承受的电压，其值一般等于或者大于电气设备的额定电压。

2）额定电流。额定电流是指熔断器长期工作时，设备部件升温不超过规定值时所承受的电流。

3）极限分断能力。极限分断能力是指熔断器在规定的额定电压和功率因数（或时间常数）的条件下，能分断的最大电流值。在电路中出现最大电流值一般是短路电流值，所以极限分断能力也反映了熔断器分断短路电流的能力。

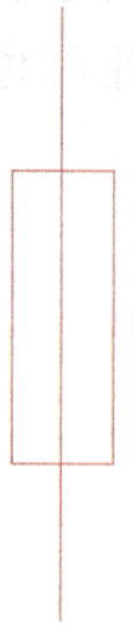

图 3-11 熔断器的图形和文字符号

（2）熔断器的选择 应根据使用场合选择熔断器的类型。电网配电一般用刀形触点熔断器（如 HDLRT0、RT36 系列）；电动机保护一般用螺旋式熔断器；照明电路一般用圆筒帽式熔断器；保护晶闸管则应选择半导体保护用快速式熔断器。

（3）熔断器规格的选择

① 对于变压器、电炉和照明等负载，熔体的额定电流应略大于或等于负载电流。

② 对于输配电线路，熔体的额定电流应略大于或等于线路的安全电流。

③ 在电动机回路中用作短路保护时，应考虑电动机的起动条件，按电动机起动时间的长短来选择熔体的额定电流。

对起动时间不长的电动机，可按下式确定熔体的额定电流

$$I_{n熔体}=I_{st}/(2.5\sim3)$$

式中 I_{st}——电动机的起动电流（A）；

$I_{n熔体}$——熔体的额定电流（A）。

对起动时间较长或起动频繁的电动机，按下式确定熔体的额定电流

$$I_{n熔体}=I_{st}/(1.6\sim2)$$

对于多台电动机供电的主干母线处的熔断器中熔体的额定电流可按下式计算

$$I_{n熔体}=(2.0\sim2.5)I_{memax}+\sum I_{me}$$

式中 $I_{n熔体}$——熔体的额定电流（A）；

I_{me}——电动机的额定电流（A）；

I_{memax}——为多台电动机中容量最大的一台电动机的额定电流（A）；

$\sum I_{me}$——其余电动机的额定电流之和（A）。

电动机末端回路的保护选用 aM 型熔断器，熔断器的额定电流 I_n 稍大于电动机的额定电流。另外为防止发生越级熔断，上、下级（即供电干线、支线）熔断器间应有良好的协调配合，应进行较详细的整定计算和校验。

（4）熔断器安装及使用注意事项

1）安装前应检查熔断器的型号、额定电流、额定电压、额定分断能力等参数是否符合规定要求。

2）安装熔断器时除要保证足够的电气距离外，还应保证足够的间距，以便于拆卸、更换熔体。

3）安装时应保证熔体和触刀，以及触刀和触刀座之间接触紧密可靠，以免由于接触处

发热，使熔体温度升高，发生误熔断。

4）安装熔体时必须保证接触良好，不允许有机械损伤，否则准确性将降低。

5）熔断器应安装在各相线上，三相四线制电源的中性线上不得安装熔断器，而单相两线制的零线上应安装熔断器。

6）安装瓷插式熔断器熔体时，应将熔体顺着螺钉旋紧方向绕过去，同时应注意不要划伤熔体，也不要把熔体绷紧，以免减小熔体截面尺寸或绷断熔体。

7）安装螺旋式熔断器时，必须注意将电源线接到瓷底座的下接线端（即低进高出的原则），以保证安全。

8）更换熔体时，必须先断开电源，一般不应带负载更换熔断器，以免发生危险。

9）在运行中应经常注意熔断器的指示器，以便及时发现熔体熔断，防止断相运行。

10）更换熔体时，必须注意新熔体的规格尺寸、形状应与原熔体相同，不能随意更换。

4. 接触器

接触器是一种用来频繁地接通或分断带有负载的主电路（如电动机）的自动控制电器。接触器由电磁机构、触点系统、灭弧装置及其他部件四部分组成。其中电磁机构由线圈、动铁心和静铁心组成；触点机构包括三对主触点（通断主电路）、辅助触点（通断控制电路）。

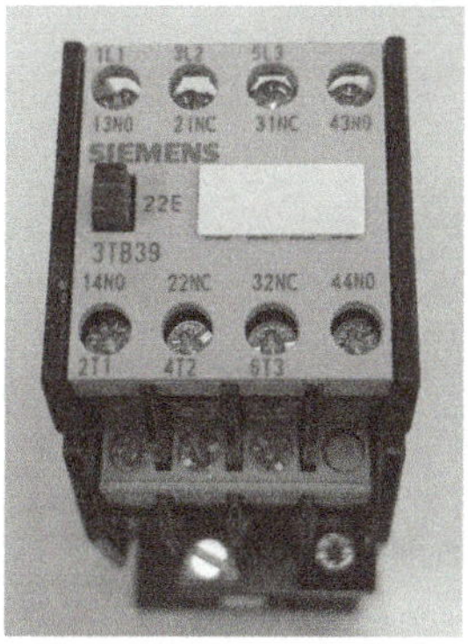

图 3-12　交流接触器的实物图

接触器的工作原理是当线圈通电后，铁心产生电磁吸力将衔铁吸合，衔铁带动触点系统动作，使常闭触点断开，常开触点闭合；当线圈断电时，电磁吸力消失，衔铁在弹簧反力的作用下回位，触点系统随之复位。

接触器按其线圈通过电流的种类不同，分为直流接触器和交流接触器两种，机床上应用最多的是交流接触器。目前我国常用的交流接触器主要有 CJ20、CJX1、CJX2、CJ12 和 CJ10 等系列。交流接触器的实物图如图 3-12 所示，接触器的型号及其含义如图 3-13 所示。接触器的图形和文字符号如图 3-14 所示，工作原理如图 3-15 所示。

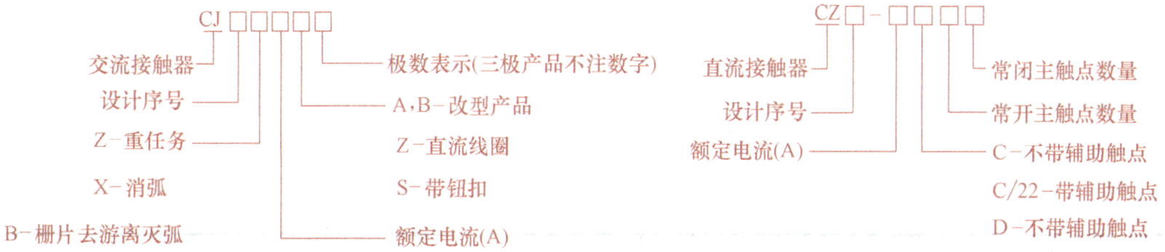

a) 交流接触器的型号及其含义　　b) 直流接触器的型号及其含义

图 3-13　接触器的型号及其含义

（1）接触器主要技术参数

1）额定电压。接触器铭牌上标出的额定电压是指主触点的额定电压。

2）额定电流。接触器铭牌上标出的额定电流是指主触点的额定电流。

3）接通和分断能力。接通和分断能力是指接触器主触点在规定条件下能可靠地接通和分断的电流值。在此电流值以下，接触器接通时主触点不应发生熔焊，接触器分断时主触点不应发生长时间的燃弧。若超出此电流值，则熔断器、断路器等保护电器会将电流分断。

接触器的使用类别不同，对主触点的接通和分断能力的要求也不一样。接触器的使用类别是根据不同的控制对象（负载）和所需的控制方式所规定的。常见的接触器使用类别及其典型用途见表 3-1。

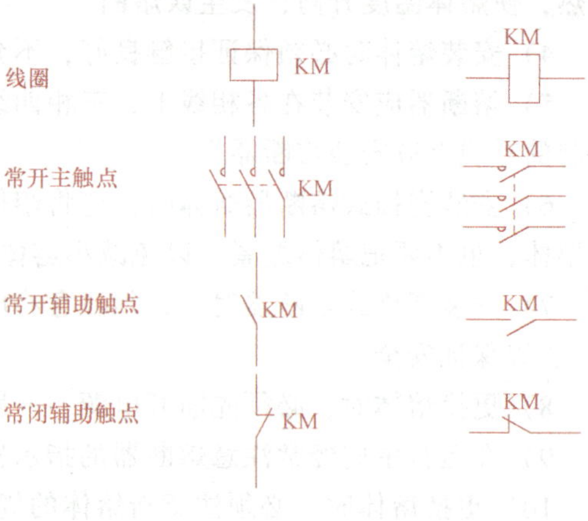

图 3-14　接触器的图形和文字符号

（2）交流接触器的选择　交流接触器的选择主要考虑主触点的额定电压、额定电流、辅助触点的数量与种类、吸引线圈的电压等级、操作频率等。

1）根据接触器所控制负载的工作任务来选择相应使用类别的接触器。

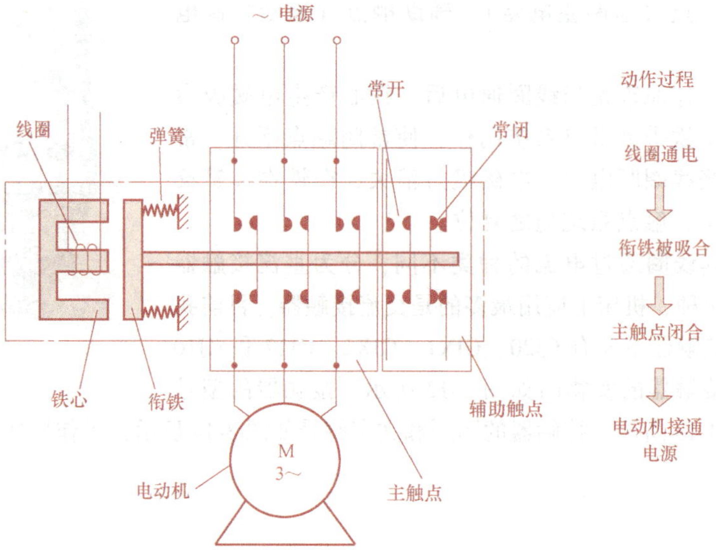

图 3-15　接触器的工作原理

表 3-1　常见的接触器使用类别及其典型用途

电流类型	使用类别代号	典型用途
交流	AC1	无感或微感负载、电阻炉
	AC2	绕线转子异步电动机的起动和停止
	AC3	笼型异步电动机的起动和停止
	AC4	笼型异步电动机的起动、反向制动、反向和点动
直流	DC1	无感或微感负载、电阻炉
	DC3	并励电动机的起动、反接制动、反向和点动
	DC5	串励电动机的起动、反接制动、反向和点动

① 如果负载为一般任务（控制中小功率笼型电动机等），选用 AC3 类接触器。

② 如果负载为重任务（电动机功率大，且动作较频繁），则应选用 AC4 类接触器。

③ 如果负载为一般任务与重任务混合的情况，则应根据实际情况选用 AC3 或 AC4 类接触器。

2）交流接触器的额定电压（主触点的额定电压）一般为 500V 和 380V 两种，应大于或等于负载电路的电压。

3）根据电动机（或其他负载）的功率和操作情况来确定接触器主触点的电流等级。

① 接触器的额定电流（主触点的额定电流）有 5A、10A、20A、40A、60A、100A 和 150A 等几种，应大于或等于被控电路的额定电流。

② 电动机类负载可按下列经验公式计算

$$I_c = \frac{P_n}{KU_n}$$

式中 I_c——接触器的主触点电流（A）；

P_n——电动机的额定功率（kW）；

U_n——电动机的额定电压（V）；

K——经验系数，$K=1\sim1.4$。

4）接触器线圈的电流种类（交流和直流两种）和电压等级应与控制电路相同。交流接触器线圈电压一般有 36V、110V、127V、220V、380V 等几种。

5）触点数量和种类应满足主电路和控制电路的要求。

5. 继电器

继电器是根据某种输入信号的变化，接通或断开控制电路，实现自动控制和保护电力装置的自动电器。继电器的种类很多，按输入信号的性质分为电压继电器、电流继电器、时间继电器、温度继电器、速度继电器、压力继电器等；按工作原理可分为电磁式继电器、感应式继电器、电动式继电器、热继电器和电子式继电器等；按输出形式可分为有触点继电器和无触点继电器两类，按用途可分为控制继电器与保护继电器等。

（1）热继电器　热继电器利用电流通过发热元件加热使金属片弯曲，推动执行机构动作来保护电器。电动机在实际运行中常常发生过载情况。如果过载电流不太大且过载时间短，电动机绕组温升不超过允许值，那么这种过载是允许的。但如果过载电流大且过载时间长，电动机绕组温升就会超过允许值，就会加剧绕组绝缘材料的老化，缩短电动机的使用年限，严重时会使电动机烧毁，这种过载是电动机不能承受的。因此，常用热继电器作为电动机的过载保护和三相电动机的断相保护。热继电器的实物图如图 3-16 所示，其图形与文字符号如图 3-17 所示。

热继电器的结构示意图如图 3-18 所示，主要由热元件、触点系统、动作机构、复位按钮、整定电流装置和温度补偿元件等部分组成。热元件共有两块，是热继电器的主要组成部分，它是由双金属片 1、2 及围绕在双金属片外面的电阻丝组成的。双金属片由两种线胀系数不同的金属片焊接而成。使用时将电阻丝直接串接在异步电动机的两相电路上，常闭触点 8 与 9 接于电动机控制电路的接触器线圈支路上。当电动机线圈因过载引起过电流时，并经一定时间后，发热元件 3 和 4 所产生的热量足以使双金属片 1 和 2 弯曲，并推动导板 5 向右移动一定距离，导板5又推动温度补偿片6与杠杆7，使动触点8与静触点9分开，从而使电动机线路接触器断电释放，将电源切断，起到保护作用。电源切断后，热继电器开始冷却，过一段时间双金属片恢复原状，于是动触点8在弹簧13的使用下自动复位，与静触点9闭合。

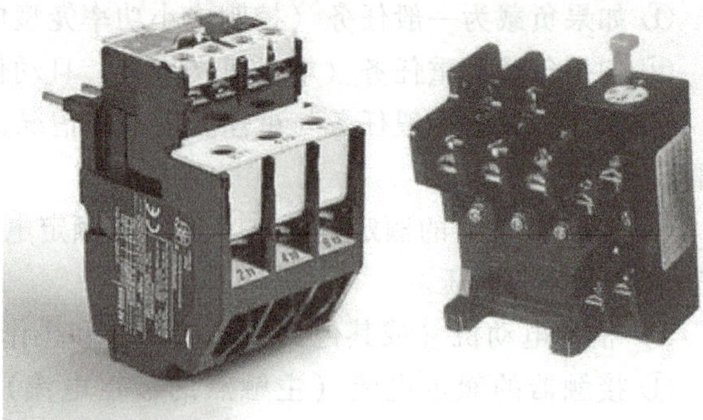

图 3-16　热继电器的实物图

这种热继电器也可用手动复位。这时只要将螺钉10拧出到一定位置，使动触点8的转动超过一定角度，在此情况下，即使双金属片冷却，动触点8也不能自动复位，必须采用手动方式，即按下复位按钮11使动触点8变位，这在某种要求故障未被排除而防止电动机再行起动的场合中是必要的。

热继电器在正常工作状态和过电流状态下的结构示意图分别如图3-19及图3-20所示。

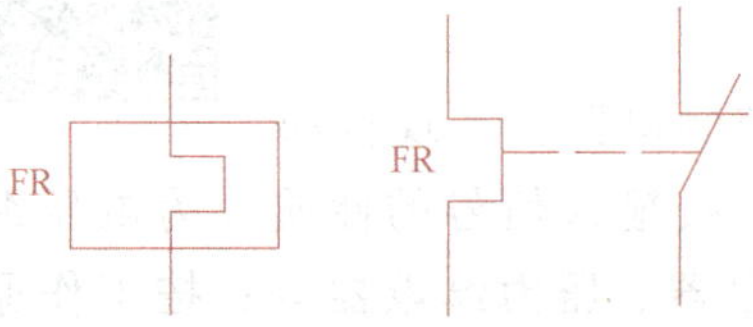

图 3-17　热继电器的图形与文字符号

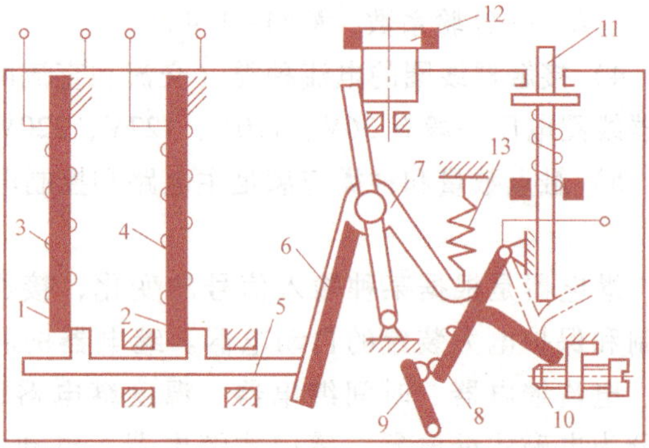

图 3-18　热继电器的结构示意图

1、2—双金属片　3、4—发热元件　5—导板
6—温度补偿片　7—杠杆　8—动触点　9—静触点
10—螺钉　11—复位按钮　12—凸轮　13—弹簧

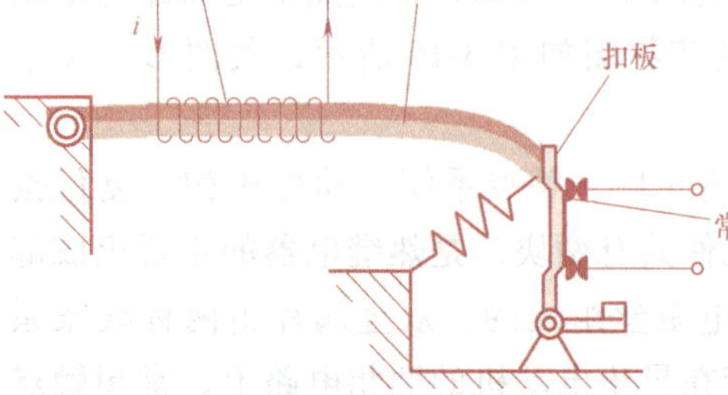

图 3-19　热继电器在正常状态下的结构示意图

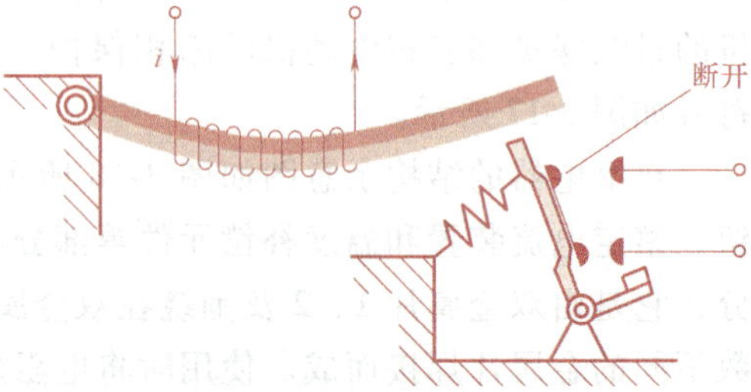

图 3-20　热继电器在过电流状态下的结构示意图

热继电器的选用应该根据电动机的接法和工作环境决定。当定子绕组采用星形联结时，选用通用的热继电器即可；如果定子绕组为三角形联结，则应选用带断相保护装置的热继电器。在一般情况下可选用两相结构的热继电器；在电网电压均衡性较差、工作环境恶劣或维护较少的场所，可选用三相结构的热继电器。

(2) 中间继电器 电磁式继电器是电气控制设备中用得最多的一种继电器，其主要结构和工作原理与接触器相似。图 3-21 所示为电磁式继电器的实物图。

中间继电器是电磁式继电器的一种，它具有触点数多（多至六对或更多）、触点电流容量大（额定电流 5A 左右）、动作灵敏等特点。其主要用途是当其他电器的触点数量或者触点容量不够时，可借助中间继电器来增加它们的触点数量或触点容量，起到中间信号转换的作用。图 3-22 所示为中间继电器的典型结构图和图形与文字符号。常用的中间继电器有 JZ7、JZ8 等系列，其技术参数见表 3-2。

图 3-21 电磁式继电器的实物图

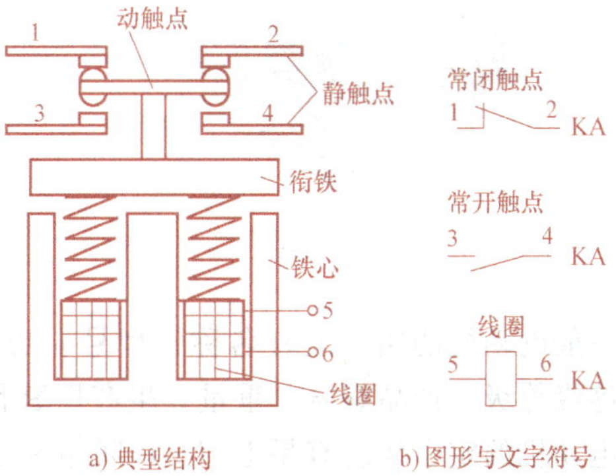

图 3-22 中间继电器典型结构和图形与文字符号

表 3-2 JZ7、JZ8 系列中间继电器的技术参数

型号	线圈参数			触点数
	额定电压/V		消耗功率	
	交流	直流		
JZ7-44 JZ7-62 JZ7-80	12、24、36、48、110、127、220、380、420、440、500	—	12V · A	4 开 4 闭 6 开 2 闭 8 开
JZ8-62 JZ8-44 JZ8-26	110、127、220、380	12 24 48 110 220	交流 10V · A 直流 7.5W	6 开 2 闭 4 开 4 闭 2 开 6 闭

中间继电器主要依据被控制电路的电压等级，触点数量、种类及容量来选用。

1）线圈电源形式和电压等级应与控制电路一致。例如数控机床的控制电路采用直流 24V 供电时，应该选择线圈额定工作电压 24V 的直流继电器。

2）按控制电路的要求选择触点类型（常开或常闭）和数量。

3）继电器的触点额定电压应大于或等于被控制电路的电压。

4）继电器的触点电流应大于或等于被控制电路的额定电流。

6. 三相笼型异步电动机

三相笼型异步电动机由定子和转子两个基本部分组成。定子主要由定子铁心、定子绕组和机座组成，转子主要由转子绕组和转子铁心组成。当三相定子绕组接入对称的三相交流电后，在气隙中产生一个旋转磁场，转子导体切割此磁场，产生感应电流。流有感应电流的转子绕组在旋转磁场中产生电磁转矩，使转子旋转。根据左手定则可判断出转子的旋转方向与旋转磁场的旋转方向相同。三相笼型异步电动机的外观与电路符号如图 3-23、图 3-24 所示。

图 3-23　三相笼型异步电动机的外观

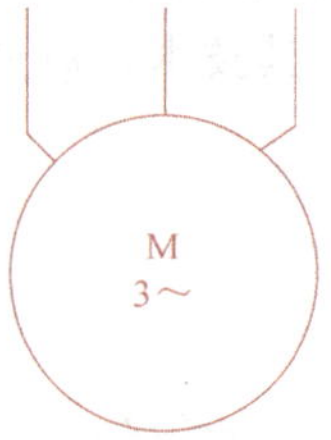

图 3-24　三相笼型异步电动机的电路符号

一般电动机的铭牌上有名称、型号、功率、电压、电流、频率、转速、接法、工作方式、绝缘等级、产品编号、重量、生产厂家和出厂年月等。

电动机的定子绕组有星形（Y）联结和三角形（△）联结两种。若电压为 380V，接法为△联结，表示定子绕组的额定线电压为 380V，应接成△联结。若电压为 380V/220V，接法为Y/△联结，表明电源线电压为 380V 时，应接成Y联结；当电源线电压为 220V 时，应接成△联结。电动机的Y/△联结的原理如图 3-25 所示。

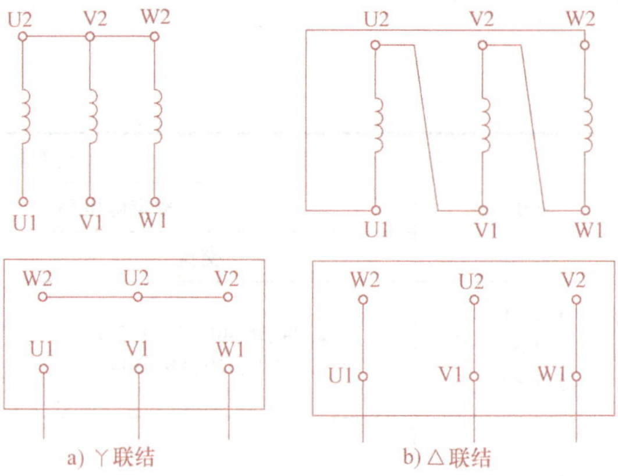

图 3-25　电动机的Y/△联结原理

电流是指电动机定子绕组的输入电流。如果写两个电流值，则分别表示定子绕组在两种接法时的输入电流。

Y 系列电动机具有效率高、起动转矩大、噪声低、振动小、性能优良、外形美观等优点，功率等级和安装尺寸符合国际电工委员会标准。表 3-3 列出了常用 Y 系列三相异步电动机的技术参数，全部为 B 级绝缘，电压为 380V，其中 3kW 及以下为星形联结，4kW 及以上为三角形联结。

3.2.2 三相异步电动机起动点动控制

小型异步电动机可采用直接起动方式，起动时将电动机的定子绕组直接接在额定电压的

表 3-3 Y 系列三相异步电动机的技术参数

电动机型号	额定功率/kW	额定转速/(r/min)	堵转转矩/额定转矩	最大转矩/额定转矩	电动机型号	额定功率/kW	额定转速/(r/min)	堵转转矩/额定转矩	最大转矩/额定转矩
同步转速 3000r/min,2 极					同步转速 1500r/min,4 极				
Y801-2	0.75	2825	2.2	2.2	Y801-4	0.55	1390	2.2	2.2
Y802-2	1.1	2825	2.2	2.2	Y802-4	0.75	1390	2.2	2.2
Y90S-2	1.5	2840	2.2	2.2	Y90S-4	1.1	1400	2.2	2.2
Y90L-2	2.2	2840	2.2	2.2	Y90L-4	1.5	1400	2.2	2.2
Y100L-2	3	2880	2.2	2.2	Y100L1-4	2.2	1420	2.2	2.2
Y112M-2	4	2890	2.2	2.2	Y100L2-4	3	1420	2.2	2.2
Y132S1-2	5.5	2900	2.0	2.2	Y112M-4	4	1440	2.2	2.2
Y132S2-2	7.5	2900	2.0	2.2	Y132S-4	5.5	1440	2.2	2.2
Y160M1-2	11	2930	2.0	2.2	Y132M-4	7.5	1440	2.2	2.2
Y160M2-2	15	2930	2.0	2.2	Y160M-4	11	1460	2.2	2.2
Y160L-2	18.5	2930	2.0	2.2	Y160L-4	15	1460	2.2	2.2
Y180M-2	22	2940	2.0	2.2	Y180M-4	18.5	1470	2.0	2.2
Y200L1-2	30	2950	2.0	2.2	Y180L-4	22	1470	2.0	2.2
同步转速 1000r/min,6 极					Y200L-4	30	1470	2.0	2.2
Y90S-6	0.75	910	2.0	2.0	同步转速 750r/min,8 极				
Y90L-6	1.1	910	2.0	2.0	Y132S-8	2.2	710	2.0	2.0
Y100L-6	1.5	940	2.0	2.0	Y132M-8	3	710	2.0	2.0
Y112M-6	2.2	940	2.0	2.0	Y160M1-8	4	720	2.0	2.0
Y132S-6	3	960	2.0	2.0	Y160M2-8	5.5	720	2.0	2.0
Y132M1-6	4	960	2.0	2.0	Y160L-8	7.5	720	2.0	2.0
Y132M2-6	5.5	960	2.0	2.0	Y180L-8	11	730	1.7	2.0
Y160M-6	7.5	970	2.0	2.0	Y200L-8	15	730	1.8	2.0
Y160L-6	11	970	2.0	2.0	Y225S-8	18.5	730	1.7	2.0
Y180L-6	15	970	1.8	2.0	Y225M-8	22	730	1.8	2.0
Y200L1-6	18.5	970	1.8	2.0	Y250M-8	30	730	1.8	2.0
Y200L2-6	22	970	1.8	2.0					
Y225M-6	30	980	1.7	2.0					

注：电动机型号意义：以 Y132S2-2 为例，Y 表示系列代号（异步电动机），132 表示机座中心高，S2 表示短机座和第二种铁心长度（M 表示中机座，L 表示长机座），2 表示电动机的极数。

交流电源上。点动控制是一种直接起动方式。图 3-26 所示为三相异步电动机点动控制电路示意图。图 3-27 所示为三相异步电动机点动控制电气原理图。图 3-27a 中组合开关 QS、熔断器 FU、交流接触器 KM 的主触点、热继电器 FR 与电动机组成主电路，主电路中通过的电流较大。图 3-27b 中，控制电路由熔断器 FU（图中未示出）、热继电器常闭触点 FR、起动按钮 SB、接触器 KM 的线圈组成，控制电路中通过的电流较小。

控制电路的工作原理如下：接通电源开关 QS，按下起动按钮 SB，接触器 KM 的吸引线圈得电，常开主触点闭合，电动机绕组接通三相电源，电动机起动。松开起动按钮 SB，接触器吸引线圈失电，主触点分开，切断三相电源，电动机停止。

绘制电路图时，电路中所有电器的触点都按电器没有通电和没有外力作用时的初始状态画出，如接触器触点按线圈不通电时的状态画出，按钮按不受外力作用时的状态画出。

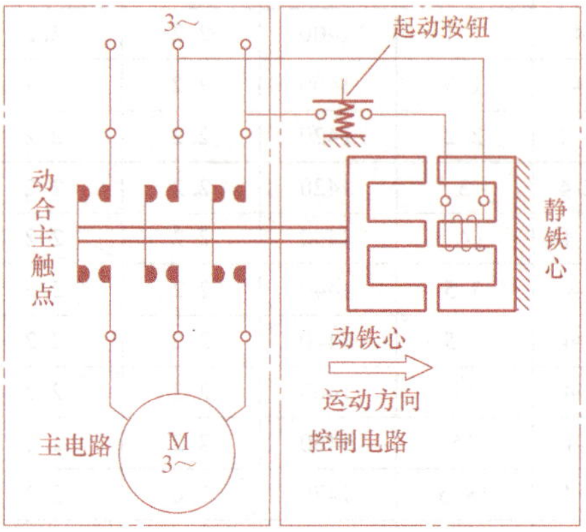

图 3-26　三相异步电动机点动控制电路示意图

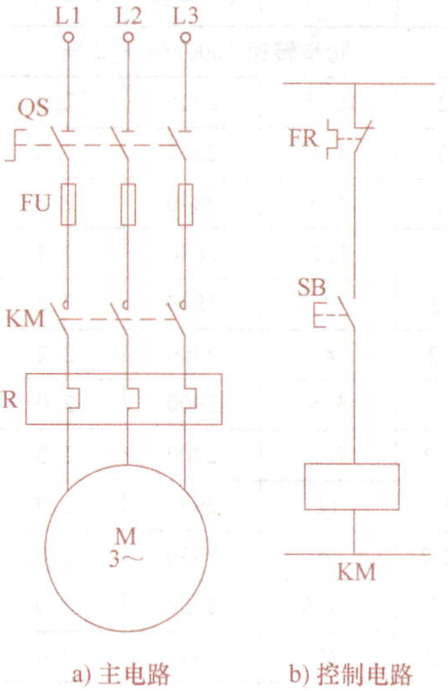

图 3-27　三相异步电动机点动控制电气原理图

3.2.3　三相异步电动机起动长动控制

三相异步电动机长动控制系统中，按下起动按钮后，系统处于自锁状态，如图 3-28 所示。图 3-29 所示为三相异步电动机长动控制电气原理图，工作原理如下：接通电源开关 QS，按下起动按钮 SB2 时，接触器 KM 吸合，主电路接通，电动机 M 起动运行。同时，并

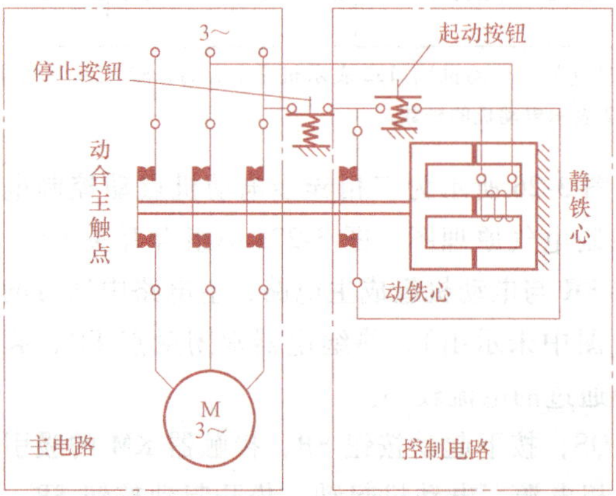

图 3-28　三相异步电动机长动控制电路示意图

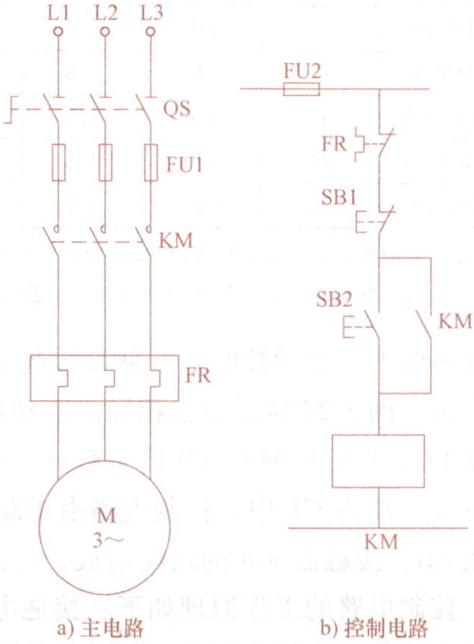

图 3-29　三相异步电动机长动控制电气原理图

联在起动按钮 SB2 两端的接触器辅助常开触点也闭合，所以即使松开按钮 SB2，控制电路也不会断电，电动机仍然可以继续运行。按下停止按钮 SB1 时，KM 线圈断电，接触器所有动合触点断开，切断主电路，电动机停转。这种依靠接触器自身的辅助触点来使其线圈保持通电的功能就称为“自锁”或“自保”。

在实际生产中，往往需要既可以点动又可以长动的控制电路，其主电路相同（图 3-30a），但是控制电路可以有多种（图 3-30b、c、d）。

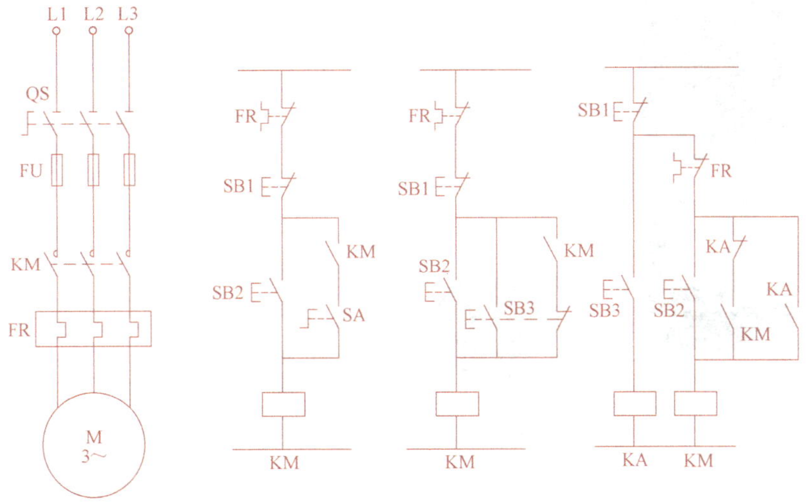

图 3-30 主电路及点动与长动控制电路

比较图 3-30b、c、d 所示的三种控制电路，图 3-30b 所示比较简单，它是以开关 SA 的打开与闭合来区别点动与长动的；由于起动均用同一按钮 SB2 控制，若疏忽了开关动作，就会混淆长动与点动的作用。图 3-30c 所示控制电路中，虽然将点动按钮 SB3 与长动按钮 SB2 分开了，但当接触器铁心因油腻或剩磁而发生缓慢释放时，可能会使点动变成长动，故虽然简单但并不可靠。图 3-30d 所示控制电路中采用中间继电器实现点动控制，可靠性大大提高；点动时按 SB3，中间继电器 KA 的常闭触点断开接触器 KM 的自锁触点，KA 的常开触点使 KM 通电，电动机点动；长动控制时，按 SB2 即可。

3.2.4 任务实施

按照图 3-31 所示完成电动机长动控制电路的接线与调试。

1）查看各电气元件的质量情况，详细观察各电气元件的外部结构，了解其使用方法，并进行安装。

2）按图 3-31 所示的电路接线实物图正确连接电路，按照从上到下、从左到右、先连接主电路、再连接控制电路的顺序接线。

3）对照电路接线实物图检查电路是否有掉线、错线，接线是否牢固。学生要自行检查和互检，确认电路正确和无安全隐患，并且经指导教师检查后方可通电试验。切记要严格遵守操作规程，确保人身安全。

4）接通总电源，合上开关，按下起动按钮，观察长动的现象。

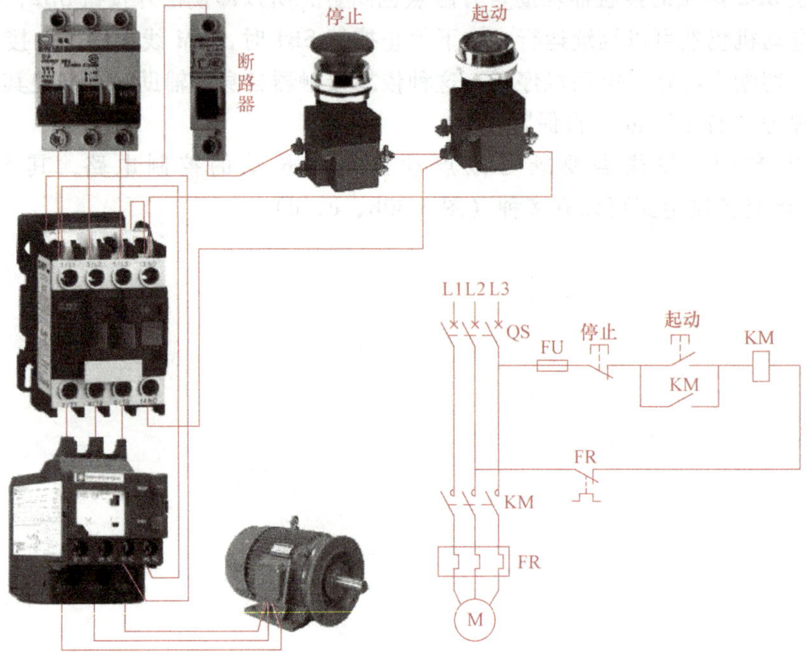

a) 接线实物图　　　　b) 电气原理图

图 3-31　电动机长动控制电路接线实物图与电气原理图

3.2.5　检查评价

在自觉遵守安全文明生产规程的前提下，考核标准见表 3-4。

表 3-4　考核标准

教学内容	评价要点	评价标准	评价方式	考核方式	分数权重
电动机长动控制电路的连接与调试	电路分析	正确分析电路原理	教师评价	答辩	0.2
	电路连接	按图接线，正确、规范、合理		操作	0.3
	测试运行	按照要求和步骤正确调试电路		操作	0.3
	工作态度	认真、主动参与学习	小组成员互评	口述	0.1
	团队合作	具有团队合作精神		口述	0.1

3.3　任务 2　三相异步电动机星-三角降压起动 PLC 控制系统装调

【教学目标】

1. 掌握星-三角降压起动原理。
2. 熟悉星-三角降压起动继电器控制电气原理图。
3. 熟悉 PLC 基础知识。
4. 能根据任务书的要求，进行 PLC 及电气元件的连线，并编制 PLC 程序，控制三相异步电动机降压起动。

【素养目标】

1. 培养工作有计划、科学、认真、严谨的作风。
2. 增强学生用电安全意识。
3. 培养学生团队合作意识。
4. 将企业优秀管理规范融入教学当中，培养清洁、清扫、安全规范职业素养。

【任务描述】

根据星-三角降压起动继电器控制电气原理图（图 3-31b），在教师示范下，连接星-三角降压起动 PLC 控制线路，编写并调试 PLC 程序，实现电动机在 PLC 程序控制下的星-三角降压起动。

3.3.1　时间继电器的认识与选用

从得到输入信号开始，经过一定的延时后才输出信号的继电器称为时间继电器。时间继电器有通电延时型和断电延时型两种类型。通电延时时间继电器是线圈通电，触点延时动作；断电延时时间继电器是线圈断电，触点延时动作。

时间继电器获得延时的方法有多种，按其工作原理可分为电磁式、空气阻尼式、电动式和电子式等，其中以空气阻尼式时间继电器在机床控制电路中的应用最为广泛。

时间继电器的实物图如图 3-32 所示，其图形和文字符号如图 3-33 所示。

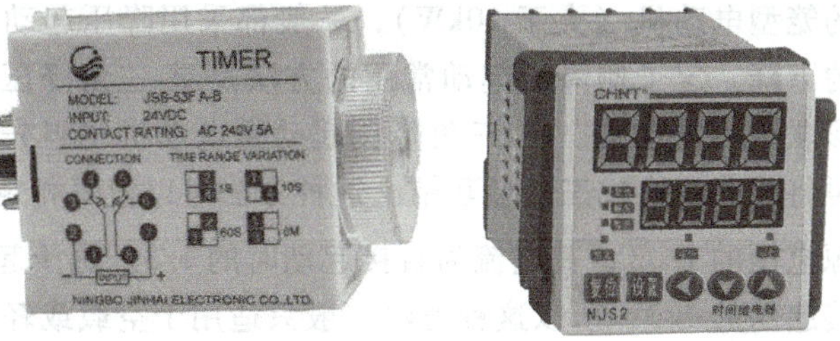

图 3-32　时间继电器的实物图

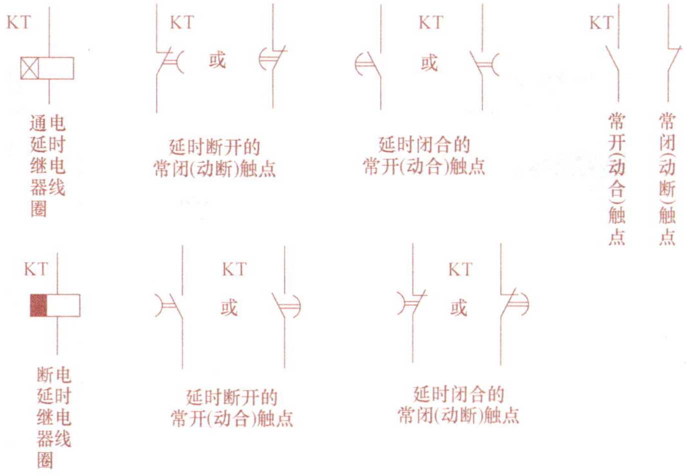

图 3-33　时间继电器的图形和文字符号

常用的空气阻尼式时间继电器为JS23系列。表3-5为JS23系列时间继电器的技术参数。

表3-5　JS23系列时间继电器的技术参数

额定工作电压/V		AC 380;DC 220					
额定工作电流/A		AC 380V 时瞬动 0.79;DC 220V 时瞬动 0.27					
触点数	型号	延时动作触点数量				瞬动触点数量	
		通电延时		断电延时			
		常开	常闭	常开	常闭	常开	常闭
	JS23-1	1	1	—	—	4	0
	JS23-2	1	1	—	—	3	1
	JS23-3	1	1	—	—	2	2
	JS23-4	—	—	1	1	4	0
	JS23-5	—	—	1	1	3	1
	JS23-6	—	—	1	1	2	2
延时范围/s		0.2~30;10~180(气囊延时)					
线圈额定电压/V		AC 110、AC 220、AC 380					
电寿命		瞬动触点:100万次(交、直流);延时触点:交流100万次,直流50万次					

时间继电器形式多样，各具特点，选择时应从以下几方面考虑：

1）根据控制电路对延时触点的要求选择延时方式，即通电延时型或断电延时型。

2）根据延时范围和精度要求选择继电器类型。

3）根据使用场合、工作环境选择时间继电器的类型。例如，电源电压波动大的场合可选空气阻尼式时间继电器或电动式时间继电器；电源频率不稳定的场合不宜用电动式时间继电器；环境温度变化大的场合不宜选用空气阻尼式时间继电器和电子式时间继电器。

3.3.2　星-三角降压起动原理

对于较大容量的笼型电动机（大于10kW），一般都采用降压起动，以防止过大的起动电流引起电源电压的下降。定子侧降压起动常用的方法是星-三角降压起动，用于正常运行时定子绕组为三角形联结的电动机。星-三角降压起动是电动机绕组先接成星形，待转速增加到一定程度时，再将线路切换成三角形联结。这种方法可以使每相定子绕组所承受的电压在起动时降低到电源电压的$1/\sqrt{3}$，其电流为直接起动时的1/3。由于起动电流减小，起动转矩也同时减小到直接起动的1/3，所以这种方法一般只适用于空载或轻载起动的场合。

三相异步电动机的实际接线端子图如图3-34所示。

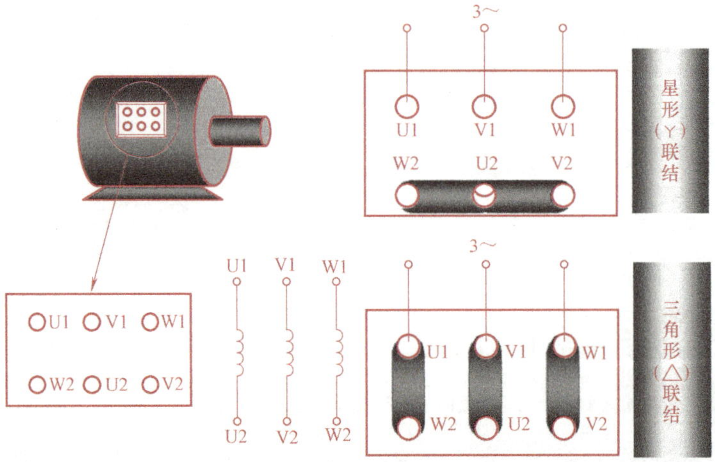

图3-34　三相异步电动机的实际接线端子图

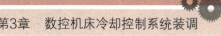

三相异步电动机星形、三角形联结的绕组示意图如图 3-35 所示。

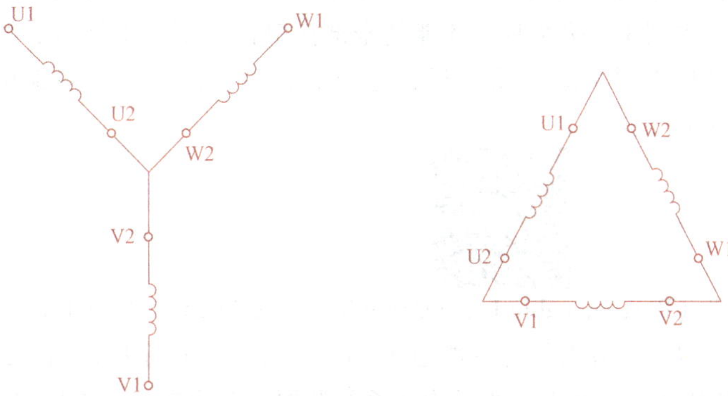

图 3-35　三相异步电动机星形、三角形联结的绕组示意图

3.3.3　星-三角降压继电器控制电气原理图解读

12kW 以上电动机星-三角降压起动控制线路如图 3-36 所示，其工作原理分析如下：

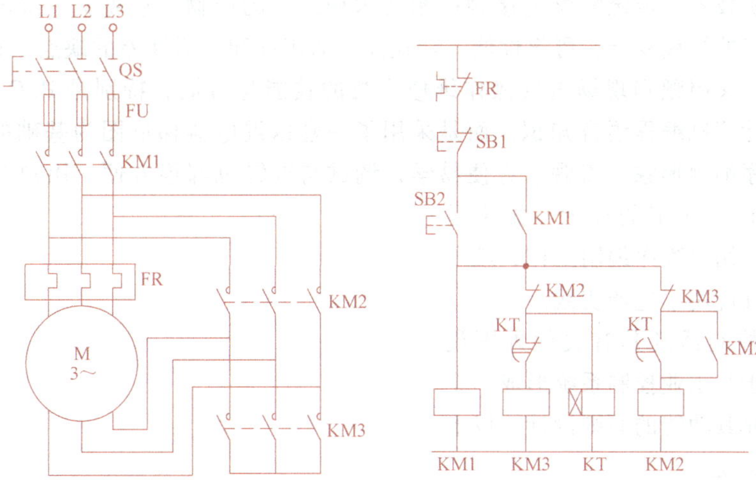

图 3-36　12kW 以上电动机星-三角降压起动控制线路

降压起动：按下起动按钮 SB2，接触器 KM1、KM3 和时间继电器的线圈 KT 得电，KM3 的主触点闭合，将电动机的三相绕组接成星形；KM1 的主触点同时闭合，电动机进入星形起动状态，KM1 的辅助触点闭合，使电路维持在起动状态。同时，KM3 的常闭辅助触点断开，防止 KM2 得电工作。

待电动机转速达到一定程度时，时间继电器 KT 延时时间到，其延时触点 KT（常闭）断开，接触器 KM3 线圈失电，KM3 主触点断开，星形联结失效，KM3 辅助触点（常闭）闭合。延时继电器 KT 的延时闭合触点闭合，接触器 KM2 得电，KM2 主触点闭合，电动机进入三角形联结运行状态。同时，KM2 常闭辅助触点断开，防止 KM3 得电工作。

这里时间继电器的延时时间应通过试验调整为 5~15s。按下 SB1 停止按钮，或电动机出现异常过电流使热继电器 FR 动作时，才能使全部接触器线圈失电跳开，电动机才能停止运转。热继电器的调整应根据负载轻重和运行电流的大小，在热态（热继电器接入电路，并经过起动电流的预热）下进行。

3.3.4 PLC 基础

1. PLC 简介

可编程序控制器（Programmable Logic Controller），简称 PC，但由于 PC 容易和个人计算机（Personal Computer）混淆，故人们仍习惯地用 PLC 作为可编程序控制器的缩写。PLC 是一个以微处理器为核心的用于数字运算操作的电子系统装置，专为在工业现场应用而设计。它采用可编程序的存储器，用以在其内部存储逻辑运算、顺序控制、定时/计数和算术运算等操作指令，并通过数字式或模拟式的输入、输出接口，控制各种类型的机械或生产过程。

传统的继电器控制系统主要存在两个缺点：一是可靠性差，排除故障困难。因为它是接触控制，所以当触点发生磨损和断裂等损坏情况时很难做出相应处理。二是灵活性差，总体成本较高。继电器本身并不贵，但是控制柜内部的安装、接线工作量极大，工艺发生变化时相应的改动更是复杂。因此当市场需要适应新的变化时，PLC 就应运而生了。

PLC 是微机技术与传统的继电接触控制技术相结合的产物，它克服了继电接触控制系统中的机械触点的接线复杂、可靠性低、功耗高、通用性和灵活性差的缺点，充分利用了微处理器的优点，又照顾到现场电气操作维修人员的技能与习惯。特别是 PLC 的程序编制，不需要专门的计算机编程语言知识，而是采用了一套以继电器梯形图为基础的简单指令形式，使用户程序编制形象、直观、方便易学，调试与查错也都很方便。用户在购到所需的PLC 后，只需按说明书的提示，做少量的接线和简易的用户程序编制工作，就可灵活方便地将其应用于生产实践。

可编程序控制器及其有关的外围设备，都应按易于与工业控制系统形成一个整体、易于扩充其功能的原则设计。以上定义强调了 PLC 是：

1）数字运算操作的电子系统——也是一种计算机。

2）专为在工业环境下应用而设计。

3）面向用户指令——编程方便。

4）逻辑运算、顺序控制、定时计算和算术操作。

5）数字量或模拟量输入/输出控制。

6）易与控制系统联成一体。

7）易于扩充。

PLC 的发展历程如图 3-37 所示。

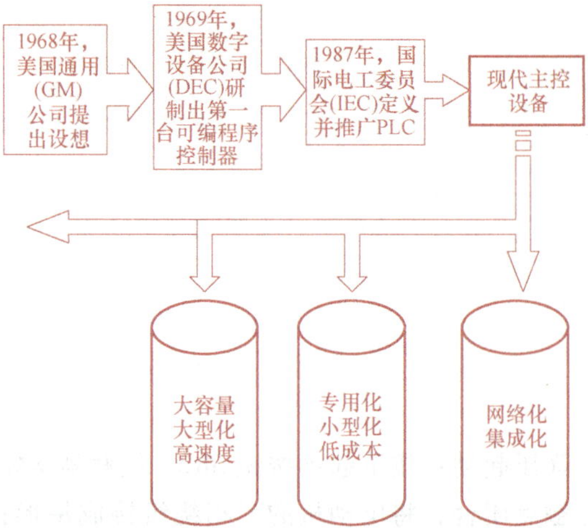

图 3-37　PLC 的发展历程

2. PLC 的特点

（1）可靠性高，抗干扰能力强　工业生产一般对控制设备要求很高，如要求应具有很强的抗干扰能力和较高的可靠性，能在恶劣的环境中可靠地工作，平均故障间隔时间长，故障修复时间短。这也正是 PLC 控制优于微机控制的主要特点。例如日本三菱公司的 F1、F2 系列 PLC 平均故障间隔时间长达 30 万 h，而 A 系列的 PLC 可靠性比 F1、F2 系列的更高。在 PLC 设计中，可以从硬件和软件两方面采取措施，防止以上故障的发生，以提高其可靠性。

（2）编程简单，使用方便　这是 PLC 优于微机的另一个特点。目前大多数 PLC 采用继电控制形式的梯形图编程方式，既有传统控制线路清晰直观的特点，又符合电气技术人员的读图习惯和微机应用水平，易于接受，并且与常用的汇编语言相比，更受欢迎。

为了进一步简化编程，当今的 PLC 还针对具体问题设计了如步进梯形指令、功能指令等。PLC 是为车间操作人员而设计的，他们一般只要很短时间的培训即可学会使用。而微机控制系统则要求具有一定知识水平的人员操作。当然，PLC 的功能开发需要有软件专家的帮助。

（3）控制程序可变，具有很好的柔性　在生产工艺流程改变或生产线设备更新的情况下，不必改变 PLC 的硬设备，只要改变程序就可以满足要求。所以 PLC 逐步取代了继电器控制，而且具有继电器所不具备的无可比拟的优点。PLC 除应用于单机控制外，在柔性制造单元（FMC）、柔性制造系统（FMS），以至工厂自动化（FA）中也被大量采用。

（4）功能完善　现代 PLC 具有数字和模拟量输入/输出、逻辑和算术运算、定时、计数、顺序控制、功率驱动、通信、人机对话、自检、记录和显示功能，使用设备水平大大提高。

（5）扩充方便，组合灵活　PLC 产品具有各种扩充单元，可以方便地适应不同工业控制需要的不同输入/输出点及不同输入/输出方式的系统。为了适应各种工业控制需要，除了一些小型 PLC 以外，绝大多数 PLC 均采用模块化结构。PLC 的各个部件，包括中央处理器（CPU）、电源、I/O 等均采用模块化设计，由机架及电缆将各个模块连接起来，用户可根据需要自行组合系统的模块和功能。

（6）减少了控制系统设计及施工的工作量　PLC 采用软件编程来实现控制功能，而不同于继电器控制采用接线来实现控制功能，同时 PLC 又能进行模拟调试，并且操作化功能和监视化功能很强，这些优点会减少许多的工作量。

3. PLC 的分类

PLC 产品种类繁多，其规格和性能也各不相同，通常根据其结构形式的不同、功能的差异和 I/O 点数的多少等进行大致分类。

（1）按结构形式分类　根据 PLC 的结构形式，可将 PLC 分为整体式 PLC 和模块式 PLC 两类。

1）整体式 PLC。整体式 PLC 将电源、CPU、I/O 接口等部件都集中装在一个机箱内，具有结构紧凑、体积小、价格低的特点。小型 PLC 一般采用这种整体式结构。整体式 PLC 由不同 I/O 点数的基本单元（又称主机）和扩展单元组成。基本单元内有 CPU、I/O 接口、与 I/O 扩展单元相连的扩展口，以及与编程器或可擦写可编程只读存储器（EPROM）的写入器相连的接口等。扩展单元内只有 I/O 和电源等，没有 CPU。基本单元和扩展单元之间一般用扁平电缆连接。整体式 PLC 一般还可配备特殊功能单元，如模拟量单元、位置控制单元等，使其功能得以扩展。整体式 PLC 的实物图如图 3-38 所示。

2）模块式 PLC。模块式 PLC 是将 PLC 各组成部分分别做成若干个单独的模块，如 CPU 模块、I/O 模块、电源模块（有的含在 CPU 模块中），以及各种功能模块。模块式 PLC 由框架或基板和各种模块组成，模块装在框架或基板的插座上。这种模块式 PLC 的特点是配置灵活，可根据需要选配不同规模的系统，而且装配方便，便于扩展和维修。大、中型 PLC 一般采用模块式结构。还有一些 PLC 兼具整体式和模块式的特点，即所谓叠装式 PLC。叠装式 PLC 中的 CPU、电源、I/O 接口等也是各自独立的模块，但它们之间是用电缆连接的，并且各模块可以一层层地叠装。这样，不但可以灵活配置系统，还可做得体积小巧。模块式 PLC 的实物图如图 3-39 所示。

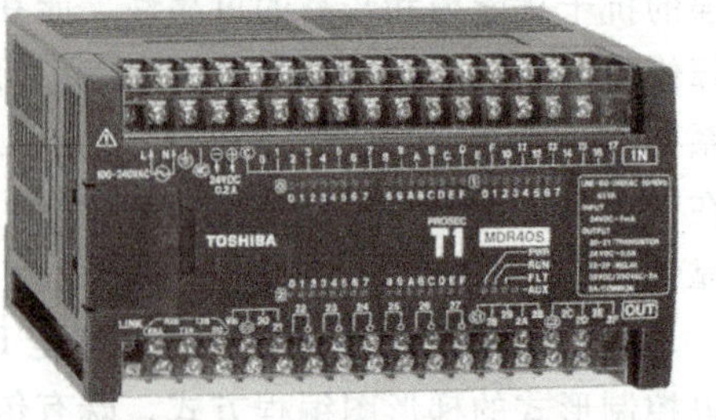

图 3-38　整体式 PLC 的实物图

(2) 按功能分类　根据 PLC 所具有的功能不同，可将 PLC 分为低档、中档、高档三类。

1）低档 PLC　具有逻辑运算、定时、计数、移位以及自诊断、监控等基本功能，还有少量模拟量输入/输出、算术运算、数据传送和比较、通信等功能，主要用于逻辑控制、顺序控制或少量模拟量控制的单机控制系统。

图 3-39　模块式 PLC 的实物图

2）中档 PLC　除具有低档 PLC 的功能外，还具有较强的模拟量输入/输出、算术运算、数据传送和比较、数制转换、远程 I/O、子程序、通信联网等功能。有些还可增设中断控制、PID 控制等功能，适用于复杂控制系统。

3）高档 PLC　除具有中档 PLC 的功能外，还增加了带符号算术运算、矩阵运算、位逻辑运算、平方根运算及其他特殊功能函数的运算、制表及表格传送功能等。高档 PLC 机具有更强的通信联网功能，可用于大规模过程控制或构成分布式网络控制系统，实现工厂自动化。

(3) 按 I/O 点数分类　根据 PLC 的 I/O 点数的多少，可将 PLC 分为小型、中型和大型三类。

1）小型 PLC——I/O 点数< 256 点；单 CPU，8 位或 16 位处理器，用户存储器容量在 4KB 以下。

2）中型 PLC——I/O 点数达 256~2048 点；双 CPU，用户存储器容量为 2~8KB。

3）大型 PLC——I/O 点数>2048 点；多 CPU，16 位、32 位处理器，用户存储器容量为 8~16KB。

在实际中，一般 PLC 功能的强弱与 I/O 点数多少是相互关联的，即 PLC 的功能越强，其可配置的 I/O 点数越多。因此，通常我们所说的小型、中型、大型 PLC，除指其 I/O 点数不同外，同时也表示其对应功能为低档、中档、高档。

4. PLC 的结构

PLC 的硬件主要由中央处理器（CPU）、存储器、输入单元、输出单元、通信接口、扩展接口、电源等部分组成。其中，CPU 是 PLC 的核心，输入单元与输出单元是连接现场输入/输出设备与 CPU 之间的接口电路，通信接口用于 PLC 与编程器、上位计算机等外设连接。

对于整体式 PLC，所有部件都装在同一机壳内，其组成框图如图 3-40 所示；对于模块式 PLC，各部件独立封装成模块，各模块通过总线连接，安装在机架或导轨上，其组成框图如图 3-41 所示。无论是哪种结构类型的 PLC，都可根据用户需要进行配置与组合。

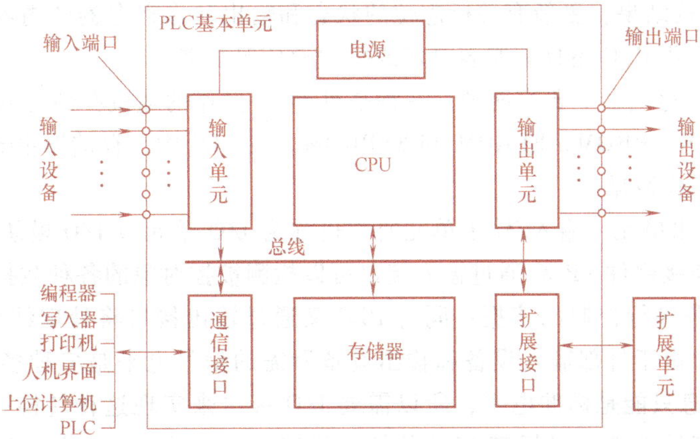

图 3-40　整体式 PLC 的组成框图

尽管整体式 PLC 与模块式 PLC 的结构不太一样，但其各部分的功能作用是相同的，下面对 PLC 主要组成各部分进行简单介绍。

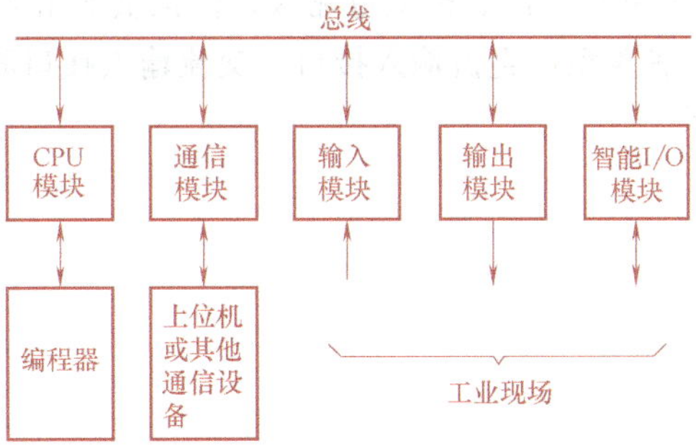

图 3-41　模块式 PLC 的组成框图

（1）中央处理器（CPU）　同一般的微机一样，CPU 是 PLC 的核心。PLC 中所配置的 CPU 随机型不同而不同，常用的有三类：通用微处理器（如 Z80、8086、80286 等）、单片微处理器（如 8031、8096 等）和位片式微处理器（如 AMD29W 等）。小型 PLC 大多采用 8 位通用微处理器和单片微处理器；中型 PLC 大多采用 16 位通用微处理器或单片微处理器；大型 PLC 大多采用高速位片式微处理器。

目前，小型 PLC 为单 CPU 系统，而中、大型 PLC 则大多为双 CPU 系统，甚至有些 PLC 包括多达 8 个 CPU 系统。对于双 CPU 系统，一般一个为字处理器，采用 8 位或 16 位处理器；另一个为位处理器，采用由各厂家设计制造的专用芯片。字处理器为主处理器，用于执行编程器接口功能、监视内部定时器、监视扫描时间、处理字节指令，以及对系统总线和位处理器进行控制等。位处理器为从处理器，主要用于处理位操作指令和实现 PLC 编程语言向机器语言的转换。位处理器的采用提高了 PLC 的速度，使 PLC 能更好地满足实时控制要求。

在 PLC 中，CPU 按系统程序赋予的功能，指挥 PLC 有条不紊地工作，归纳起来主要有以下几个方面：

1）接收从编程器输入的用户程序和数据。

2）诊断电源、PLC 内部电路的工作故障和编程中的语法错误等。

3）通过输入接口接收现场的状态或数据，并存入输入映像寄存器或数据寄存器中。

4）从存储器逐条读取用户程序，经过解释后执行。

5）根据执行的结果，更新有关标志位的状态和输出映像寄存器的内容，通过输出单元实现输出控制。有些 PLC 还具有制表打印或数据通信等功能。

（2）存储器　存储器主要有两种：一种是可读/写操作的随机存储器 RAM，另一种是只读存储器，如 ROM、PROM、EPROM 和 EEPROM。在 PLC 中，存储器主要用于存放系统程序、用户程序及工作数据。

（3）输入/输出单元　输入/输出单元通常也称为 I/O 单元或 I/O 模块，是 PLC 与工业生产现场之间的连接部件。PLC 通过输入接口可以检测被控对象的各种数据，以这些数据作为 PLC 对被控对象进行控制的依据；同时 PLC 又通过输出接口将处理结果送给被控对象，以实现控制目的。由于外部输入设备和输出设备所需的信号电平是多种多样的，而 PLC 内部 CPU 处理的信息只能是标准电平，所以需要 I/O 接口来实现这种转换。I/O 接口一般都具有光电隔离和滤波功能，以提高 PLC 的抗干扰能力。另外，I/O 接口上通常还有状态指示，工作状况直观，便于维护。PLC 提供了多种操作电平和驱动能力的 I/O 接口，有各种各样功能的 I/O 接口供用户选用。I/O 接口的主要类型有数字量（开关量）输入、数字量（开关量）输出、模拟量输入、模拟量输出等。常用的开关量输入接口按其使用的电源不同有三种类型：直流输入接口、交流输入接口和交/直流输入接口，其基本原理电路如图 3-42 所示。

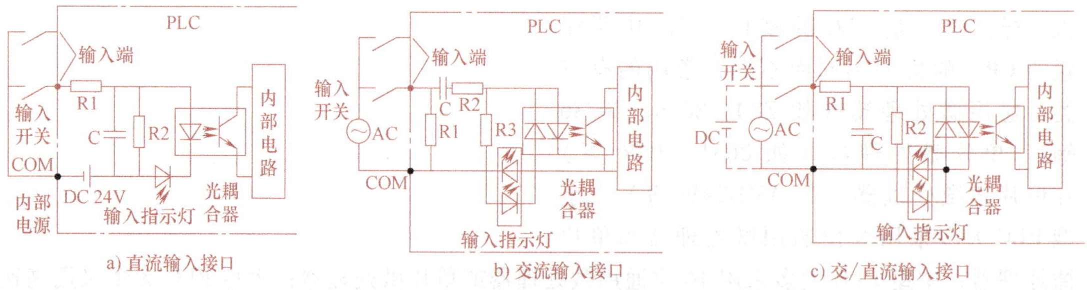

图 3-42　开关量输入接口的基本原理电路

常用的开关量输出接口按输出开关器件不同有三种类型：继电器输出接口、晶体管输出接口和双向晶闸管输出接口，其基本原理电路如图 3-43 所示。继电器输出接口可驱动交流或直流负载，但其响应时间长，动作频率低；晶体管输出接口和双向晶闸管输出接口的响应速度快，动作频率高，但前者只能用于驱动直流负载，后者只能用于驱动交流负载。

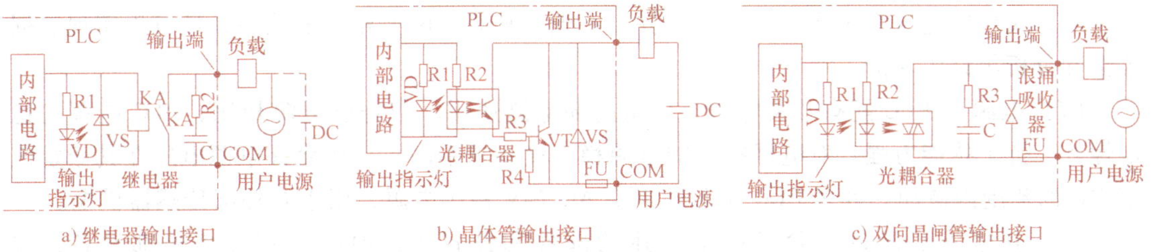

图 3-43　开关量输出接口的基本原理电路

PLC 的 I/O 接口所能接收的输入信号个数和输出信号个数称为 PLC 输入/ 输出（I/O）点数。I/O 点数是选择 PLC 的重要依据之一。当系统的 I/O 点数不够时，可通过 PLC 的 I/O 扩展接口对系统进行扩展。

（4）通信接口　PLC 配有各种通信接口，这些通信接口一般都带有通信处理器。PLC 通过这些通信接口可与监视器、打印机、其他 PLC、计算机等设备实现通信。PLC 与打印机连接，可将过程信息、系统参数等输出打印；与监视器连接，可将控制过程图像显示出来；与其他 PLC 连接，可组成多机系统或连成网络，实现更大规模的控制；与计算机连接，可组成多级分布式控制系统，实现控制与管理相结合。远程 I/O 系统也必须配备相应的通信接口模块。

（5）智能接口模块　智能接口模块是一个独立的计算机系统，它有自己的 CPU、系统程序、存储器以及与 PLC 系统总线相连的接口。它作为 PLC 系统的一个模块，通过总线与 PLC 相连，进行数据交换，并在 PLC 的协调管理下独立地进行工作。PLC 的智能接口模块种类很多，如高速计数模块、闭环控制模块、运动控制模块、中断控制模块等。

（6）编程装置　编程装置的作用是编辑、调试、输入用户程序，也可在线监控 PLC 内部状态和参数，与 PLC 进行人机对话。它是开发、应用、维护 PLC 不可缺少的工具。编程装置可以是专用编程器，也可以是配有专用编程软件包的通用计算机系统。专用编程器由 PLC 厂家生产，专门用于该厂家生产的某些 PLC 产品中，它主要由键盘、显示器和外存储器接插口等部件组成。专用编程器有简易编程器和智能编程器两类。

简易编程器只能联机编程，而且不能直接输入和编辑梯形图程序，而是需要先将梯形图程序转化为指令表程序才能输入。简易编程器体积小、价格低，它可以直接插在 PLC 的编程插座上，或者用专用电缆与 PLC 相连，以方便编程和调试。有些简易编程器带有存储盒，可用来储存用户程序，如三菱的 FX-20P-E 简易编程器。

智能编程器又称图形编程器，本质上它是一台专用便携式计算机，如三菱的 GP-80FX-E 智能型编程器，它既可联机编程，又可脱机编程，可直接输入和编辑梯形图程序，使用更加直观、方便，但价格较高，操作也比较复杂。大多数智能编程器带有磁盘驱动器，提供录音机接口和打印机接口。专用编程器只能对指定厂家的几种 PLC 进行编程，使用范围有限，价格较高。同时，由于 PLC 产品不断更新换代，所以专用编程器的生命周期也十分有限。因此，现在的趋势是使用以个人计算机为基础的编程装置，用户只要购买 PLC 厂家提供的编程软件和相应的硬件接口装置即可。这样，用户只用较少的投资即可得到高性能的 PLC 程序开发系统。

基于个人计算机的程序开发系统功能强大，用户利用它既可以编制、修改 PLC 的梯形图程序，又可以监视系统运行、打印文件、系统仿真等。配上相应的软件，还可以实现数据采集和分析等许多功能。

（7）电源　PLC 配有开关电源，以供内部电路使用。与普通电源相比，PLC 电源的稳定性好、抗干扰能力强。对电网提供的电源稳定度要求不高，一般允许电源电压在其额定值 ±15% 的范围内波动。许多 PLC 还向外提供 AC 24V 稳压电源，用于对外部传感器供电。

（8）其他外部设备　除了以上所述的部件和设备外，PLC 还有许多外部设备，如 EPROM 写入器、外存储器、人/机接口装置等。

EPROM 写入器是用来将用户程序固化到 EPROM 存储器中的一种 PLC 外部设备。为了使调试好的用户程序不易丢失，经常用 EPROM 写入器将 PLC 内 RAM 保存的程序存储到 EPROM 中。PLC 内部的半导体存储器称为内存储器。有时可用外部存储器做成的存储盒等来存储 PLC 的用户程序，这些存储器件称为外存储器。一般是通过编程器或其他智能模块提供的接口，实现外存储器与内存储器之间相互传送用户程序。

人/机接口装置是用来实现操作人员与 PLC 控制系统对话的装置。最简单、最普遍的人/机接口装置由安装在控制台上的按钮、转换开关、拨码开关、指示灯、LED 显示器、声光报警器等器件构成。对于 PLC 系统，还可采用半智能型 CRT 人/机接口装置和智能型终端人/机接口装置。半智能型 CRT 人/机接口装置可长期安装在控制台上，通过通信接口接收来自 PLC 的信息并在 CRT 上显示出来；而智能型终端人/机接口装置有自己的微处理器和存储器，能够与操作人员快速交换信息，并通过通信接口与 PLC 相连，也可作为独立的节点接入 PLC 网络。

5. PLC 的软件

PLC 的软件分为系统程序和用户程序两大部分。系统程序由 PLC 制造商固化在机内，用以控制 PLC 本身的运行。用户程序由 PLC 的使用者编制并输入，用于控制外部被控对象的运行。

（1）系统程序　系统程序完成系统诊断、命令解释、功能子程序调用管理、逻辑运算、通信及各种参数设定等功能，提供 PLC 运行的平台。系统程序关系到 PLC 的性能，而且在 PLC 使用过程中不会变动，所以是由制造厂家的直接固化在只读存储器 ROM、PROM 或 ERROM 中，用户不能访问和修改。系统程序一般包括系统诊断程序、输入处理程序、编译程序、信息传送程序、监控程序等。

（2）用户程序　PLC 的用户程序是用户利用 PLC 的编程语言，根据控制要求编制的程序。在 PLC 的应用中，最重要的是用 PLC 的编程语言来编写用户程序，以实现控制目的。PLC 的主要编程语言是比计算机语言相对简单、易懂、形象的专用语言。不同生产厂家、不同系列的 PLC 产品采用的编程语言的表达方式也不相同，但基本上可归纳为两种类型：一类是采用字符表达的编程语言，如语句表等；另一类是采用图形符号表达的编程语言，如梯形图等。

6. PLC 的工作过程

为了满足工业逻辑控制的要求，同时结合计算机控制的特点，PLC 采用不断循环的顺序扫描工作方式。CPU 从第一条指令执行开始，按顺序逐条地执行用户程序直到用户程序结束，然后返回第一条指令，开始新的一轮扫描。PLC 的运行流程可用图 3-44 来表示，包括以下几个部分：

第一部分是上电处理。PLC 上电后对系统进行一次初始化，包括硬件初始化和软件初始化、停电保持范围设定及其他初始化处理等。

第二部分是自诊断处理。PLC 每扫描一次，执行一次自诊断，确定 PLC 自身的动作是否正常，如 CPU、电池电压、程序存储器、I/O 和通信等是否异常或出错。如检查出异常时，CPU 面板上的 LED 及异常继电器会接通，在特殊寄存器中会存入出错代码。当出现致命错误时，CPU 被强制为“STOP”方式，停止所有的扫描。

第三部分是通信服务。PLC 自诊断处理完成以后进入通信服务过程。首先检查有无通信任务，如有则调用相应进程，完成与其他设备的通信处理，并对通信数据做相应处理；然后进行时钟、特殊寄存器更新处理等工作。

第四部分是程序扫描过程。PLC 在上电处理、自诊断和通信服务完成以后，如果工作选择开关在“RUN”位置，则进入程序扫描工作阶段。先完成输入处理，即把输入端子的状态读入输入映像寄存器中，然后执行用户程序，最后把输出处理结果刷新到输出锁存器中，如图 3-45 所示。

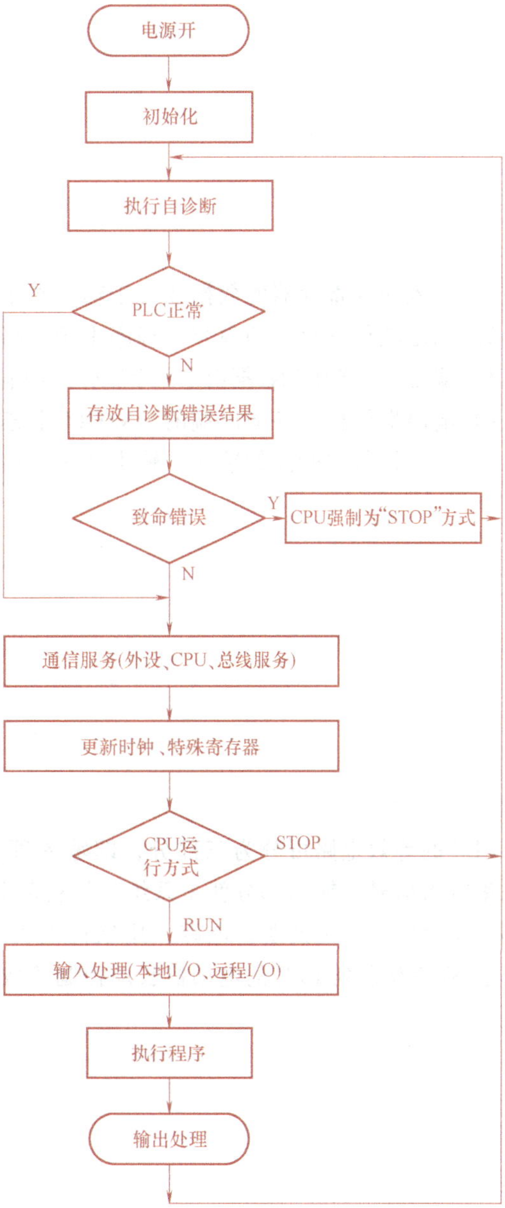

图 3-44　PLC 的运行流程

在上述几个部分中，通信服务和程序扫描过程是 PLC 工作的主要部分，其工作周期称为扫描周期。可以看出，扫描周期直接影响控制信号的实时性和正确性。因此，为了确保控制过程能正确、实时地进行，在每个扫描周期中，通信任务的作业时间必须被控制在一定范围内。PLC 运行正常时，程序扫描周期的长短与 CPU 的运算速度、I/O 点的情况、用户应用程序的长短及编程情况等有关。通常用 PLC 执行 1KB 指令所需时间来说明其扫描速度，一般为零点几毫秒到上百毫秒。值得注意的是，不同指令其执行时间是不同的，故选用不同指令所用的扫描时间将会不同。而对于一些需要高速处理的信号，则需要采取特殊的软、硬件措施来处理。

根据上述 PLC 工作过程的特点，可以总结出 PLC 对 I/O 处理的规则，如图 3-46 所示。

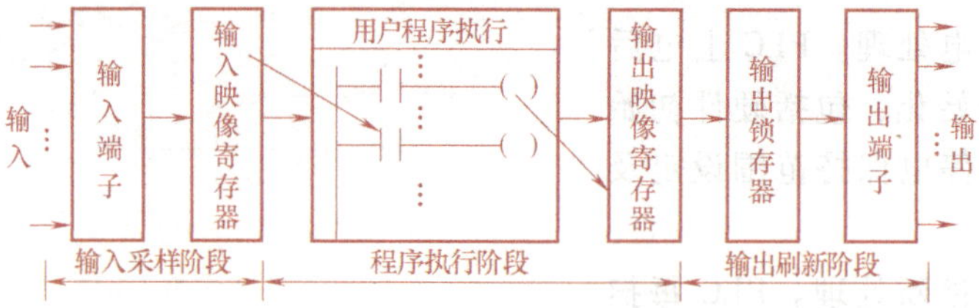

图 3-45　PLC 的程序扫描工作原理图

1）输入映像寄存器的数据取决于输入端子板上各输入点在上一个刷新期间的状态。

2）输出映像寄存器的内容由程序中输出指令的执行结果决定。

3）输出锁存器中的数据由上一个工作周期输出刷新阶段的输出映像寄存器的数据来决定。

4）输出端子板上各输出端的 ON/OFF 状态由输出锁存器的内容来决定。

5）程序执行中所需的输入、输出状态，由输入映像寄存器和输出映像寄存器读出。

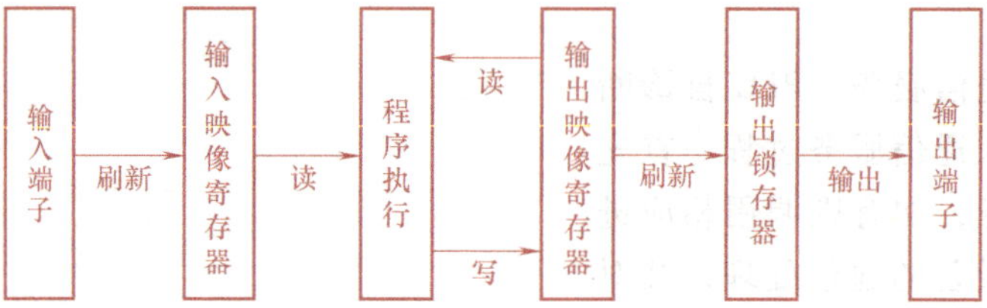

图 3-46　PLC 对 I/O 处理的规则

7. PLC 的等效电路

PLC 的等效电路可分为三部分，即输入部分、内部控制部分和输出部分。输入部分就是采集输入信号，输出部分就是系统的执行部分，这两部分与继电器控制电路相同。内部控制部分是由编程实现的逻辑电路，用软件编程代替继电器电路的功能。图 3-47 所示为基于西门子 S7-200 系列 PLC 的电动机长动控制等效电路。

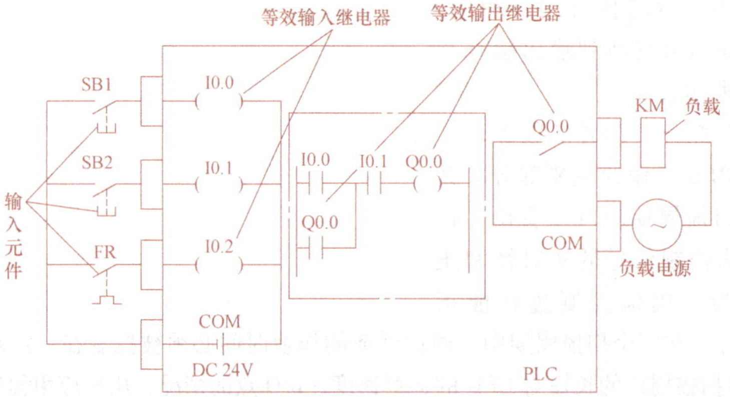

图 3-47　基于西门子 S7-200 系列 PLC 的电动机长动控制等效电路

注：输入元件：按钮 SB1、SB2、FR；
输入继电器：软元件 I0.0、I0.1、I0.2；
输出继电器：软元件 Q0.0

（1）输入部分　这一部分由外部输入电路、PLC 输入接线端子和输入继电器组成。外部输入信号经 PLC 输入接线端子驱动输入继电器。一个输入端对应有一个等效电路中的输入继电器，它提供任意数量的常开触点和常闭触点，供 PLC 内部控制电路编程使用。

（2）内部控制部分　这部分是用户程序，用软件代替硬件电路。它的作用是按照程序规定的逻辑关系，对输入信号和输出信号的状态进行运算、处理和判断，然后得到相应的输出。用户程序通常根据梯形图进行编制。梯形图类似于继电器控制电气原理图，只是图中元件符号与继电器回路的元件符号不同。

（3）输出部分　输出部分由输出继电器的外部常开触点、输出接线端子和外部电路组成，用来驱动外部负载。

3.3.5 PLC 指令应用

1. 编程语言

PLC 中常用的编程语言有梯形图、语句表、顺序功能图、功能块图等。

（1）梯形图（LAD）　梯形图语言是应用最广泛的一种编程语言，是 PLC 的第一语言。它是在传统继电器-接触器控制系统中常用的接触器、继电器等图形符号的基础上演变而来的一种图形语言。它与电气控制线路图相似，能直观地表达被控对象的控制逻辑顺序和流程，很容易被电气工程人员和维护人员掌握，特别适用于开关逻辑控制。

图 3-48 所示为传统的继电器-接触器控制电路图与梯形图及图形符号对比。从图 3-48a、b 可以看出，两种图形所表达的基本思想是一致的，但其本质不同。

传统的继电器-接触器控制电路是由物理元件按钮、继电器、接触器、导线及电源构成的硬-接线电路；PLC 梯形图程序中，其“线路”使用是 PLC 内部软元件，如输入继电器、输出继电器、定时/计数器等，程序修改灵活方便，是硬接线电路无法比拟的。

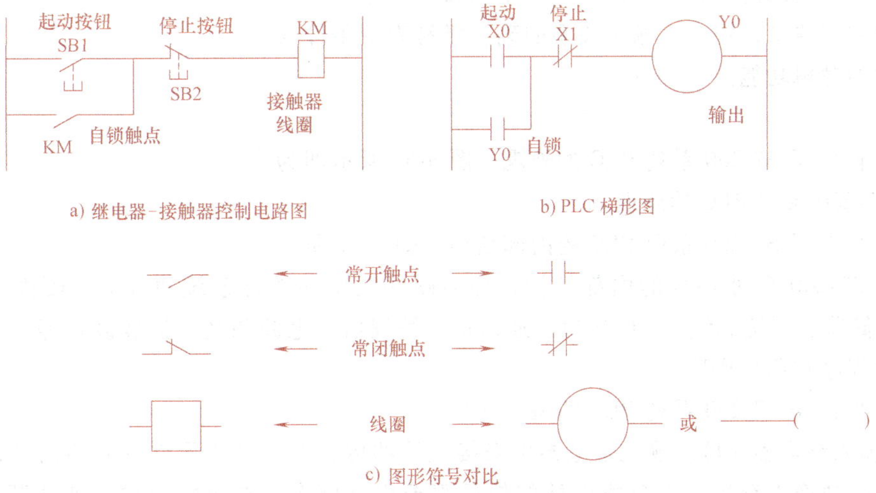

图 3-48　继电器-接触器控制电路图与梯形图及图形符号对比

在梯形图中仍沿用了继电器的线圈、常开/常闭触点、串联/并联等术语和类似的图形符号，并增加了继电器控制系统中没有的指令符号，信号流向清楚、简单、直观、易懂。梯形图编程语言的主要特点如下：

1）梯形图按自上而下，从左到右的顺序排列，一侧的垂直公共线称为母线。每个逻辑行始于母线，然后是各触点的串联、并联，最后是线圈。

2）梯形图中的继电器是PLC内部的编程元件，因此称为软继电器。每一个编程元件与PLC的元件映像寄存器的一个内部存储单元对应，若相应存储单元为“1”，表示继电器线圈得电，则其常开触点闭合（ON），常闭触点断开（OFF），反之亦然。

3）在梯形图中有一个假想的电流，即所谓的“能流”，从左流向右。

4）输入继电器用于PLC接收外围设备的输入信号，而不能由PLC内部其他继电器的触点驱动。因此，梯形图中只出现输入继电器的触点，而不出现线圈。输出继电器供PLC做输出控制用，当梯形图中输出线圈满足接通条件时，就表示输出继电器对应的输出端有信号输出。

5）PLC按编号来区别编程元件，同一继电器的线圈和它的触点要使用同一编号。由于存储单元的状态可以无数次地被读取，因此PLC中各编程元件的触点可以无限次地被使用。

（2）语句表（STL）　语句表又称指令表，类似于计算机汇编语言的形式，它是用指令的助记符来编程，若干指令组成的程序称为语句表程序。不同机型的PLC，其语句表使用的助记符各不相同。

（3）顺序功能图（SFC）　顺序功能图编程是一种较新的编程方法，用来编制顺序控制程序。步、转换条件和动作是顺序功能图中的三个要素，如图3-49所示。

一个控制系统的整体功能可以分解成许多相对独立的功能块，每个功能块又由几个条件、几个动作按照相应的逻辑关系、动作顺序连接组成，块与块之间可以顺序执行，也可以按照条件判断分别执行或者循环执行。

（4）功能块图（FBD）　功能块图是在数学逻辑电路设计基础上开发出来的一种图形语言。它采用数字电路中的图符，逻辑功能清晰，输入、输出关系明确，极易表现条件与结果之间的逻辑功能。

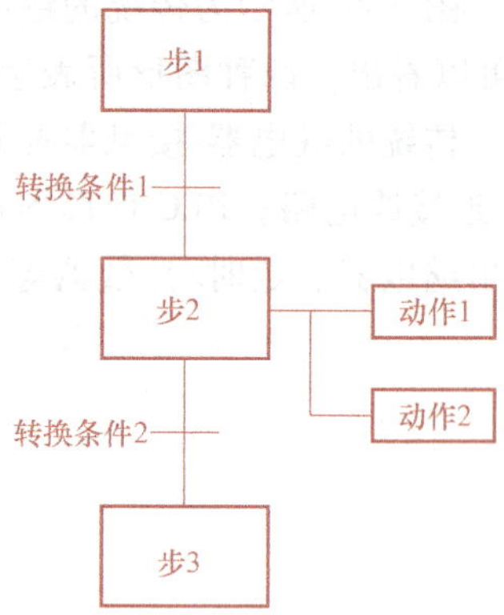

图3-49　顺序功能图的三个要素

2. 西门子S7-200系列PLC的功能指令简介

（1）西门子S7-200系列PLC的外观　图3-50所示即为西门子S7-200系列PLC的外观。

（2）西门子S7-200系列PLC的内部结构　图3-51所示为西门子S7-200系列PLC的内部结构，分为硬件系统和软件系统两部分。硬件系统包含CPU、存储器、系统总线、I/O接口、通信口、编程器、电源和其他扩展设备等。软件系统包含系统程序和用户程序。

（3）西门子S7-200系列PLC的编程元件

1）输入继电器（I）。输入继电器用来接收外部传感器或开关元件发来的信号，是专设的输入过程映像寄存器。它只能由外部信号驱动程序驱动。在每次扫描周期的开始，CPU总对物理输入进行采样，并将采样值写入输入过程映像寄存器中。输入继电器一般采用八进制编号，一个端子占用一个点。它有四种寻址方式，即可以按位、字节、字或双字来存取输入过程映像寄存器中的数据。

位寻址格式：I［字节地址］.［位地址］，如I0.1。

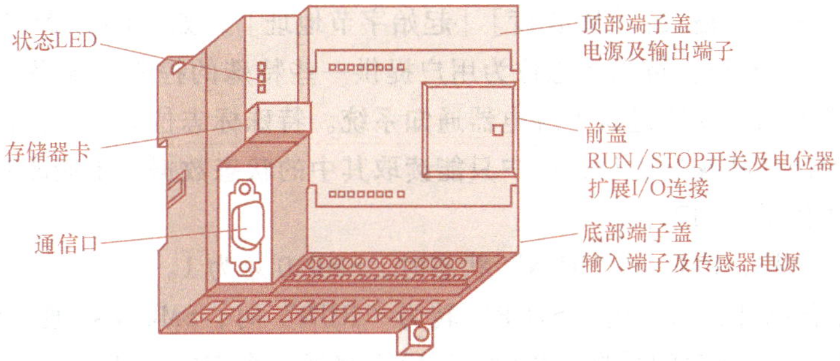

图 3-50 S7-200 系列 PLC 的外观

字节、字或双字寻址格式：I［长度］［起始字节地址］，如 IB3、IW4、ID0。

2）输出继电器（Q）。输出继电器用来将 PLC 的输出信号传递给负载，是专设的输出过程映像寄存器。它只能用程序指令驱动。在每次扫描周期的结尾，CPU 将输出映像寄存器中的数值复制到物理输出点上，并将采样值写入，以驱动负载。输出继电器一般采用八进制编号，一个端子占用一个点。它也有四种寻址方式，即可以按位、字节、字或双字来存取输出过程映像寄存器中的数据。

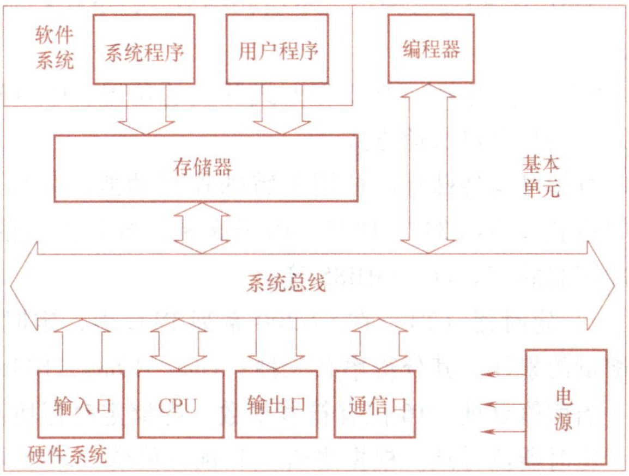

图 3-51 S7-200 系列 PLC 的内部结构

位寻址格式：Q［字节地址］.［位地址］，如 Q0.2。

字节、字或双字寻址格式：Q［长度］［起始字节地址］，如 QB2、QW6、QD4。

3）变量存储器（V）。用户可以用变量存储器存储程序执行过程中控制逻辑操作的中间结果，也可以用它来保存与工序或任务相关的其他数据。它有四种寻址方式，即可以按位、字节、字或双字来存取变量存储器中的数据。

位寻址格式：V［字节地址］.［位地址］，如 V10.2。

字节、字或双字寻址格式：V［数据长度］［起始字节地址］，如 VB100、VW200、VD300。

4）位存储区（M）。在逻辑运算中通常需要一些用来存储中间操作信息的元件，它们并不直接驱动外部负载，只起中间状态的暂存作用，类似于继电器接触系统中的中间继电器。在 S7-200 系列 PLC 中，可以用位存储器作为控制继电器来存储中间操作状态和控制信息，一般以位为单位使用。位存储区有四种寻址方式，即可以按位、字节、字或双字来存取通用辅助存储器中的数据。

位寻址格式：M［字节地址］.［位地址］，如 M0.3。

字节、字或双字寻址格式：［M 长度］［起始字节地址］，如 MB4、MW10、MD4。

5）特殊标志位（SM）。特殊标志位为用户提供一些特殊的控制功能及系统信息，用户对操作的一些特殊要求也要通过这类继电器通知系统。特殊标志位分为只读区和可读可写区两部分。对于只读区的特殊标志位，用户只能读取其中的状态数据，不能改写。系统状态字中部分常用的标志位说明如下：

SM0.0：RUN 监控，PLC 在“RUN”状态时，SM0.0 总为 1。

SM0.1：初始化脉冲，PLC 由“STOP”转为“RUN”时，SM0.1 接通一个扫描周期。

SM0.2：当 RAM 中保存的数据丢失时，SM0.2 接通一个扫描周期。

SM0.3：PLC 上电进入“RUN”状态时，SM0.3 接通一个扫描周期。

SM0.4：提供一个周期为 1min，占空比为 0.5 的时钟。

SM0.5：提供一个周期为 1s，占空比为 0.5 的时钟。

SM0.6：扫描时钟位，本次扫描置 1，下次扫描置 0，交替循环。可作为扫描计数器的输入。

SM0.7：指示 CPU 工作方式开关的位置，0＝TERM，1＝RUN。通常用来在“RUN”状态下启动自由口通信方式。

可读可写特殊标志位用于特殊控制功能，如用于自由口设置的 SMB30、用于定时中断时间设置的 SMB34/SMB35、用于高速计数器设置的 SMB36～SMB62，以及用于脉冲输出和脉冲调制的 SMB66～SMB85 等。

6）定时器（T）。在 S7-200 系列 PLC 中，定时器的作用相当于时间继电器，可用于时间增量的累计。其分辨率有三种：1ms、10ms、100ms。定时器有以下两种寻址形式。

当前值寻址。16 位有符号整数，存储定时器所累计的时间。

定时器位寻址。根据当前值和预置值的比较结果置位或者复位。

两种寻址使用同样的格式，即 T［定时器编号］，如 T37。

7）计数器（C）。在 S7-200 系列 PLC 的 CPU 中，计数器用于累计从输入端或内部元件送来的脉冲数。它有增计数器、减计数器及增/减计数器三种类型。计数器有以下两种寻址形式：

当前值寻址：16 位有符号整数，存储累计脉冲数。

计数器位寻址：根据当前值和预置值的比较结果置位或者复位。同定时器一样，两种寻址方式使用同样的格式，即 C［计数器编号］，如 C0。

8）高速计数器（HC）。高速计数器用于对频率高于扫描周期的外界信号进行计数，它使用主机上的专用端子接收这些高速信号。高速计数器是对高速事件计数，它独立于 CPU 的扫描周期，其数据为 32 位有符号的高速计算器的当前值。

寻址格式：HC［高速计数器号］，如 HC1。

9）累加器（AC）。累加器是用来暂存数据的寄存器，可以同子程序之间传递参数，以及存储计算结果的中间值。S7-200 系列 PLC 提供了四个 32 位累加器 AC0～AC3。累加器可以按字节、字和双字的形式来存取累加器中的数值。

寻址格式：AC［累加器号］，如 AC1。

10）模拟量输入（AI）。S7-200 系列 PLC 将模拟量值（如温度或电压）转换成一个字长（16位）的数字量。可以用区域标识符（AI）、数据长度（W）及字节的起始地址来存取这些值。因为模拟输入量为一个字长，且从偶数位字节（如0、2、4）开始，所以必须用偶数字节地址（如AIW0、AIW2、AIW4）来存取这些值。模拟量输入值为只读数据，模拟量转换的实际精度是12位。

寻址格式：AIW［起始字节地址］，如AIW4。

（4）基本指令　S7-200系列PLC的基本指令多用于开关逻辑控制，这里着重介绍基本指令的功能、梯形图的编程方法及对应的指令表形式。编程时应注意各操作数的数据类型及数值范围。

LD（Load）指令：常开触点逻辑运算开始。

A（And）指令：常开触点串联连接。

O（Or）指令：常开触点并联连接。

=（Out）指令：输出。

基本指令应用举例如图3-52所示。

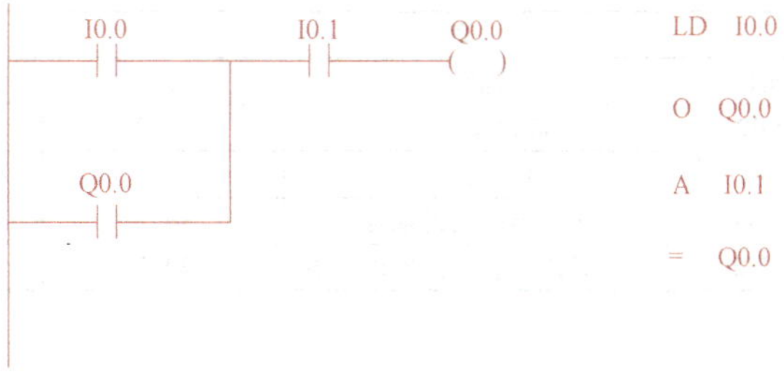

图3-52　基本指令应用举例

（5）指令使用说明

1）LD指令用于与输入母线相连的触点，在分支电路块的开始处也要使用LD指令。

2）触点的串/并联用A/O指令，输出线圈总是放在最右边，用“=（OUT）”指令。

3）LD、A、O指令的操作元件可为I、Q、M、SM、T、C、V、S，=（OUT）指令的操作元件一般可为Q、M、SM、T、C、V、S。

4）在PLC中，除了常开触点外还有常闭触点。与之相对应，引入以下指令：

LDN（Land Not）指令：常闭触点逻辑运算开始。

AN（And Not）指令：常闭触点串联。

ON（Or Not）指令：常闭触点并联。

这三条指令的操作元件与对应常开触点指令的操作元件相同。

（6）指令使用注意事项

1）在程序中不要用“=（Out）”指令去驱动实际的输入继电器（I），因为输出继电器的状态应由实际输入器件的状态来决定。

2）尽量避免双线圈输出，即同一线圈多次使用，如图3-53所示。若I0.0=ON，I0.2=OFF，则当扫描到图中第一行的时候，因I0.0=ON，CPU将输出映像寄存器中的Q0.0=1，随后扫描到第三行时，因I0.2=OFF，CPU将Q0.0改写为0。因此，实际输出时Q0.0仍为OFF。由此可见，若有双线圈输出，则后面的线圈动作状态有效。

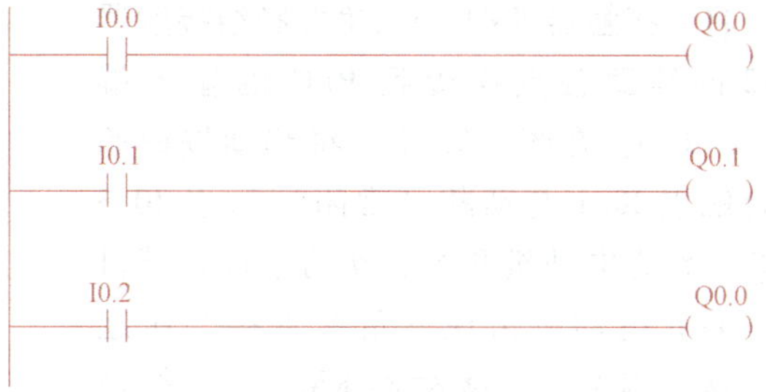

图3-53　双线圈输出

3.3.6　星-三角降压起动 PLC 控制及程序设计

设计一个三相异步电动机星-三角降压起动控制程序，要求合上电源开关，按下起动按钮 SB2 后，电动机以星形联结起动，开始转动 5s 后，KM3 断电，星形起动结束。为了有效防止电弧短路，要延时 300ms 后，KM2 接触器线圈才得电，电动机按照三角形联结转动，不考虑过载保护。按下停止按钮 SB1，或者关闭电源，电动机停止。

1. 输入点和输出点的分配

输入点和输出（I/O）点的分配见表 3-6。

表 3-6　I/O 点的分配

输入量			输出量		
元件	功能	输入点	元件	功能	输出点
SB2	起动按钮	I0.0	KM1	主接触器	Q0.0
SB1	停止按钮	I0.1	KM2	三角形联结接触器	Q0.1
KM1	主接触器的辅助触点	I0.2	KM3	星形联结接触器	Q0.2
KM2	三角形联结接触器的辅助触点	I0.3			

2. PLC 接线图

按照图 3-54 完成 PLC 的接线。图中输入端的 24V 电源根据功率要求单独提供电源。

电路主接触器 KM1 和三角形联结全压运行接触器 KM2 的动合（常开）辅助触点作为输入信号接于 PLC 的输入端，便于程序对这两个接触器的实际动作进行监视，以保证电动机实际运行的安全。PLC 输出端保留星形联结和三角形联结接触器线圈的硬互锁环节，程序中也要另设软互锁。

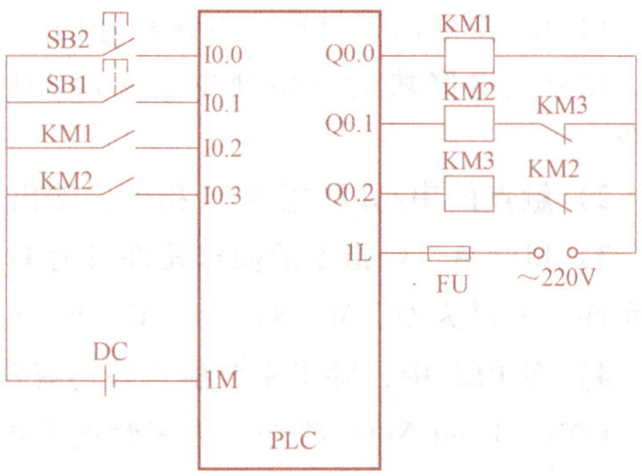

图 3-54　PLC 接线图

3. 程序设计

三相异步电动机星-三角降压起动控制的梯形图如图 3-55 所示。在接线图 3-54 中，将主接触器 KM1 和三角形联结接触器 KM2 的辅助触点连接到 PLC 的输入端 I0.2、I0.3。在图 3-55 中，将起动按钮的动合触点 I0.1 与动断（常闭）触点 I0.3 串联，作为电动机开始起动的条件，其目的是防止电动机出现三角形直接全压起动。这是因为，当接触器 KM2 发生故障时，若主触点烧死或衔铁卡死而打不开，PLC 输入端的 KM2 动合触点闭合，也就使输入继电器 I0.3 处于导通状态，其动断触点处于断开状态，这时即使按下起动按钮 SB2（I0.1 闭合），输出 Q0.0 也不会导

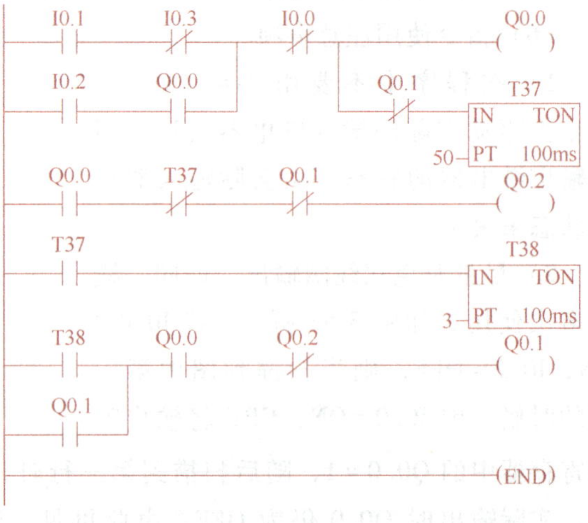

图 3-55　三相异步电动机星-三角降压起动控制的梯形图

通，作为负载的 KM1 就无法通电动作。

在正常情况下，按下起动按钮 SB2 后，Q0.0 导通，KM1 主触点动作，这时若 KM1 无故障，则其动合触点闭合，I0.2 的动合触点闭合，与 Q0.0 的动合触点串联，对 Q0.0 形成自锁。同时，定时器 T37 开始计时，计时 5s。

Q0.0 导通，其动合触点闭合，程序第二行中，后面的两个动断触点处于闭合状态，从而使 Q0.2 导通，接触器 KM3 主触点闭合，电动机星形起动。当 T37 计时 5s 后，使 Q0.2 断开，即星形起动结束。该行中的 Q0.1 动断触点起互锁作用，保证已进入三角形全压起动时，接触器 KM3 呈断开状态。

T37 定时到的同时，也就是星形起动结束后，为防止电弧短路，需要延时接通 KM2，因此程序第三行的定时器 T38 起延时 0.3s 的作用。

T38 导通后，程序第四行使 Q0.1 导通，KM2 主触点动作，电机呈三角形全压起动。这里的 Q0.2 动断触点也起到软互锁作用。由于 Q0.1 导通使 T37 失电，T38 也随 T37 的失电而失电，因此程序中用 Q0.2 的动断触点对 Q0.1 自锁。

按下停止按钮 SB1 后，Q0.0 失电，从而使 Q0.1 或 Q0.2 失电，也就是在任何时候，只要按下停止按钮，电动机都将停转。

3.3.7　任务实施

1）绘制数控机床主轴星-三角起动电气原理图。

2）进行 I/O 点分配，见表 3-7。

表 3-7　数控机床主轴星-三角起动的 I/O 点分配

输入信号		输出信号	
起动按钮 SB2	I0.0	接触器 KM1	Q0.0
停止按钮 SB1	I0.1	星形联结接触器 KM2	Q0.1
		三角形联结接触器 KM3	Q0.2

3）连接 PLC 外部硬件。

4）进行 S7-200 系列 PLC 与计算机的通信连接，如图 3-56 所示。

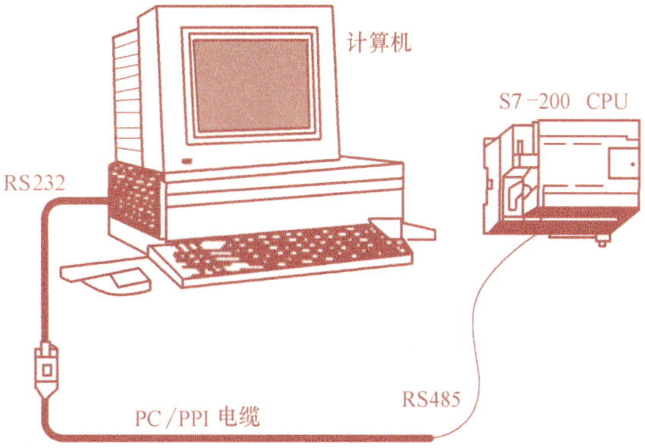

图 3-56　S7-200 系列 PLC 与计算机的通信连接

5）进入 PLC 的编程界面，如图 3-57 所示。

6）设计 PLC 流程图，如图 3-58 所示。

7）编制 PLC 程序，如图 3-59 所示。

8）通电调试，完成任务。

3.3.8　检查评价

1. 任务评测

根据表 3-8，完成数控机床主轴星-三角降压起动 PLC 控制任务的评价检查工作。

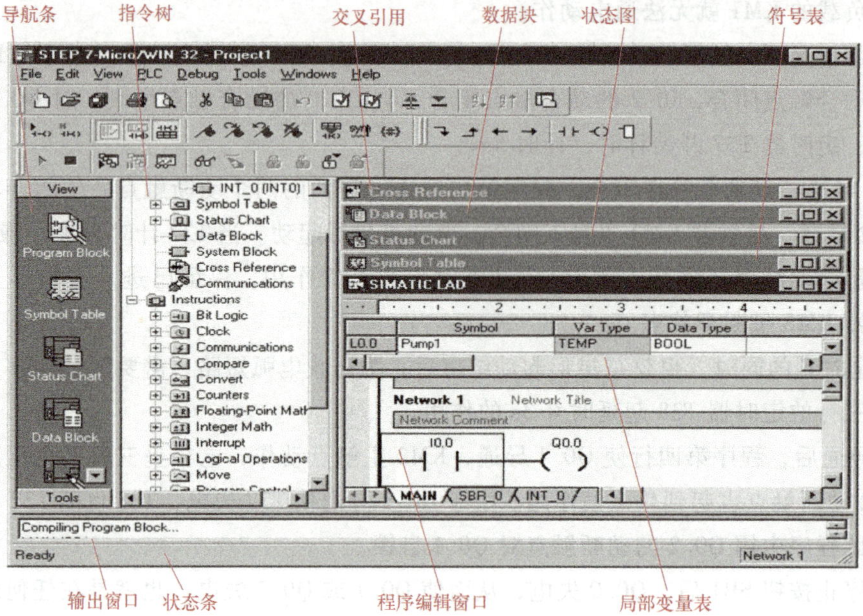

图 3-57　PLC 的编程界面

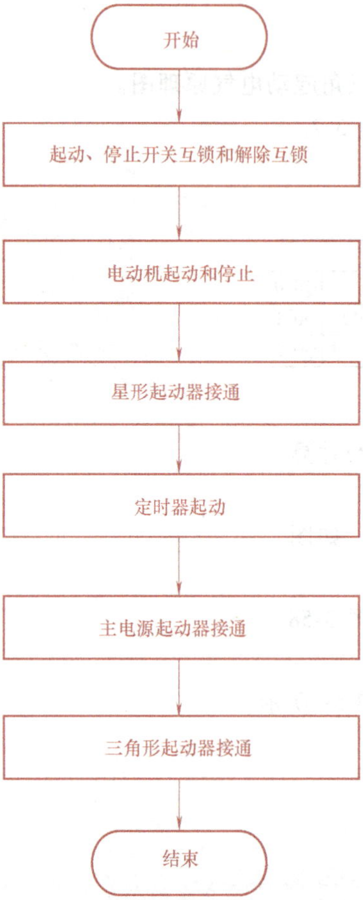

图 3-58　PLC 流程图

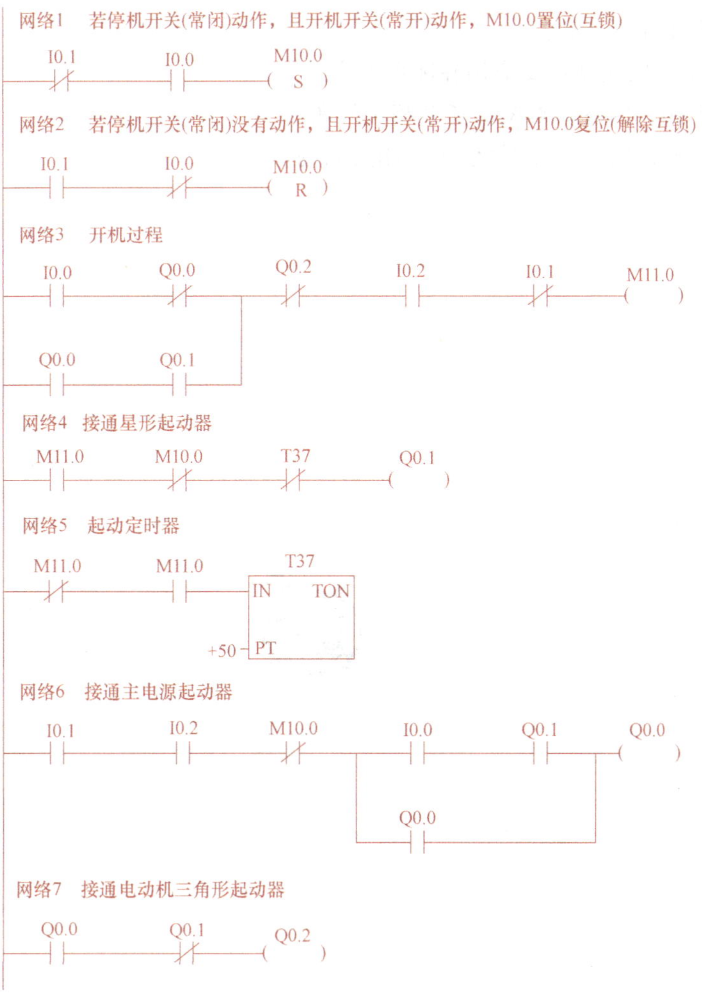

图 3-59 PLC 梯形图

表 3-8 评分标准

序号	项目	配分	评分标准	得分
1	I/O 地址分配与接线	20 分	(1)I/O 地址分配错误或遗漏,每次扣 2 分 (2)I/O 接线不正确,每处扣 2 分	
2	程序设计、输入及模拟调试	60 分	(1)梯形图表达不正确或画法不规范,每处扣 4 分 (2)指令错误,每条扣 4 分 (3)编程软件或编程器使用不熟练,扣 5 分 (4)不会使用按钮模拟调试,扣 5 分 (5)调试时没有严格按照被控设备动作过程进行或达不到设计要求,扣 10 分	
3	时间	10 分	未按时完成,扣 2~10 分	
4	安全文明操作	10 分	每违规操作一次扣 2 分;发生严重安全事故扣 10 分	
5	过程记录		调试是否成功	接线工艺情况记录
6	安全情况			
7	合计			

2. 思考及拓展

（1）为什么要降压起动？

（2）星-三角降压起动主要应用在哪些场合？

（3）看图 3-60，回答基本逻辑指令相关问题。

（4）看图 3-61，回答置位/复位指令相关问题。

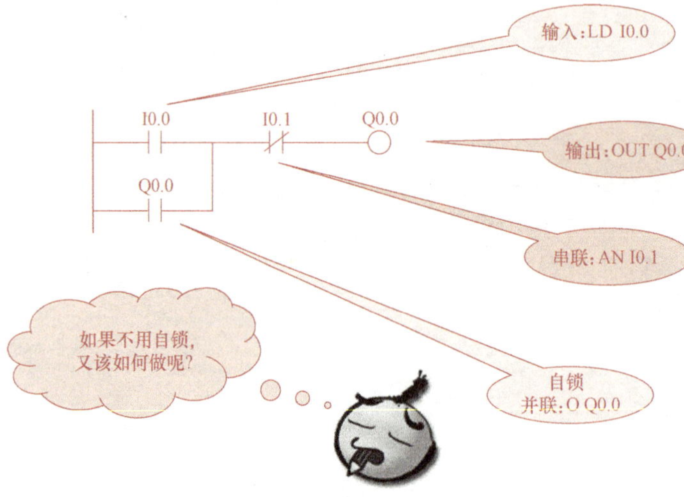

图 3-60　基本逻辑指令应用

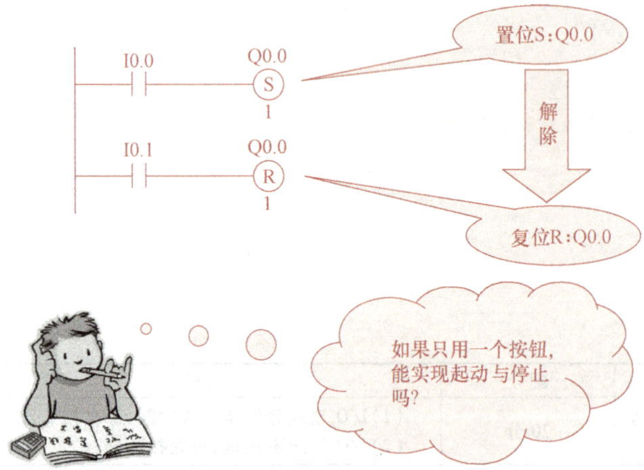

图 3-61　置位/复位指令应用

3.4　任务3　数控机床冷却控制系统装调

【教学目标】

1. 了解数控机床中的可编程序控制器的形式、特点和功能。

2. 理解 FANUC PMC 的元器件特点、信号地址含义，掌握其指令系统的功能以及编程方法。

3. 能够根据数控车床冷却系统的要求，设计其硬件线路及软件程序。

4. 能根据任务书的要求，调试、运行数控机床的冷却控制系统。

【任务描述】

1. 通过了解数控机床冷却液压控制系统，按照电气原理图，连接数控车床冷却控制部分，能设计冷却控制电气原理图。

2. 学习冷却控制 PMC 程序，掌握 FANUC PMC 的指令系统和编程方法。

3.4.1　数控机床冷却系统的机械结构组成

1. 液压传动系统组成

液压传动系统一般由液压泵、控制阀、执行元件（如液压缸）和油箱等辅助元件组成，如图 3-62 所示。

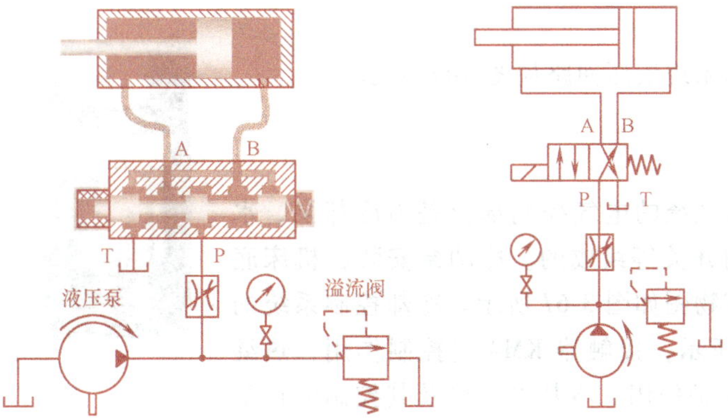

图 3-62　液压传动系统的组成

（1）液压泵　液压泵是液压系统的动力元件，其作用是将原动机的机械能转换成液体的压力能，向整个液压系统提供动力。液压泵按结构形式分一般有齿轮泵、叶片泵和柱塞泵。液压泵的实物图及图形符号如图 3-63 所示。

a) 实物图　　b) 图形符号

图 3-63　液压泵实物图及图形符号

（2）溢流阀　溢流阀是一种液体压力控制阀。它可用于液压控制回路的一条旁路中，液压油经此路回到油箱。溢流阀在液压设备中主要起定压溢流作用和安全保护作用。溢流阀的实物图及图形符号如图 3-64 所示。

a) 实物图

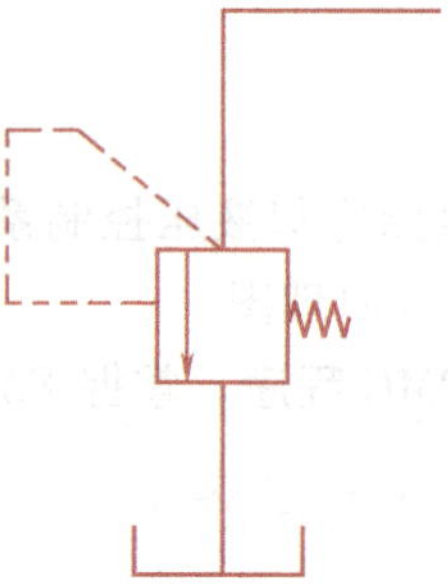

b) 图形符号

图 3-64　溢流阀实物图及图形符号

（3）单向阀　单向阀使液体只能向一个方向流动，其实物图及图形符号如图 3-65 所示。

2. 数控机床冷却系统液压回路

数控车床冷却系统液压回路如图 3-66 所示。

a) 实物图

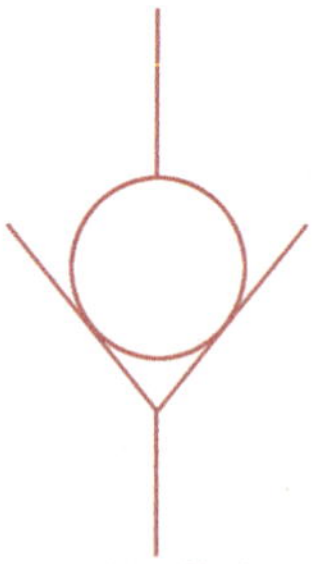

b) 图形符号

图 3-65　单向阀实物图及图形符号

3.4.2　数控机床冷却系统的电气控制组成

数控机床冷却系统的电气控制部分是由冷却泵、水管、电动机及控制开关等组成的。冷却泵安装在机床底座的内腔里，其实物图如图 3-67 所示。冷却控制系统的主电路如图 3-68 所示，接触器 KM4 起控制作用，热继电器 FR2 起过载保护作用。冷却电动机及其控制的正常与否是冷却系统正常工作的基础。切削液的开和关是可以通过控制面板，在手动状态下控制的，也可以通过指令 M07、M08 打开切削液，通过指令 M09 关闭切削液。

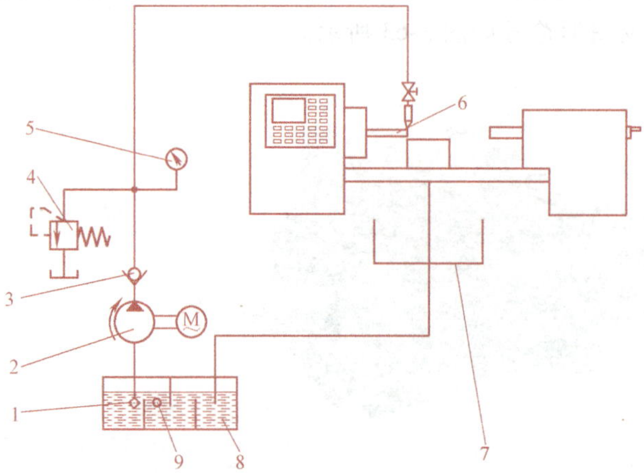

图 3-66　数控车床冷却系统液压回路

1—过滤器　2—液压泵　3—单向阀　4—溢流阀　5—压力表　6—工件

7—切削液收集装置　8—切削液　9—液位指示计

图 3-67　冷却泵实物图

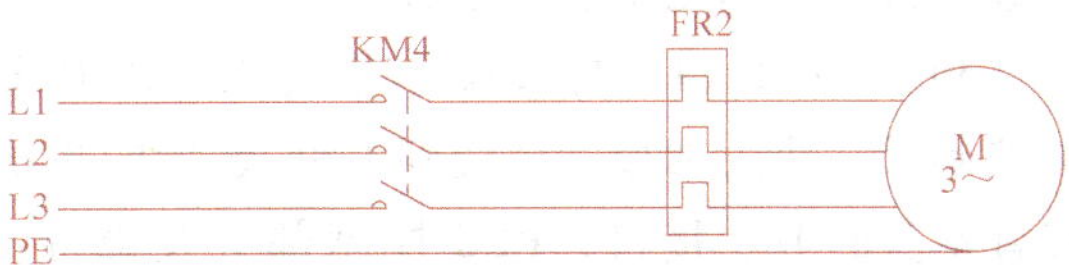

图 3-68　冷却控制系统的主电路

3.4.3　数控机床用 PLC 介绍

在数控机床中，除了对各坐标轴位置进行连续控制外，还需要对主轴正/反转、刀架换刀、卡盘夹紧/松开、切削液开/关、排屑等动作进行控制。现代数控机床均采用 PLC 来完成上述功能。

1. 数控机床用 PLC 的分类

数控机床用 PLC 可分为两类：一类是专为实现数控机床顺序控制而设计制造的内装型 PLC；另一类是那些 I/O 接口技术规范，并且 I/O 点数、程序存储量，以及运算和控制功能等均能满足数控机床控制要求的独立型 PLC。

（1）内装型 PLC　也称集成式 PLC。采用这种 PLC 的数控系统，在设计之初就将数控装置（CNC 装置）和 PLC 结合起来考虑，数控装置和 PLC 之间的信号传递是在内部总线的基础上进行的，因而有较高的交换速度和较宽的信息通道。采用这种结构时，从软、硬件整体上考虑，PLC 和数控装置之间没有多余的导线连接，使系统的可靠性增加，而且数控装置和 PLC 之间容易实现许多高级功能，如 PLC 中的信息能通过数控系统的显示器显示。这种 PLC 对于系统的使用而言，具有较大的优势。高档数控系统一般都采用这种 PLC，其结构框图如图 3-69 所示。

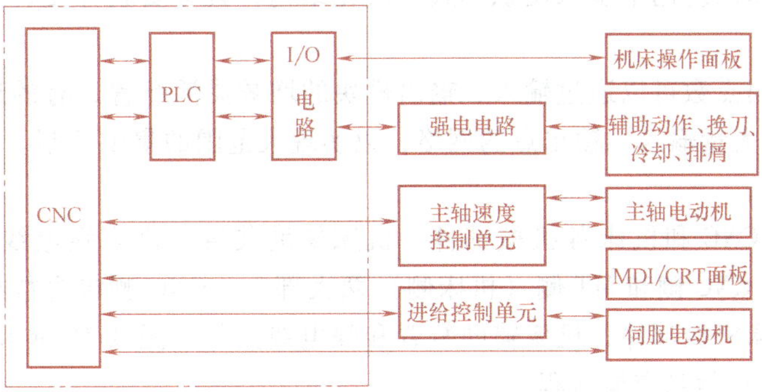

图 3-69　采用内装型 PLC 的数控系统框图

内装型 PLC 具有以下特点：

1）内装型 PLC 实际上是 CNC 装置带有的 PLC 功能，一般作为其一种基本的功能提供给用户。

2）内装型 PLC 的性能指标是根据所从属的数控系统（CNC 系统）的规格、性能、适用机床的类型等确定的，其硬件和软件部分作为 CNC 系统的基本功能或附加功能与 CNC 系统统一设计制造。内装型 PLC 所具有的功能针对性强，技术指标较合理、实用，适用于单台数控机床及加工中心等场合。

3）内装型 PLC 与 CNC 装置可以共用 CPU，也可单独使用一个 CPU；内装型 PLC 一般单独制成一块附加板，插装到 CNC 装置的主机中。它不单独配备 I/O 接口，而是使用 CNC 装置本身的 I/O 接口；PLC 控制部分及部分 I/O 电路所用电源由 CNC 装置提供，不另备电源。

4）采用内装型 PLC 结构时，CNC 系统可以具有某些高级的控制功能，如梯形图编辑和传送功能等。

（2）独立型 PLC　也称外装式 PLC。它独立于数控装置，是可以独立完成控制功能的 PLC。采用这种类型的 PLC 时，用户可根据自己的特点，选用不同专业 PLC 厂商的产品，并且可以更为方便地对控制规模进行调整。其结构框图如图 3-70 所示。

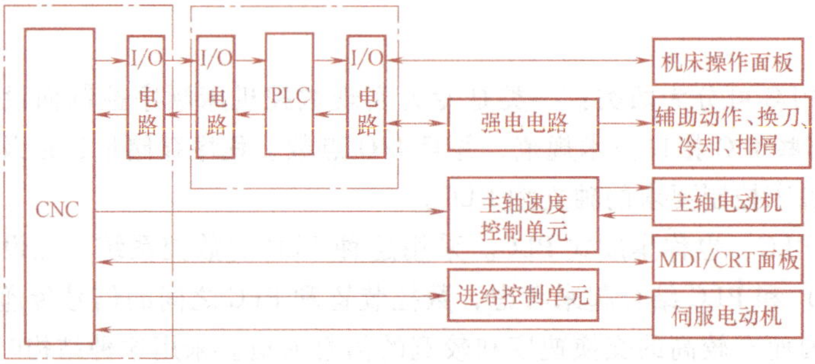

图 3-70　采用独立型 PLC 的数控系统结构框图

独立型 PLC 具有以下特点：

1）独立型 PLC 本身就是一个完整的计算机系统，具有 CPU、程序存储器、I/O 接口、通信接口及电源等。

2）在数控机床的应用中多采用积木式模块化结构，具有安装方便、功能易于扩展和变更等优点。

3）输入、输出点数可以通过输入、输出模块的增减灵活配置，有的还可通过多个远程终端连接器构成有大量输入、输出点的网络，以实现大范围的集中控制。

2. PLC 与数控系统及数控机床间的信息交换

在讨论 PLC、CNC 和机床各机械部件、机床辅助装置、机床强电线路之间的关系时，常把数控机床分为 CNC 侧和 MT 侧（机床侧）两大部分。CNC 侧包含数控系统的硬件和软件，MT 侧包含机床机械部件、机床辅助装置和强电线路等。图 3-71 所示为 FANUC 系统的 PMC（内装型 PLC）信息交换流程。

相对于 PLC，MT 侧和 CNC 侧就是外部。PLC 与 MT 侧以及 CNC 侧之间的信息交换，对于 PLC 的功能发挥是非常重要的。PLC 与外部的信息交换，通常有四个部分：

图 3-71　FANUC 系统的 PMC 信息交换流程

(1) MT 侧至 PLC　MT 侧的开关量信号通过 I/O 单元接口输入到 PLC 中，除极少数信号外，绝大多数信号的含义及所配置的输入地址均可由 PLC 程序编制者或者是程序使用者自行定义。数控机床生产厂家可以方便地根据机床的功能和配置，对 PLC 程序和地址分配进行修改。

(2) PLC 至 MT 侧　PLC 的控制信号通过 PLC 的输出接口送到 MT 侧，所有输出信号的含义和输出地址也是由 PLC 程序编制者或使用者自行定义的。

(3) CNC 侧至 PLC　CNC 侧送至 PLC 的信息可由 CNC 系统直接送入 PLC 的寄存器中，所有 CNC 系统送至 PLC 的信号含义和地址（开关量地址或寄存器地址）均由数控系统厂家确定，PLC 编程者只可使用而不可改变和增删。例如，数控指令中的 M、S、T 功能，可通过 CNC 系统译码后直接送入 PLC 相应的寄存器中。

(4) PLC 至 CNC 侧　PLC 送至 CNC 系统的信息也由开关量信号或寄存器完成，所有 PLC 送至 CNC 系统的信号地址与含义由数控系统厂家确定，PLC 编程者只可使用，不可改变和增删。

3. PLC 在数控机床中的控制功能

(1) 操作面板的控制　操作面板分为系统操作面板和机床操作面板。系统操作面板的控制信号先是进入 CNC 侧，然后由 CNC 侧送到 PLC，控制数控机床的运行。机床操作面板控制信号则是直接进入 PLC，控制机床的运行。

(2) 机床外部开关信号输入　将 MT 侧的开关信号输入到 PLC，进行逻辑运算。这些开关信号包括很多检测元件信号，如行程开关、接近开关、模式选择开关等。

(3) 输出信号控制　PLC 输出信号经外围控制电路中的继电器、接触器、电磁阀等输出给控制对象。

(4) T 功能实现　CNC 系统送出 T 指令给 PLC，经过译码，在数据表内检索，找到 T 代码指定的刀号，并与主轴刀号进行比较。如果不符，发出换刀指令，刀具换刀；换刀完成后，系统发出完成信号。

(5) M 功能实现　CNC 系统送出 M 指令给 PLC，经过译码，输出控制信号，控制主轴正/反转和起动/停止等。M 指令完成后，系统发出完成信号。

(6) S 功能实现　主轴转速可以用 S+2 位代码或 4 位代码直接指定，CNC 系统送出 S 代码信号给 PLC，经过译码、数据转换和 D-A 变换，最后送到主轴驱动系统。

3.4.4　FANUC 系统 PMC

1. FANUC 0i 系统 PMC 的性能及规格

FANUC 数控系统将 PLC 记为 PMC，称作可编程序机床控制器，即专门用于控制机床的 PLC。目前 FANUC 系统中的 PLC 均为内装型 PMC。

FANUC 0i 系统有 0iA 系列、0iB 系列、0iC 系列和 0iD 系列等。FACUC 0iA 系统的 PMC 可采用 SA1 或 SA3 两种类型，FANUC 0iB/0iC 系统的 PMC 可采用 SA1 或 SB7 两种类型。

FANUC 0i 系统的输入/输出信号是来自 MT 侧的直流信号，直流输入信号接口如图 3-72 所示。漏极型（24V）和有源型（0V）是可以切换的非绝缘型接口，接点容量为 DC30V、16mA 以上。直流输出信号为有源型输出信号，如图 3-73 所示。输出信号可驱动 MT 侧的继电器线圈或指示灯负载，驱动器打开（ON）时最大负载电流为 200mA，电源电压为

DC 24V。输出负载为感性负载（如继电器）时，应在继电器线圈反向并联续流二极管；输出负载为指示灯负载时，应接入限流电阻。

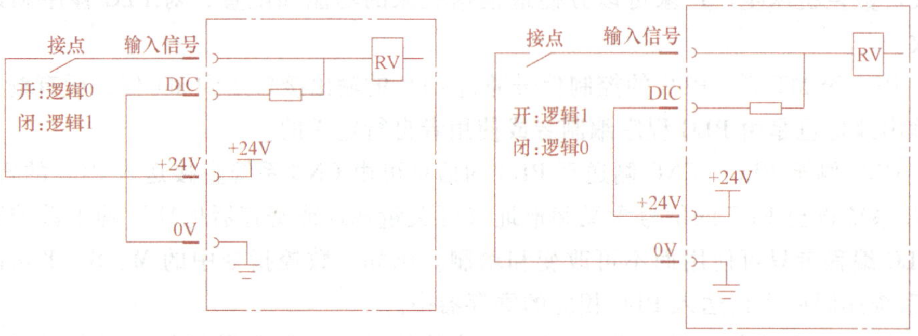

a) 漏极型输入的接线　　b) 有源型输入的接线

图 3-72　FANUC 0i 系统的直流输入信号接口

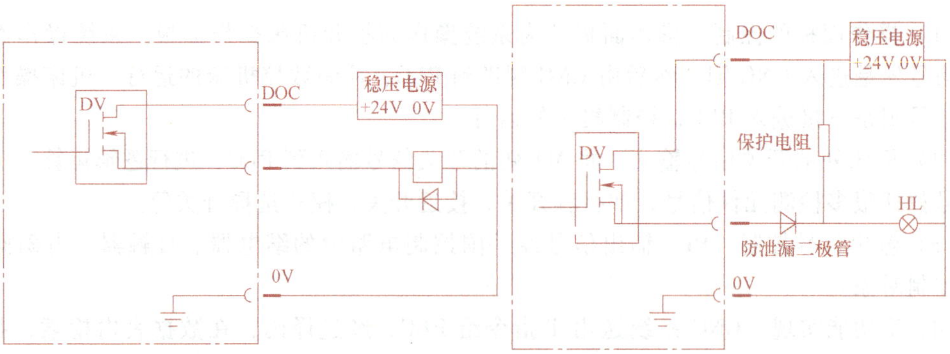

a) 输出信号驱动继电器负载　　b) 输出信号驱动指示灯负载

图 3-73　FANUC 0i 系统的直流输出信号接口

FANUC 0i 系统 PMC 的性能和规格见表 3-9。

表 3-9　FANUC 0i 系统 PMC 的性能和规格

系统	FANUC 0iA 系统	FANUC 0iB/0iC 系统	
PMC 类型	SA3	SA1	SB7
编程方法	梯形图	梯形图	梯形图
程序级数	2	2	3
第一级程序扫描周期	8ms	8ms	8ms
基本指令执行时间	0.15μs/步	5.0μs/步	0.033μs/步
程序容量-梯形图	最大约 12000 步	最大约 12000 步	最大约 64000 步
符号和注释	1～128KB	1～128KB	不限制
信息显示	8～64KB	8～64KB	不限制
基本指令数	14	12	14
功能指令数	66	44	69
内部继电器(R)	1000B	1000B	8500B
外部继电器(E)	无	无	8000B
信息显示请求位(A)	25B	25B	500B
非易失性存储区数据表(D)	1860B	1860B	10000B

（续）

系统	FANUC 0iA 系统	FANUC 0iB/0iC 系统	
可变定时器(T)	40 个(80B)	40 个(80B)	250 个(1000B)
固定定时器(T)	100 个	100 个	500 个
计数器(C)	20 个(80B)	20 个(80B)	100 个(400B)
固定计数器(C)	无	无	100 个(200B)
保持型继电器(K)	20B	20B	120B
子程序(P)	512	无	2000
标号(L)	999	无	9999
I/O LINK 输入/输出	最大 1024 点/最大 1024 点	最大 1024 点/最大 1024 点	最大 2048 点/最大 2048 点
内装 I/O 输入/输出模块	最大 96 点/最大 72 点	无	无
顺序程序存储	Flash ROM 128KB	Flash ROM 128KB	Flash ROM 128~768KB

2. FANUC 0i 系统 PMC 的器件地址

PLC 的信号地址表明了信号的位置。这些地址信号包括机床的输入/输出信号和 CNC 系统的输入/输出信号、内部继电器、非易失性存储器等。信号地址由地址号（字母和其后四位之内的数）和位号（0~7）组成，格式如图 3-74 所示。

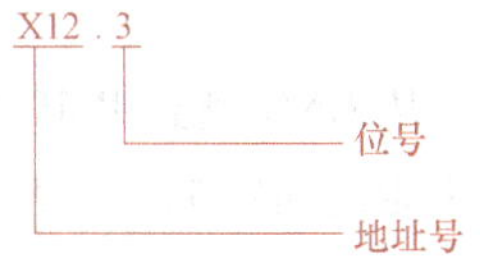

图 3-74　信号地址的格式

FANUC 0i 系统的输入/输出信号控制有两种形式：一种来自系统内装 I/O 卡的输入/输出信号；另一种来自外装 I/O 卡（I/O LINK）的输入/输出信号。如果内装 I/O 卡控制信号与 I/O LINK 控制信号同时（相同控制功能）作用，内装 I/O 卡信号有效。

（1）MT 侧到 PMC 的输入信号地址　如果采用 I/O LINK 时，其输入信号地址为 X0~X127。如果采用内装 I/O 卡时，FANUC 0iA 系统的输入信号地址为 X1000~X1011，FANUC 0iB 系统的输入信号地址为 X0~X11。

有些输入信号不需要通过 PMC 而直接由 CNC 系统监控，这些信号的输入地址是固定的，CNC 系统运行时直接引用这些地址信号。

（2）从 PMC 到 MT 侧的输出信号地址　如果采用 I/O LINK 时，其输出信号地址为 Y0~Y127；如果采用内装 I/O 卡时，FANUC 0iA 系统的输出信号地址为 Y1000~Y1008（72 点输入）、FANUC 0iB 系统的输出信号地址为 Y0~Y8（72 点输入）。

（3）从 PMC 到 CNC 侧的输出信号地址　从 PMC 到 CNC 侧的输出信号地址号为 G0~G255，这些信号的功能是固定的，用户通过顺序程序（梯形图）实现 CNC 系统各种控制功能。例如，系统急停控制信号为 G8.4，循环起动信号为 G7.2，进给暂停信号为 G8.5，空运行信号为 G46.7，外部复位信号为 G8.7，程序保护钥匙信号为 G46.3~G46.6，CNC 系统状态信号为 G43.0、G43.1、G43.2、G43.5、G43.7 等。

（4）从 CNC 侧到 PMC 的输入信号地址　从 CNC 侧到 PMC 的输入信号地址号为 F0~F255，这些信号的功能也是固定的，用户通过顺序程序（梯形图）确定 CNC 系统的状态。例如，CNC 系统准备就绪信号为 F1.7，伺服准备就绪信号为 F0.6，系统报警信号为 F1.0，系统电池报警信号为 F1.2，系统复位信号为 F1.1，系统进给暂停信号为 F0.4，系统循环起动信号为 F0.5，T 代码选通信号为 F7.3，M 代码选通信号为 F7.0，S 代码选通信号为 F7.2 等。

（5）保持型继电器地址（K）　FANUC 0iA 系统的保持型继电器地址为 K0~K19，其中

K16~K19是专用继电器，不能作为他用。FANUC 0iB/0iC（PMC为SB7）系统的保持型继电器地址为K0~K99（用户使用）和K900~K919（系统专用）。

（6）中间继电器地址（R、E）　系统中间继电器可分为内部继电器（R）和外部继电器（E）两种。内部继电器地址为R0~R999，其中R900~R999为系统专用地址。外部继电器的地址为E0~E999。需要注意的是，只有PMC-SB7才有外部继电器。

（7）信息继电器地址（A）　信息继电器通常用于报警信息显示请求，FANUC 0iA/0iB系统有200个信息继电器（占用25B），其地址另为A0~A24。FANUC 0iC系统有2000个信息继电器（占用500B）。

除此之外，还有定时器地址（T）、计数器地址（C）、数据表地址（D）、子程序号地址（P）和标号地址（L）等。

3. FANUC系统PMC的主要信号功能

从CNC侧到PMC的输入信号（表3-10）以及从PMC到CNC侧的输出信号（表3-11）的功能是固定的，用户通过梯形图可实现CNC系统的各种控制功能，或者确定CNC系统的状态。

表3-10　CNC侧到PMC的输入信号地址

地址	功能	地址	功能	地址	功能
F0.4	系统进给暂停	F1.0	系统报警	F3.1	手摇选择
F0.5	系统循环起动	F1.1	系统复位	F3.2	手动状态
F0.6	伺服准备就绪	F1.2	系统电池报警	F7.3	T代码选通
F7.0	M代码选通	F7.2	S代码选通	F3.5	自动状态
F0.7	自动运行	F1.4	主轴使能	F120.0	*X*轴回零建立
F94.0	*X*轴回零到达	F94.1	*Z*轴回零到达		
F120.1	*Z*轴回零建立	F1.7	系统准备就绪		

表3-11　从PMC到CNC侧的输出信号地址

地址	功能	地址	功能	地址	功能
G4.3	M、S、T功能完成	G8.7	外部复位	G43.7	手动参考点返回
G7.1	起动锁住	G18.0	手摇*X*轴	G44.0	跳步
G7.2	循环起动	G18.1	手摇*Z*轴	G44.1	机床锁住
G8.0	所有坐标轴互锁	G19.7	手动快速进给	G46.1	程序单段
G8.4	急停	G29.6	主轴停	G46.7	空运行
G8.5	进给暂停	G33.7	主轴PMC控制	G70.4	（串行）主轴正转
G71.0	（串行）主轴报警复位	G70.7	（串行）主轴准备好	G70.5	（串行）主轴反转
G71.1	（串行）主轴急停	G130.0	*X*轴互锁	G130.1	*Z*轴互锁信号

CNC系统工作方式的选择信号MD1、MD2、MD4（G43.0~G43.2），DNC1（G43.5），ZRN（G43.7）。工作方式选择时，信号值为格雷码（即任意两个相邻的代码只有一位二进制数不同），见表3-12。

表3-12　工作方式选择信号

序号	方式	信号状态				
		MD4	MD2	MD1	DNC1	ZRN
1	编辑（EDIT）	0	1	1	0	0
2	存储器运行（MEN）	0	0	1	0	0
3	手动数据输入（MDI）	0	0	0	0	0
4	手轮进给（HANDLE/IN）	1	0	0	0	0

（续）

序号	方式	信号状态				
		MD4	MD2	MD1	DNC1	ZRN
5	手动连续进给(JOG)	1	0	1	0	0
6	手轮示教(TEACH IN HANDLE)	1	1	1	0	0
7	手动连续示教(TEACH IN JOG)	1	1	0	0	0
8	DNC运行(RMT)	0	0	1	1	0
9	手动返回参考点(REF)	1	0	1	0	1

4. FANUC 系统 PMC 的指令系统

PMC 的指令有两类：基本指令和功能指令。基本指令只是对二进制进行逻辑操作，而功能指令是对二进制字节或字进行一些特定功能的操作。

（1）基本指令　指令及其处理内容见表 3-13。

表 3-13　FANUC 基本指令及其处理内容

序号	指令	处理内容
1	RD	读指令信号的状态，并写入 ST0 中，在一个梯级开始的节点是动合触点时使用
2	RD. NOT	读指令信号“非”状态，并写入 ST0 中，在一个梯级开始的节点是动断触点时使用
3	WRT	输出运算结果(ST0 的状态)到指定地址
4	WRT. NOT	输出运算结果(ST0 的状态)的“非”状态到指定地址
5	AND	将 ST0 的状态与指定地址的信号状态相“与”后，再置于 ST0 中
6	AND. NOT	将 ST0 的状态与指定地址的信号的“非”状态相“与”后，再置于 ST0 中
7	OR	将指定地址的状态与 ST0 的内容“或”后，再置于 ST0
8	OR. NOT	将指定地址的“非”状态与 ST0 的内容“或”后，再置于 ST0
9	RD. STK	堆栈寄存器左移一位，并把指定地址的状态置于 ST0
10	RD. NOT. STK	堆栈寄存器左移一位，并把指定地址的状态取“非”后再置于 ST0
11	AND. STK	将 ST0 和 ST1 的内容执行逻辑“与”，结果存于 ST0，堆栈寄存器右移一位
12	OR. STK	将 ST0 和 ST1 的内容逻辑“或”，结果存于 ST0，堆栈寄存器右移一位

（2）功能指令　数控机床用 PMC 的指令可满足数控机床信息处理和动作控制的特殊要求。例如，由 CNC 系统输出的二进制代码信号译码、机械运动状态的延时确认，以及比较、代码转换、四则运算、信息显示等控制功能，如果仅用基本指令编程，那么实现起来将会十分困难。因此要增加一些具有专门控制功能的指令，解决基本指令无法解决的控制问题。这些指令就是功能指令，应用功能指令就是调用相应的子程序。

数控机床在执行加工程序中规定的 M、S、T 功能时，CNC 装置以 BCD 或二进制代码形式输出 M、S、T 代码信号。这些信号需要经过译码才能从 BCD 或二进制状态转换成具有特定功能含义的位逻辑状态。根据译码形式不同，PMC 译码指令分为 BCD 译码指令 DEC 和二进制译码指令 DECB 两种。

1）DEC 译码指令。DEC 译码指令的功能是：当两位 BCD 代码与给定值一致时，输出为“1”；不一致时，输出为“0”。DEC 译码指令主要用于数控机床的 M 代码、T 代码的译码。一条 DEC 译码指令只能译一个 M 代码。图 3-75 所示为 DEC 译码指令格式和应用实例。DEC 译码指令格式如图 3-75a 所示，包括以下几部分：

控制条件：ACT=0，不执行译码指令；ACT=1，执行译码指令。

译码信号地址：指定包含两位 BCD 代码信号的地址。

译码方式：包括译码数值和译码位数两部分。译码数值为要译码的两位 BCD 代码；译码位数为 01 时只译低 4 位数，为 10 时只译高 4 位数，为 11 时高低位均译。

译码输出：当指定地址的译码数与要求的译码值相等时为 1，否则为 0。

图 3-75b 中，当执行加工程序的 M03、M04、M05 指令时，R300.3、R300.4、R300.5 分别为 1，从而实现主轴正转、反转及主轴停止的自动控制。其中，F7.0 为 M 代码选通信号，F1.3 为移动指令分配结束信号，F10 为 FANUC 0i 系统的 M 代码输出信号地址。

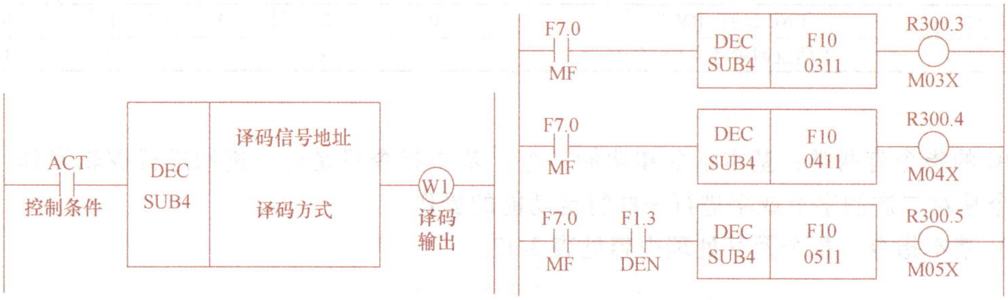

a) DEC译码指令格式　　b) 译码指令DEC的应用实例

图 3-75　DEC 译码指令格式和应用实例

2）DECB 指令。DECB 指令的功能是可对 1、2 或 4 个字节的二进制代码数据译码，所指定的 8 位连续数据之一与代码数据相同时，对应的输出数据位为 1。DECB 指令主要用于 M 代码、T 代码的译码，一条 DECB 代码可译 8 个连续 M 代码或 8 个连续 T 代码。

图 3-76 所示为 DECB 译码指令格式和应用实例。

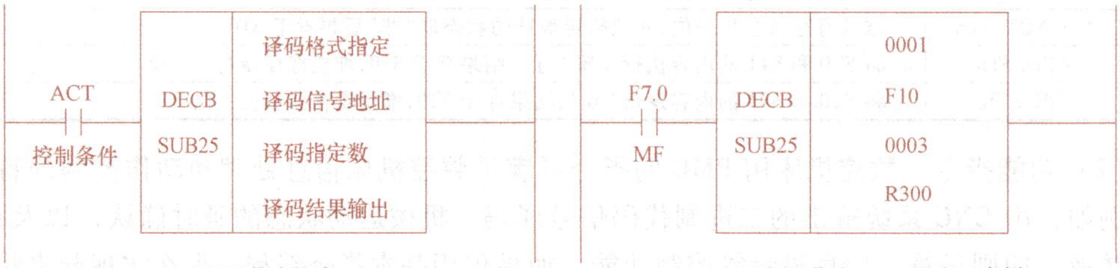

a) 译码指令格式　　b) 译码指令DECB的应用实例

图 3-76　DECB 译码指令格式和应用实例

DECB 译码指令格式如图 3-76a 所示，控制条件 ACT 同 DEC 译码指令，其他内容说明如下：

译码格式指定：0001 为 1 个字节的二进制代码数据；0002 为 2 个字节的二进制代码数据；0004 为 4 个字节的二进制代码数据。

译码信号地址：给定一个存储代码数据的地址。

译码指定数：给定要译码的 8 个连续数字的第一位。

译码结果输出：给定一个输出译码结果的地址。

图 3-76b 中，加工程序执行 M03、M04、M05、M06、M07、M08、M09、M10 指令时，R300.0、R300.1、R300.2、R300.3、R300.4、R300.5、R300.6、R300.7 分别为 1。

（3）M 代码的 PMC 控制　图 3-77 所示为数控铣床（采用 FANUC 0i 数控系统）的 M 代码辅助功能执行的 PMC 控制。

二进制译码指令 DECB 把程序中的 M 代码指令信息（F10）转换成开关量控制，程序执

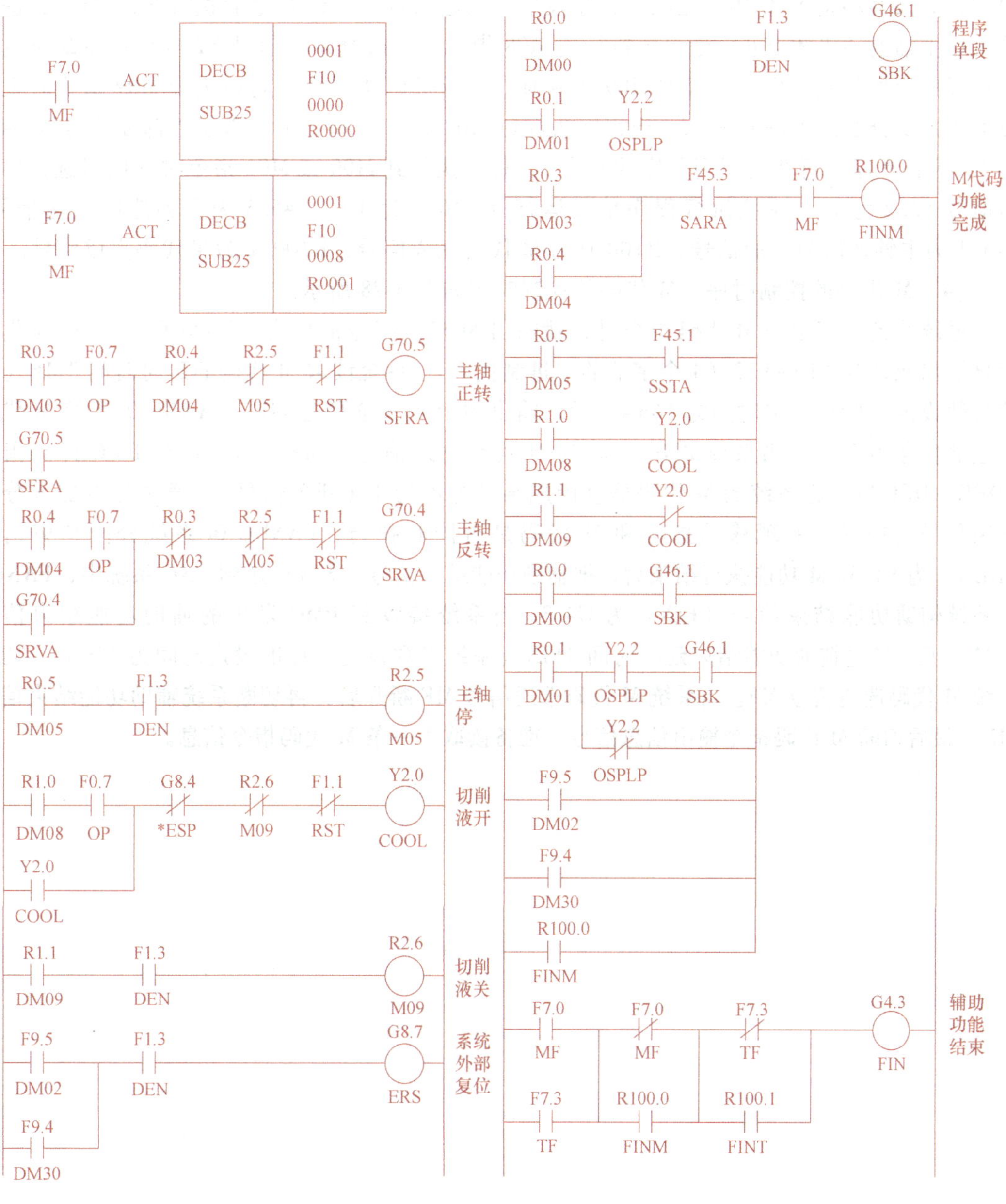

图 3-77　辅助功能 M 代码的 PMC 控制

行到 M00 时，R0.0 为 1；程序执行到 M01 时，R0.1 为 1；程序执行到 M02 时，R0.2 为 1；程序执行到 M03 时，R0.3 为 1；程序执行到 M04 时，R0.4 为 1；程序执行到 M05 时，R0.5 为 1；程序执行到 M08 时，R1.0 为 1；程序执行到 M09 时，R1.1 为 1。G70.5 为串行数字主轴正转控制信号，G70.4 为串行数字主轴反转控制信号，F0.7 为系统自动运行状态信号（系统在 MEM/MDI/DNC 状态），F1.1 为系统复位信号。当系统在自动运行时，程序执行到 M03 或 M04 指令时，主轴按给定的速度正转或反转；程序执行到 M05 指令或系统复位（包括程序的 M02、M30 代码），主轴停止旋转。在执行 M05 指令时，加入了系统分配结束信号 F1.3，如果移动指令和 M05 在同一程序段中，保证执行完移动指令后执行 M05 指令，进给结束后主轴电动机才停止。当程序执行到 M08 指令时，通过输出信号 Y2.0 控制冷却泵电动机打开机床切削液；程序执行到 M09 指令时，关断机床切削液，同理执行 M09 指令时也需要加入系统分配结束信号 F1.3。当程序执行到 M02 或 M30 指令时，系统外部复位信号 G4.3 为 1，停止程序运行并返回到程序的开头。当程序执行到 M00 或 M01 指令时（同时选择停输出信号 Y2.2 为 1），系统执行程序单段运行（G46.1 为 1）。F45.3 为主轴速度到达信号，F45.1 为主轴速度为零的信号，R100.0 为 M 代码完成信号，R100.1 为 T 代码完成信号。

（4）M 代码的控制时序　M 代码的控制时序如图 3-78 所示。

系统读到程序中的 M 代码指令时，就输出 M 代码指令的信息，FANUC 0i 系统 M 代码信息输出地址为 F10~F13（4 个字节的二进制代码）。系统读取 M 代码的延时时间 TMF（系统参数设定，标准设定时间为 16ms）后，输出 M 代码选通信号 MF，FANUC 0i 系统 M 代码的选通信号为 F7.0。当系统 PMC 接收到 M 代码选通信号（MF）后，执行 PMC 译码指令（DEC、DECB），把系统的 M 代码信息译成某继电器为 1（开关信号），通过是否加入分配结束信号（DEN）实现移动指令和 M 代码是否同时执行，FANUC 0i 系统分配结束信号（DEN）为 F1.3。M 功能执行结束后，把辅助功能结束信号（FIN）送到 CNC 系统中，FANUC 0i 系统辅助功能结束信号（FIN）为 G4.3。当系统接收到 PMC 发出的辅助功能结束信号（FIN）后，经过辅助功能结束延时时间 TFIN（系统参数设定，标准设定时间为 16ms），切断系统 M 代码选通信号 MF。当系统 M 代码选通信号 MF 断开后，再切断系统辅助功能结束信号 FIN，最后切断 M 代码指令输出信息信号，准备读取下一条 M 代码指令信息。

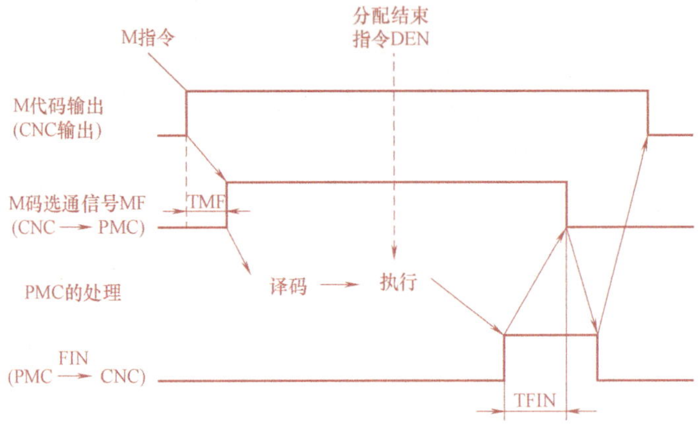

图 3-78　M 代码控制时序

3.4.5　数控机床冷却控制电路

以实际数控车床为例，其冷却系统电气控制线路可以分为主电路（图 3-79）和控制电路（图 3-80）。

3.4.6　数控机床冷却控制梯形图

图 3-81 所示为实际机床的冷却泵 PMC 控制梯形图。

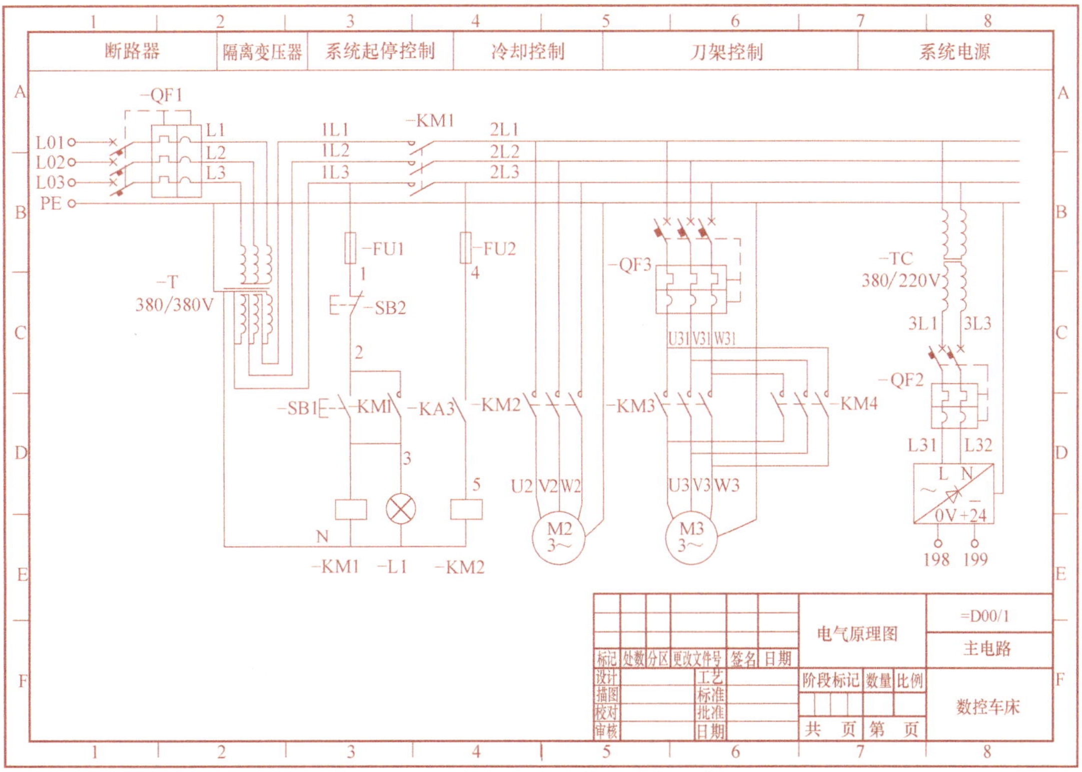

图 3-79 数控车床冷却系统主电路

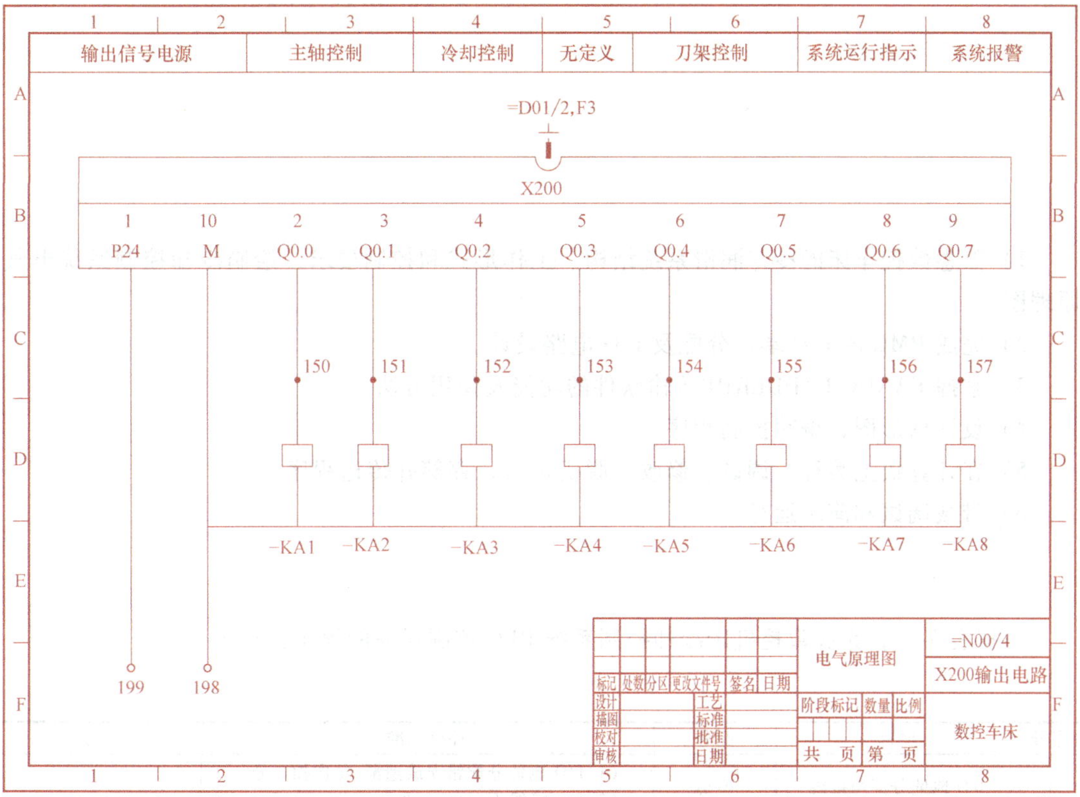

图 3-80 数控车床冷却系统控制电路

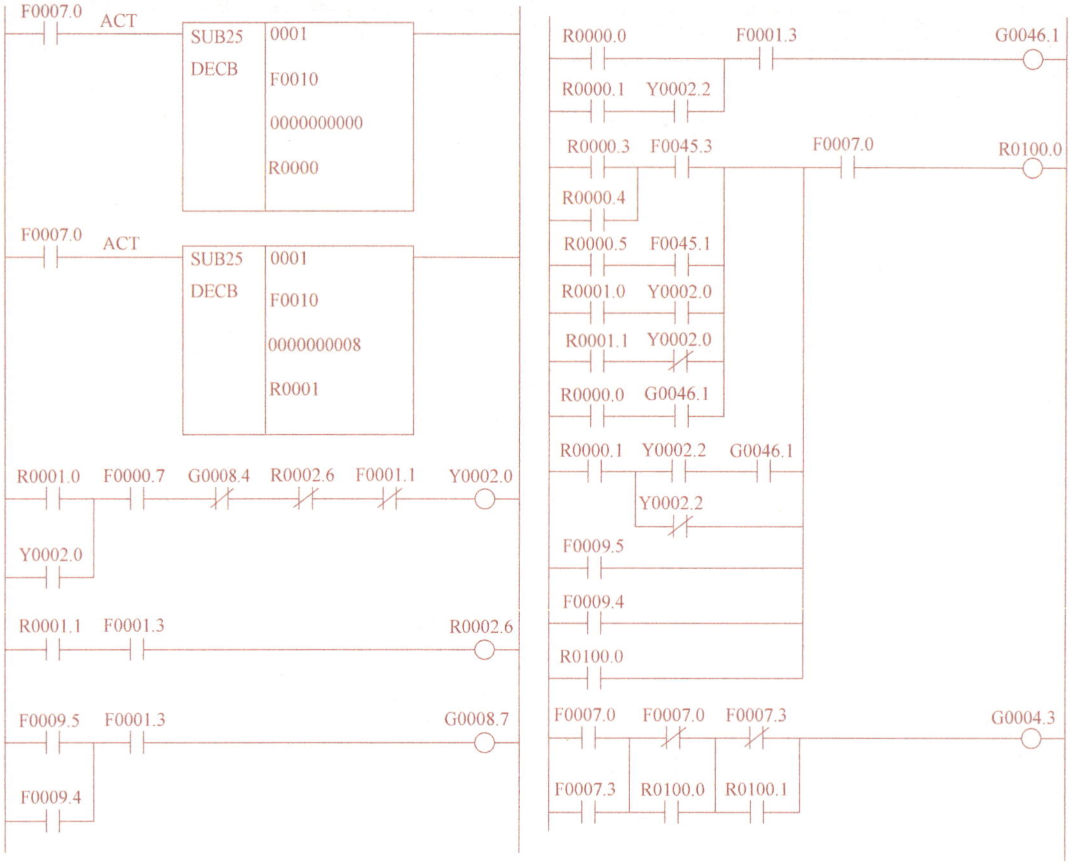

图 3-81 数控机床冷却泵 PMC 控制梯形图

3.4.7 任务实施

1）熟悉数控车床的冷却润滑系统结构、工作形式和控制要求，绘制冷却控制系统电气原理图。

2）完成 PMC 的 I/O 端口分配及 I/O 电路设计。

3）掌握 FANUC LADDERIII 传输软件的功能及使用方法。

4）设计梯形图，编写控制程序。

5）在计算机上编程、调试、修改、脱机运行、存储并传送程序。

6）带载调试和演示运行。

3.4.8 检查评价

根据表 3-14，完成数控机床冷却控制系统 PLC 控制任务的评价检查工作。

表 3-14 评分标准

序号	项目	配分	评分标准	得分
1	I/O 地址分配与接线	20 分	(1)I/O 地址分配错误或遗漏，每次扣 2 分 (2)I/O 接线不正确，每处扣 2 分	

（续）

序号	项目	配分	评分标准	得分
2	程序设计、输入模拟调试	60分	(1)梯形图表达不正确或画法不规范，每处扣4分 (2)指令错误，每条扣4分 (3)编程软件或编程器使用不熟练，扣5分 (4)不会使用模拟调试，扣5分 (5)调试时没有严格按照被控设备动作过程进行或达不到设计要求，扣10分	
3	时间	10分	未按时完成，扣2~10分	
4	安全文明操作	10分	每违规操作一次扣2分；发生严重安全事故扣10分	
5	过程记录		调试是否成功	接线工艺情况记录
6	安全情况			
7	合计			

课后见闻：从“开国大典旗杆”到“华数机器人”——控制领域的工匠精神

1949年10月1日下午3时，中华人民共和国开国大典在北京天安门广场隆重举行。毛泽东主席向全世界庄严宣告：“中华人民共和国中央人民政府今天成立了”。并亲手按动电钮，在《义勇军进行曲》的雄壮旋律中，鲜艳的五星红旗在万众仰望的庄严目光中冉冉升起。30万人一齐肃立，抬头瞻仰新中国的第一面国旗，人们心潮澎湃，热血沸腾。而为迎接这一伟大历史时刻，开国大典前夕，以林治远为首的国庆筹备小组加紧整修天安门，尤其是修建国旗杆。建筑工人以高度的责任感和使命感，刻苦攻关，全身投入国旗杆的修建工作。这在电影《我和我的祖国》的“前夜”篇中有精彩阐述。

进入新世纪后，电动旗杆的控制从继电器控制升级到机器人的PLC控制，而华数机器人就是国产机器人的佼佼者。华数机器人是华中数控股份有限公司旗下品牌，该公司自成立之初，即以自主创新，打造民族品牌工业机器人为己任，重服务、求创新、促开放。目前设有9家分公司及4个研究院，主营业务涉及工业机器人研发、生产与销售，各行业自动化生产解决方案，已获得高新技术企业、院士工作站、中国好设计银奖等多项殊荣。前文所讲的“小熊电器”的自动化生产线上用的都是华数机器人。

第4章 数控车床刀架控制系统装调

4.1 情境引入

数控车床使用的电动回转刀架是最简单的自动换刀装置，有四工位刀架、六工位刀架，即在其上装有四把、六把刀具。图 4-1 所示为四工位刀架。电动刀架一般采用蜗杆传动，上下齿盘啮合，螺杆夹紧的工作原理，具有转位快、定位精度高、切向扭矩大的优点；同时采用无触点霍尔开关发信，使用寿命长，是用户普遍采用的经济型产品。

【典型结构】

常见的数控车床刀架布局示意图如图 4-2 所示。

图 4-1 数控车床四工位刀架

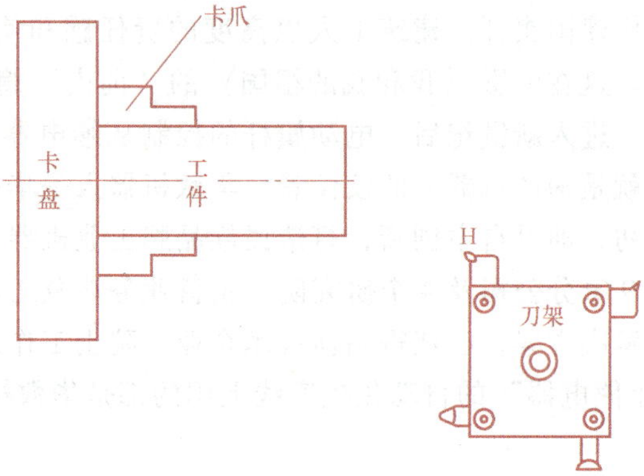

图 4-2 常见的数控车床刀架布局示意图

【涉及元件】

行程开关、时间继电器、霍尔元件

【情景任务】

任务 1 三相异步电动机运行控制电路

任务 2 数控车床刀架控制系统装调

4.2　任务1　三相异步电动机运行控制电路

【教学目标】

1. 熟悉电动机正/反转的实现方法。
2. 掌握行程开关、接近开关和时间继电器的功能与图形符号。
3. 掌握电动机正/反转、自动往返、顺序控制的控制电路。

【素养目标】

1. 践行社会主义核心价值观，具有深厚的爱国情感和民族自豪感。
2. 尊重生命，热爱劳动，履行职业道德行为准则和规范，具有社会责任感和社会参与意识。
3. 具有质量观念、环保意识、安全意识、信息素养。
4. 具有自主学习、终身学习意识。

【任务描述】

根据任务要求，懂得实现三相异步电动机的正/反转控制、自动往返控制以及多个电动机之间的顺序控制方法。

4.2.1　低压电器的认识与选用（三）

1. 行程开关

行程开关，又称限位开关，也称位置开关，其作用是将机械位移转换成电信号，使电动机运行状态发生改变，即到一定行程自动停止、反转、变速或循环。行程开关可用来控制机械运动或实现安全保护。

行程开关的种类很多，按运动形式分为直动式行程开关和转动式行程开关；按触点性质分为有触点行程开关和无触点行程开关。

常见的机械式行程开关实物图如图 4-3 所示，其结构示意图如图 4-4 所示。

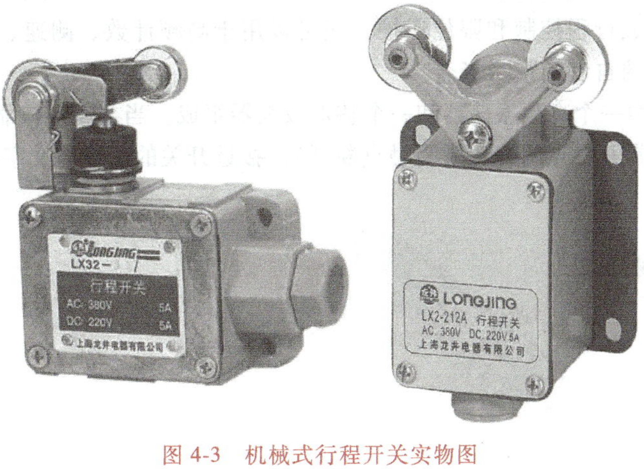

图 4-3　机械式行程开关实物图

行程开关选用时，主要考虑动作要求、安装位置及触点数量，具体如下：

1）根据使用场合及控制对象选择种类。

2）根据安装环境选择防护形式。

3）根据控制回路的额定电压和额定电流选择开关系列。

4）根据行程开关的传力与位移关系选择合理的操作头形式。

行程开关的图形与文字符号如图 4-5a 所示，其动作示意图如图 4-5b 所示。

目前国内生产的行程开关有 LXK3、3SE3、LX19、LX32、JL33 等系列。其中，3SE3 系列行程开关为引进西门子公司技术生产的，其额定电压为 500V，额定电流为 10A。

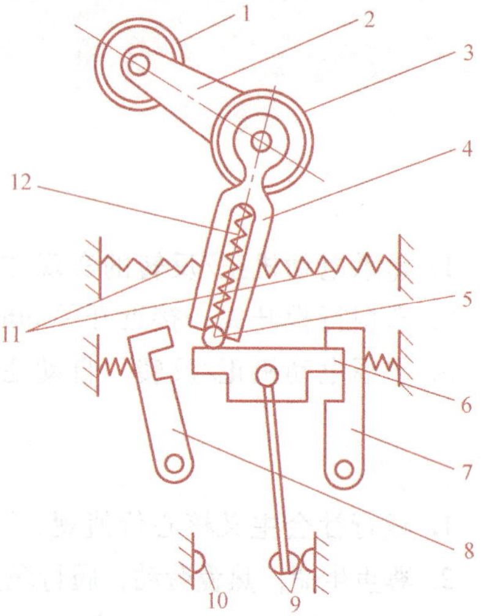

图 4-4　机械式行程开关结构示意图

1—滚轮　2—上转臂　3—盘形弹簧　4—推杆　5—小滚轮　6—擒纵件　7、8—压板　9—动触点　10—静触点　11、12—弹簧

2. 接近开关

机械接触式的行程开关，由于碰撞经常发生，所以存在易损坏、寿命短的缺点，同时存在可靠性差、操作频率低的问题。因此在某些场合，行程开关逐渐被接近开关替代。

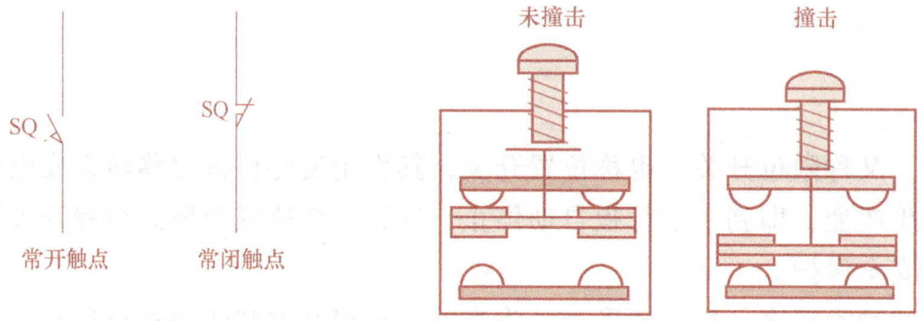

a) 图形与文字符号　　b) 动作示意图

图 4-5　行程开关

接近开关又称无触点式行程开关（图 4-6），有一对常开、常闭触点。它不仅能代替有触点行程开关来完成行程控制和限位保护，还可以用于高频计数、测速、液面控制、零件尺寸检测、加工程序的自动衔接等场合。

接近开关大多由一个高频振荡器和一个整形放大器组成。当金属物体靠近接近开关时，接近开关触点动作（常开触点闭合，常闭触点断开）。接近开关的图形与文字符号如图 4-7 所示。

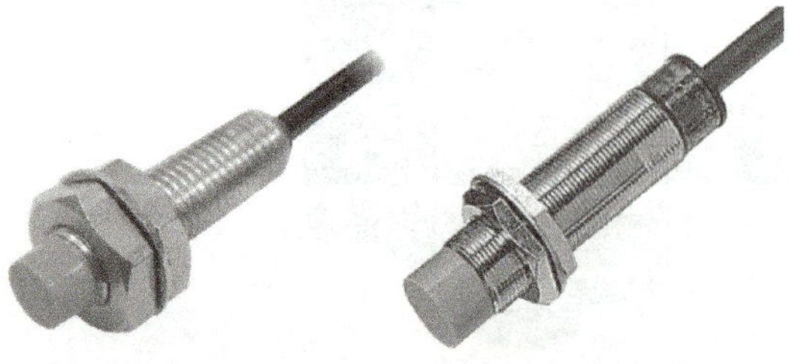
图 4-6　接近开关实物图

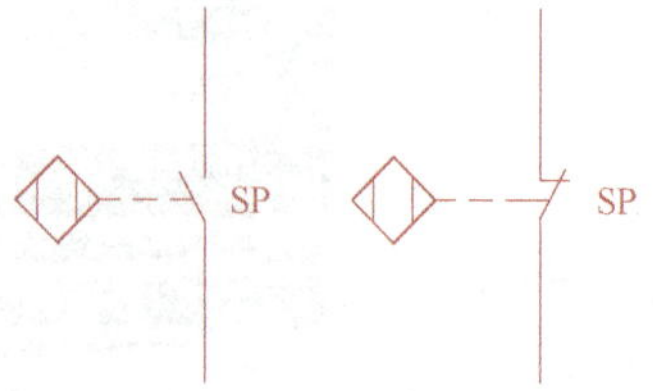

图 4-7　接近开关的图形与文字符号

接近开关的选用主要从以下几方面考虑：

1）因价格高，仅用于工作频率高、可靠性及精度要求均较高的场合。

2）按动作距离要求选择型号、规格。

4.2.2　三相异步电动机的正/反转控制

1. 三相异步电动机正/反转控制原理

根据电工学三相异步电动机控制原理，通过给电动机定子绕组输入相位差为 120°的三相电，电动机会朝某一固定方向旋转；若任意调换三相电的任意两相，电动机的旋转方向即相反。

2. 三相异步电动机正/反转控制电路

三相异步电动机正/反转电路如图 4-8 所示。

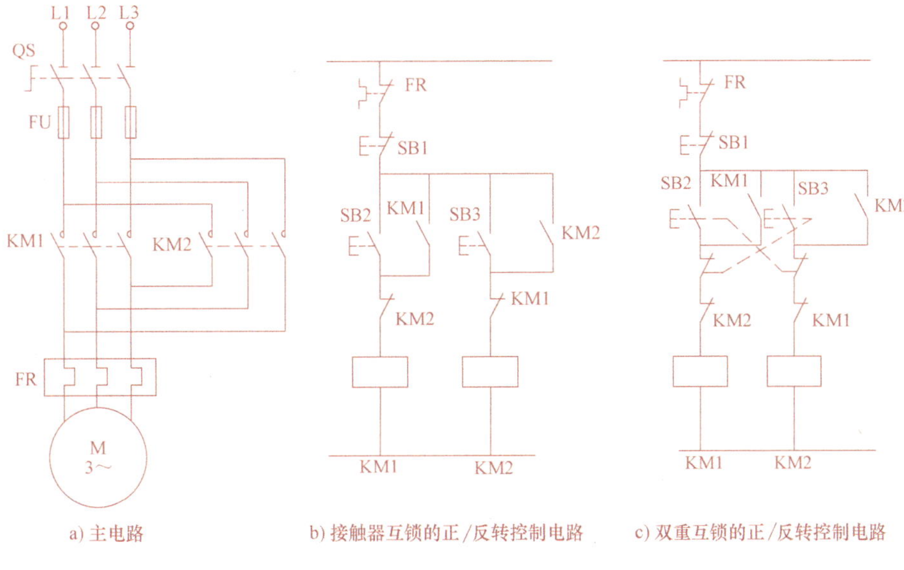

图 4-8　三相异步电动机正/反转电路

图 4-10a 中，主电路的 KM1 和 KM2 主触点的接线方式可实现三相电任意换两相，即电流从 KM1 输入到电动机与电流经 KM2 输入电动机有两相的顺序不同。这种接线的方法有多种，这里只是举一例。因这种接线方式导致两个接触器不能同时通电，否则会发生短路现象，因此在控制电路中需要实现两接触器互锁。控制电路有两种接线方法，如图 4-8b、c 所示。利用图 4-8b 所示电路实现正/反转之间的切换前，必须先停止电动机；利用图 4-10c 所示电路可以实现电动机正/反转直接切换。

（1）接触器互锁的正/反转控制　按下正转起动按钮 SB2，KM1 线圈通电，电动机正转；若按下停止按钮 SB1，KM1 线圈断电，电动机停；按下反转起动按钮 SB3，KM2 线圈通电，电动机反转。

（2）双重互锁的正/反转控制　这种控制电路既有接触器的电气互锁，又有按钮的机械互锁。按下正转按钮 SB2，KM1 线圈通电，KM2 线圈断电，电动机正转；按下反转按钮 SB3，KM1 线圈断电，KM2 线圈通电，电动机反转；若按下停止按钮 SB1，电动机停。

4.2.3　三相异步电动机的往返控制

在生产过程中，常需要运动部件在一定范围内自动往复运动。这种运动可由电动机正/反转带动执行机构，通过行程开关（限位开关）来实现。

三相异步电动机往返控制的主电路和控制电路如图 4-9 所示，往返工作示意图如图 4-10 所示。其工作原理是：按下起动按钮 SB2，KM1 线圈通电（自锁），KM2 线圈断电，电动机正转；工作台右移到位时，压下行程开关 SQ1，KM1 线圈断电，KM2 线圈通电，电动机反转；工作台左移，到位时，压下行程开关 SQ2，KM1 线圈通电，KM2 线圈断电，如此循环下去。

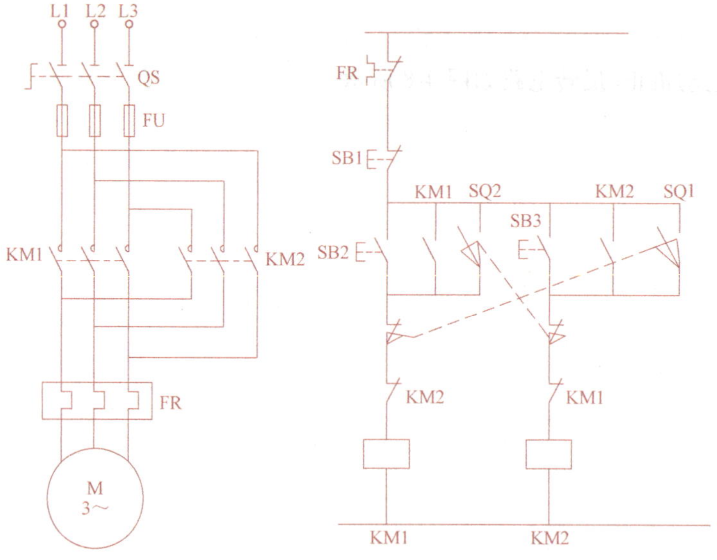

a) 主电路　　b) 控制电路

图 4-9　三相异步电动机往返控制的主电路和控制电路

4.2.4　三相异步电动机的顺序控制

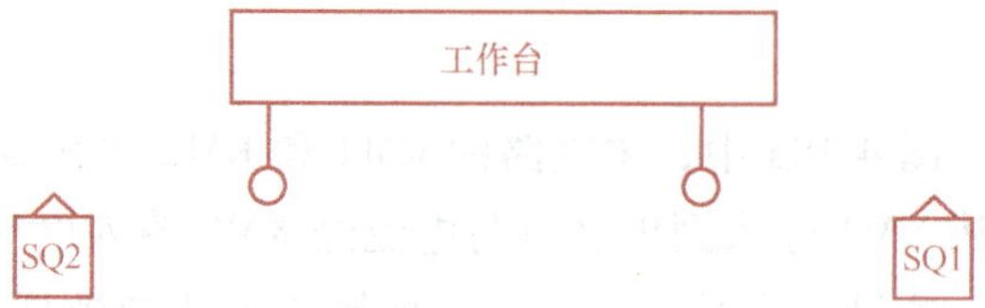

图 4-10　往返工作示意图

在机床的运动控制中，通常有动作顺序要求，如冷却泵电动机起动后主轴电动机才能起动、铣床中主轴转动后工作台才能移动或转动等。

不同电动机之间的起动顺序控制的方法有两种：一是通过控制电路中接触器触点位置实现；二是通过时间继电器来实现。

图 4-11 所示电路的工作原理如下：按下按钮 SB1，KM1 线圈得电，KM1 主触点闭合，M1 起动运行；KM1 自锁触点闭合自锁，为电动机 M2 的起动做准备。按下按钮 SB2，KM2 线圈得电，KM2 主触点闭合，M2 接着起动运行，KM2 自锁触点闭合自锁。

图 4-12 所示电路的工作原理如下：按下按钮 SB1，KM1 线圈得电，KM1 主触点闭合，M1 起动运行；通电延时继电器 KT 计时开始，计时时间到后，延时闭合常开触点 KT 闭合，KM2 线圈通电，KM2 主触点闭合，M2 接着起动运行。

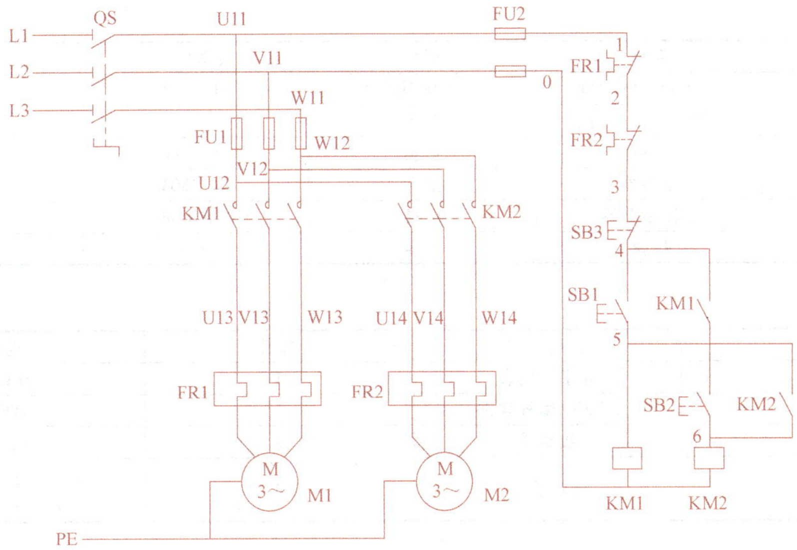

图 4-11　两台电动机的顺序起动电路（一）

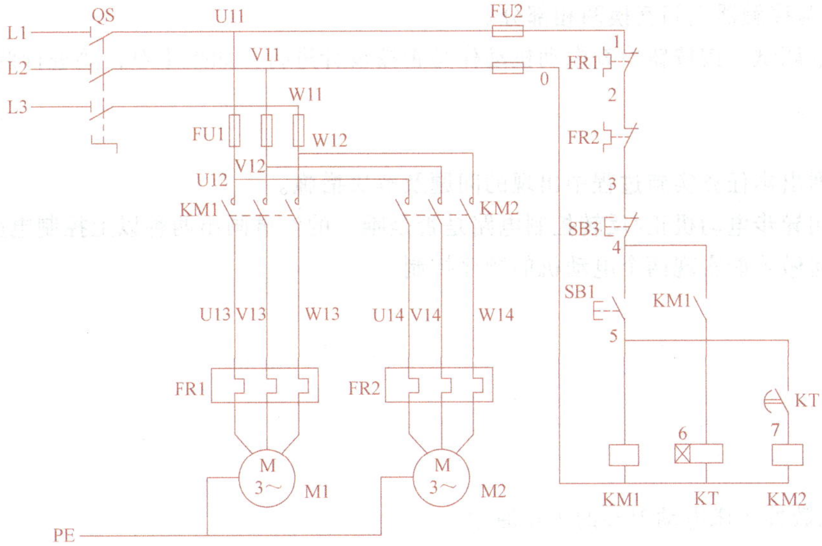

图 4-12　两台电动机的顺序起动电路（二）

用时间继电器控制电动机顺序起动比使用接触器触点方式控制的优势在于时间继电器的时间参数可以修改，弱势在于增加时间继电器会导致成本增加。

4.2.5　任务实施

1）绘制三相异步电动机正/反转电气原理图。

2）列出电气元件清单，填表 4-1。

3）列出工具清单，填表 4-2。

4）选配导线。三相异步电动机的主电路可以采用单股塑料铜芯线 BV2.5mm^2（黑），控制电路线采用 BV1.5mm^2（红），按钮线采用 LBVR0.75mm^2（红）。

表 4-1　电气元件清单（参考内容）

电气元件代号	名称	型号	技术数据	数量
M3~	三相异步电动机	宏达刀架电动机 DN90	AC 380V	1
PLC	可编程逻辑控制器	S7-200		1
KA	中间继电器	正泰	DC 24V	2
KM	接触器	正泰	AC 380V	2
QM	低压断路器	正泰	3 相 AC 380V	1
SB	按钮	正泰	常开	2

表 4-2　工具清单（参考内容）

序号	工具名称	数量	规格
1	数字万用表	1	FLUKE
2	S7-200 编程软件	1	STEP7
3	数据线	1	9 针 9 孔
4	螺钉旋具	4	3mm 一字、十字各 1 6mm 一字、十字各 1

5）电气连接。注意需要给每根导线编号，防止线多了后接乱。

6）断电检查。线接好后，先进行上电前的检查，用万用表检查三相电之间是否被误接通，尤其是两接触器之间互换两相部分。

7）通电调试。按按钮检查电动机动作是否按设计进行，如果不对，要进行调整。

4.2.6　检查评价

1）请列出本任务实施过程中出现的问题及解决措施。

2）三相异步电动机正/反转控制电路是否是唯一的？试画出两种以上控制电路。

3）如何做才能实现两个电动机的顺序控制？

4.3　任务 2　数控车床刀架控制系统装调

【教学目标】

1. 熟悉数控车床电动刀架的工作原理。
2. 了解转塔式刀架的机械结构。
3. 掌握电动刀架的控制电路、控制流程与 PLC 程序。

【素养目标】

1. 勇于奋斗，乐观向上，具有自我管理能力，有较强的集体意识和团队合作精神。
2. 尊重生命，热爱劳动，履行职业道德行为准则和规范，具有社会责任感和社会参与意识。
3. 具有质量观念、环保意识、安全意识、信息素养。
4. 具有独立解决问题的能力，求真务实的态度。

【任务描述】

根据电气原理图，绘制数控车床刀架控制电气原理图，进行数控车床刀架控制电气连接操作，并能够理解 FANUC 0i-TD 数控系统的刀架控制 PMC 程序，能诊断刀架 PMC 程序的故障，并能够理解刀架控制原理，为刀架类故障诊断打下坚实的基础。

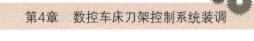

4.3.1　转塔式电动刀架的机械结构及工作原理

转塔式电动刀架又称回转刀架，是数控车床最常用的一种典型换刀机构，是一种最简单的自动换刀装置，四工位刀架是目前数控车床使用最多的一种，其实物图如图 4-1 所示。下面以此为例讲解电动刀架的工作原理。

1. 四工位回转刀架的机械机构

数控车床的 LD4 刀架结构如图 4-13 所示，其机械传动原理如下：

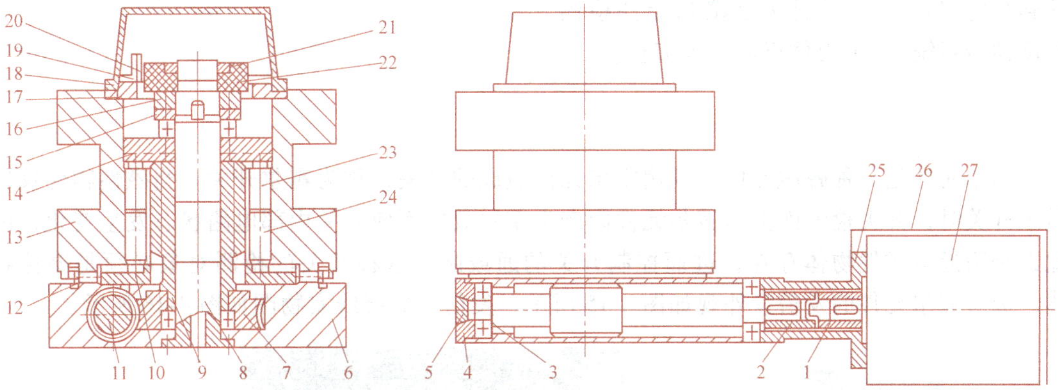

图 4-13　数控车床 LD4 刀架结构

1—右联轴器　2—左联轴器　3—调整垫　4—轴承盖　5—闷头　6—下刀体　7—蜗轮　8—定轴　9—螺杆　10—反靠盘　11—蜗杆　12—防护圈　13—上刀体　14—离合盘　15—止退圈　16—大螺母　17—罩座　18—铝盖　19—发信支座　20—磁钢　21—小螺母　22—发信盘　23—离合销　24—反靠销　25—联接座　26—电机罩　27—电动机

（1）初始状态　上刀体 13 与下刀体 6 之间是通过端面齿啮合的，离合销 23 没有进入离合盘 14，反靠销 24 落入反靠盘 10 的槽中。此时上刀体与下刀体之间是不能转动的。

（2）刀架抬起　电动机的旋转通过联轴器 1、2 传动到蜗杆 11，蜗杆 11 带动蜗轮 7 旋转，蜗轮 7 带动螺杆 9 转动，螺杆 9 通过其上的螺纹带动上刀体 13 抬起，使上刀体 13 与下刀体 6 之间原本啮合的齿盘脱开（此时离合销 23 进入离合盘 14 的槽内，反靠销 24 离开反靠盘 10 的槽），为刀架转位做好准备。

（3）刀架转位　由于此时上刀体与下刀体之间的端面齿啮合脱离开了，且反靠销离开了反靠盘的槽、离合销进入离合盘的槽中，电动机继续转动→蜗杆转动→蜗轮转动→螺杆转动→上刀体转动，每换一个刀位，发信盘 22 上的霍尔元件与磁钢 20 对准，发信号给系统，直到转动到所需要的刀位，正转停止。

（4）刀架反转　系统收到刀架旋转到位信号后，发出电动机反转信号，电动机开始反转→蜗杆反转→蜗轮反转→螺杆反转→上刀体反转，直到反靠销 24 进入反靠盘 10 的槽、离合销 23 脱离离合盘 14 的槽。

（5）刀架下降锁紧　反靠销 24 进入反靠盘 10 的槽、离合销 23 脱离离合盘 14 的槽后，上刀体 13 落下，上刀体与下刀体通过端面齿啮合锁紧，由于电动机的反转时间是通过定时器控制的，当反转时间到后，换刀结束。

刀架结构实物图如图 4-14 所示。

2. 电动刀架的工作原理

手动换刀或者自动换刀时，由霍尔元件检测当前刀位并反馈给 PMC。若当前刀位与指令刀位一致，则换刀结束；不一致则由数控系统发出换刀指令，驱动三相异步电动机先正转后反转，刀架的机械部分将电动机的旋转运动转化为上刀体抬起→刀架正向转动到指定刀位（是否到达由霍尔元件检测并反馈给系统）→上刀体反向锁紧刀位。

图 4-14　刀架结构实物图

4.3.2　霍尔元件介绍

霍尔元件是一种磁敏元件。利用霍尔元件做成的开关，称为霍尔开关。当磁性物件移近霍尔开关时，开关检测面上的霍尔元件因产生霍尔效应而使开关内部电路状态发生变化，由此识别附近有磁性物体存在，进而控制开关的通或断。这种开关的检测对象必须是磁性物体。装有霍尔元件的发信盘外观如图 4-15 所示，发信盘的接线实物图如图 4-16 所示。

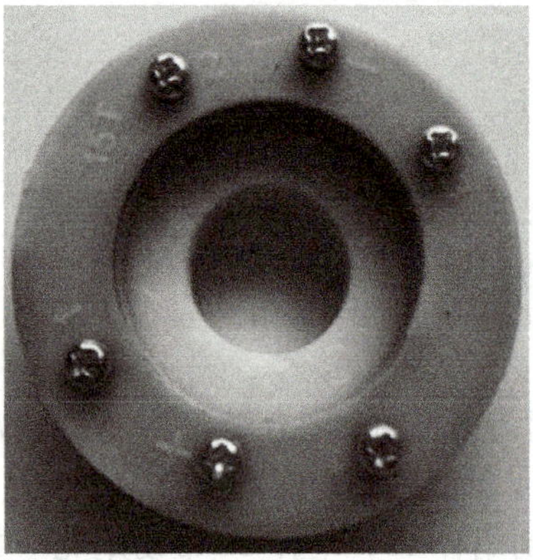
图 4-15　发信盘图

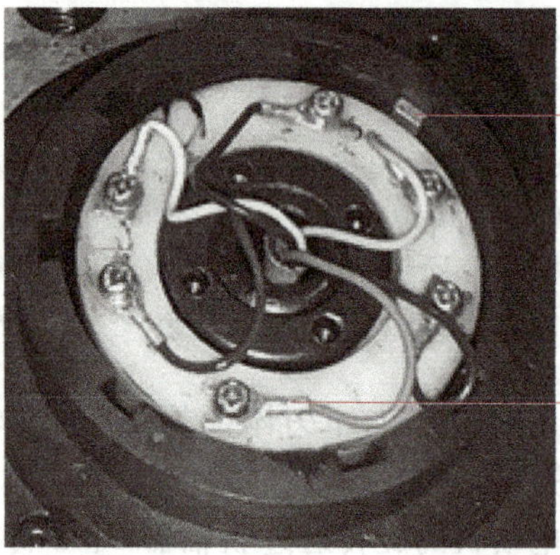

图 4-16　发信盘的接线实物图

霍尔元件集成到 LD4 电动刀架中的示意图如图 4-17 所示，用其中的 2 号线作为 1~4 号刀位信号线输入给 PMC 处理，1、3 号线为直流 24V 电源线。

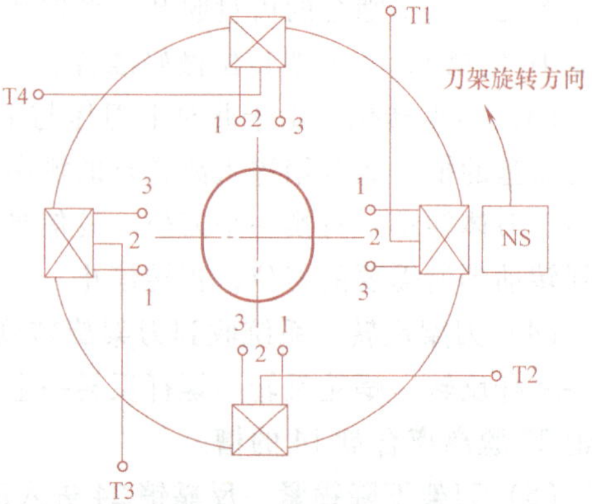

图 4-17　霍尔元件集成到 LD4 电动刀架中的示意图

4.3.3　电动刀架控制流程

电动刀架的控制流程图如图 4-18 所示。

4.3.4　电动刀架的控制电路

以 CKD6140I 数控卧式车床（系统为 FANCU

0i-TD）为例，介绍电动刀架的控制电路。

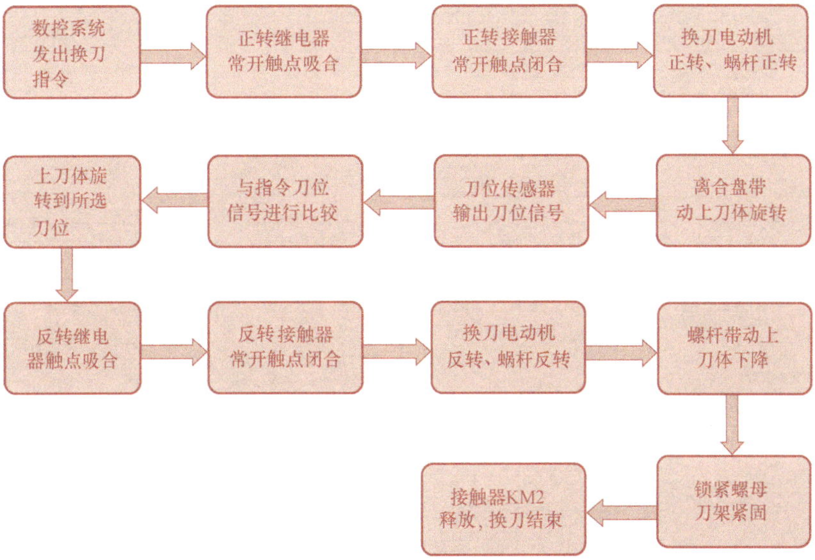

图 4-18　电动刀架的控制流程图

1. 主电路

刀架电动机 M2 的正转由接触器 KM2 主触点控制，反转由接触器 KM6 主触点控制，如图 4-19 所示。

2. 控制电路

图 4-20 所示为刀架控制电路。PMC 输出点位 Y0.3 和 Y0.4 分别控制中间继电器 KA4 和 KA5，再由中间继电器常开触点分别控制接触器 KM2 和 KM6 线圈是否得电。

3. 刀位信号

霍尔元件检测到的刀位信号 T1、T2、T3、T4 分别用输入信号点位 X4.6、X4.7、X5.0、X5.1 发送至 PMC。T5 和 T6 为预留信号点，以便能接入六工位刀架。电动刀架信号见表 4-3。

4.3.5　电动刀架控制的 PLC 程序

1. 换刀流程（图 4-21）

2. 换刀相关 PMC 信号地址（表 4-4）

3. 存储当前刀号的寄存器

一般情况下，发那科数控车床使用 D 寄存器存储当前刀号，且 D 寄存器有断电保存功能。本任务中使用 D12 寄存器。

4. 刀具位置编码

通常使用霍尔元件来检测刀位信号，一般一个刀位一个 X 信号。本任务中使用 X4.6、X4.7、X5.0、X5.1 检测 T1～T4 刀位。为便于比较当前刀位是否已经与用户输入值 F26 一致，将此四个信号进行编码处理，梯形图如图 4-22 所示。注意，此处点位为负逻辑，即没到位该点位为 1，压到该点位为 0。

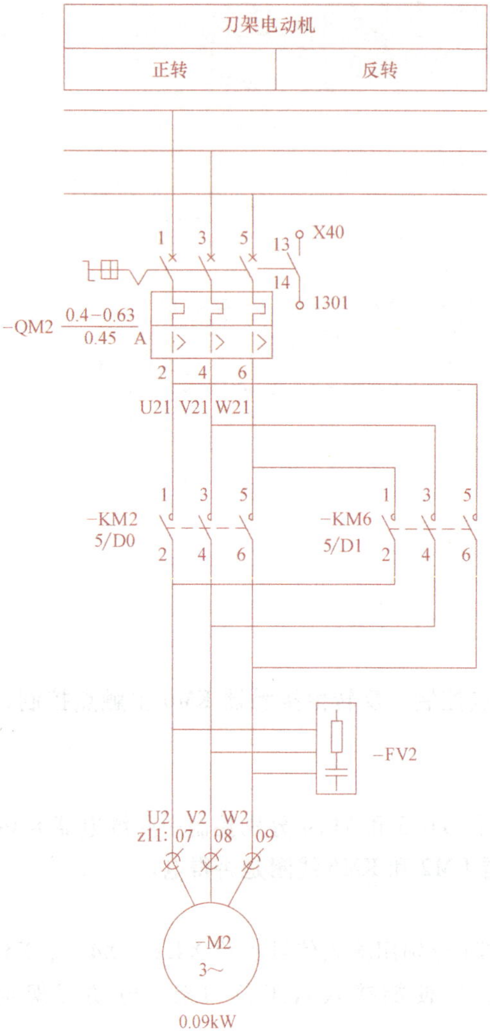

图 4-19　刀架主电路

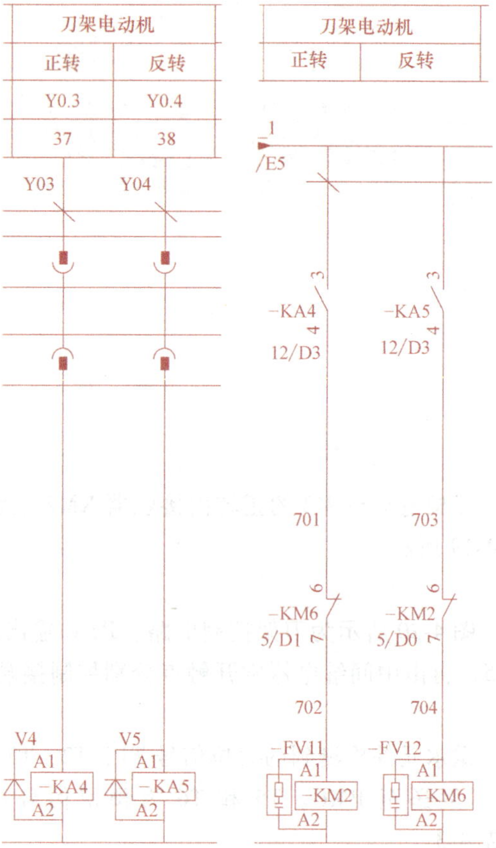

图 4-20　刀架控制电路

表 4-3　电动刀架信号

信号	T1	T2	T3	T4	T5	T6	锁紧
地址	X4.6	X4.7	X5.0	X5.1	X5.2	X5.3	X5.4

表 4-4　换刀相关 PMC 信号地址

信号地址	信号符号	信号名称	信号解释
F7.3	TF	刀具功能选通信号	数控程序中有 T 指令执行时，F7.3 接通
F26	T0~T7	刀具功能代码信号	用来解释用户输入的 T 后面的值
G4.3	FIN	结束信号	换刀指令完成时，需告诉系统换刀结束

将刀位信号编码至 R55，这样就可以直接比较 R55 与 F26 的值，以判断正转是否结束。刀位信号编码见表 4-5。

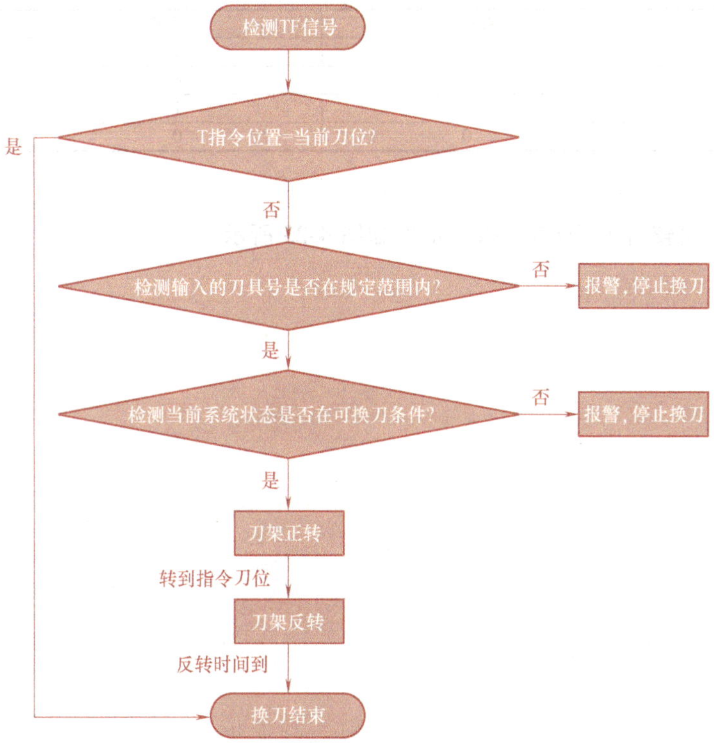

图 4-21　换刀流程

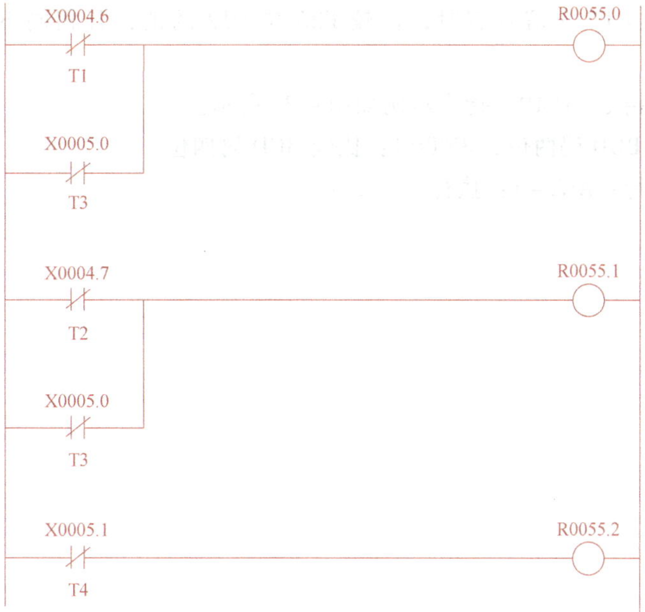

图 4-22　刀具位置编码梯形图

表 4-5　刀位信号编码

R55.2	R55.1	R55.0	霍尔元件检测值
0	0	1	T=1
0	1	0	T=2
0	1	1	T=3
1	0	0	T=4

5. 换刀相关功能指令

(1) 一致性比较指令 COIN　指令示例如图 4-23 所示。

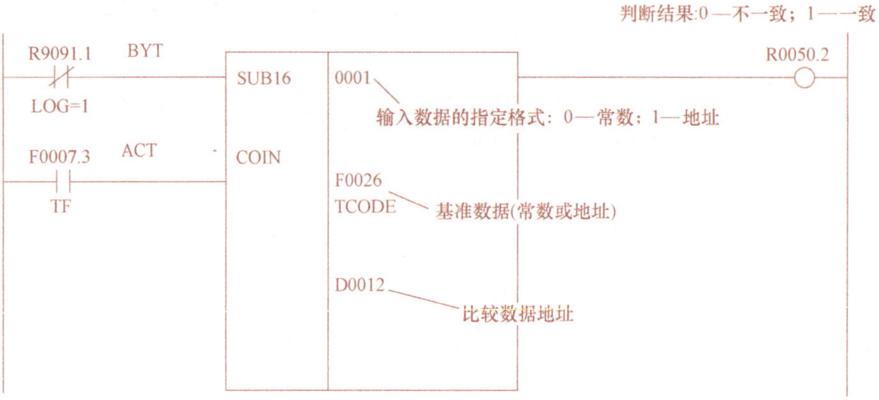

图 4-23　COIN 指令示例

BYT=0：比较两位 BCD；BYT=1：比较四位 BCD。

ACT=0：不执行；ACT=1：执行。

梯形图意义：当 F7.3 信号有时，比较 F26 与 D12 的值，若相同 R50.2=1；若不同 R50.2=0。

(2) 数据比较指令 COMP　指令示例如图 4-24 所示。

BYT=0：比较 BCD 码两位；BYT=1：比较 BCD 码四位。

ACT=0：不执行；ACT=1：执行。

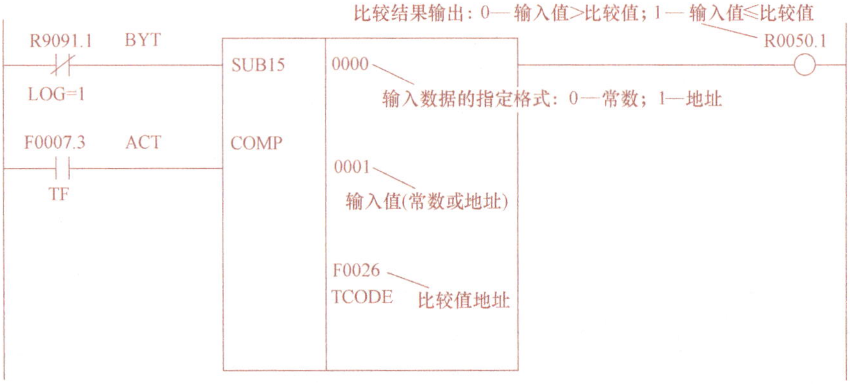

图 4-24　COMP 指令示例

梯形图意义：当 F7.3 信号有时，比较 F26 与 1 的大小。若 F26≥1，R50.1=1；若 F26<1，R50.1=0。

（3）数据传送指令 MOV　指令示例如图 4-25 所示。

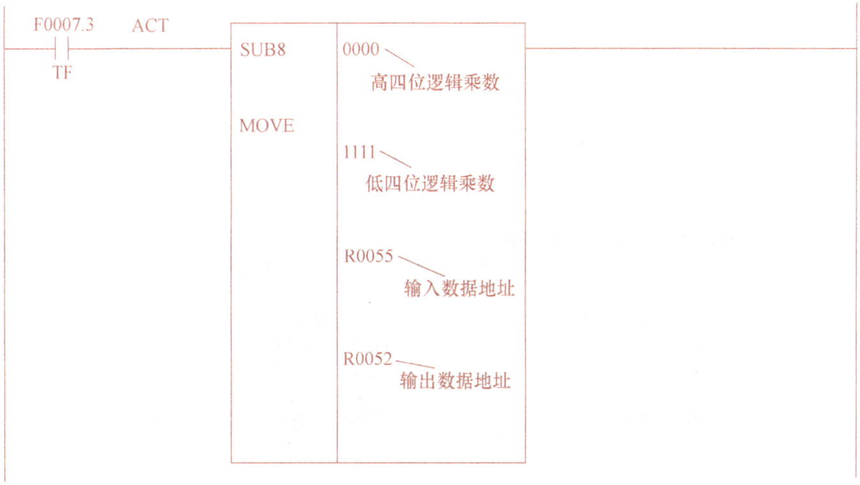

图 4-25　MOV 指令示例

ACT=0：不执行；ACT=1：执行。

梯形图意义：当 F7.3 信号有时，将 R55 的低四位输出给 R52。

（4）固定定时器处理 TMRB　指令示例如图 4-26 所示。

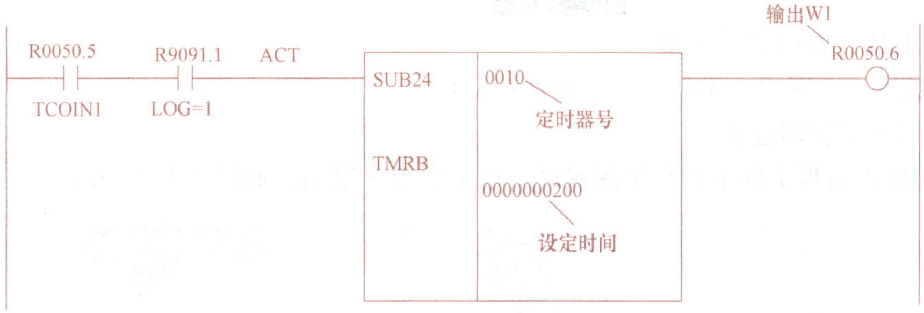

图 4-26　TMRB 指令示例

ACT=0：断开时间继电器；ACT=1：启动定时器

定时器号：1~100。设定时间：单位为 ms，最大值为 262136。

输出 W1：ACT 接通定时器时间后，输出接通。

梯形图意义：当 R50.5 接通 200ms 后，R50.6 有输出。

（5）可变定时器处理 TMR　指令示例如图 4-27 所示。

ACT=0：断开时间继电器；ACT=1：启动定时器。

定时器号：1~8 号分辨率为 48ms；9 号以后分辨率为 8ms。定时器的时间设定在定时器设定画面（图 4-28）进行。

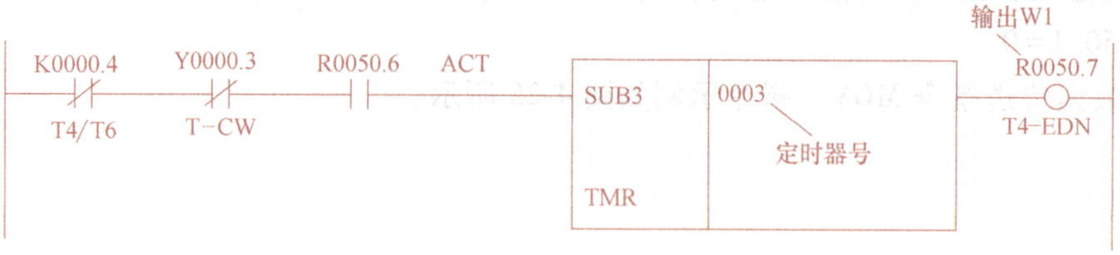

图 4-27　TMR 指令示例

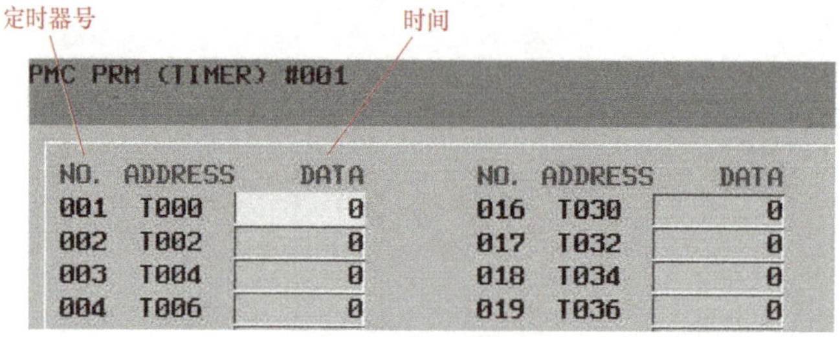

NO.	ADDRESS	DATA	NO.	ADDRESS	DATA
001	T000	0	016	T030	0
002	T002	0	017	T032	0
003	T004	0	018	T034	0
004	T006	0	019	T036	0

图 4-28　定时器设定画面

输出 W1：ACT 接通设定的定时器时间后，输出接通，其时序图如图 4-29 所示。

梯形图意义：当 R50.6 接通设定的时间（K0.4 和 Y0.3 保持接通）后，R50.7 有输出。

图 4-29　定时器时序图

4.3.6　任务实施

1. 刀架拆装实训

（1）工具　所用工具主要有内六角扳手、尖嘴钳、木槌、十字槽螺钉旋具。

（2）刀架的拆卸过程

1）用内六角扳手拆下四个紧固螺母，取下铝盖、罩座，如图 4-30 所示。

图 4-30　拆卸铝盖和罩座

2）用十字槽螺钉旋具拆下刀位线后用手拧下小螺母（如果小螺母太紧，用木槌和十字槽螺钉旋具先轻轻敲松，再用手拧下），取下霍尔元件，如图 4-31 所示。

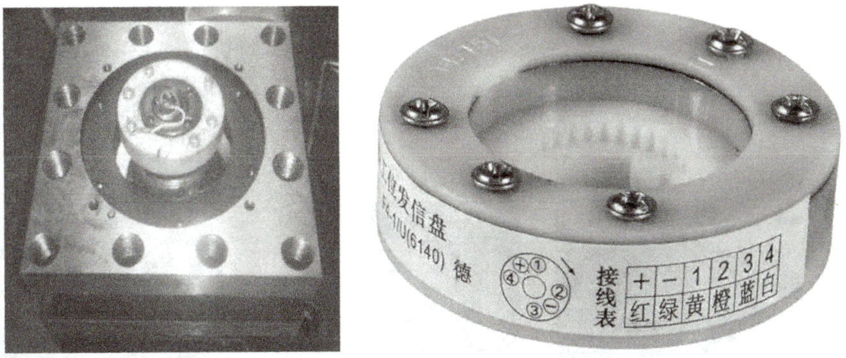

图 4-31　拆卸霍尔元件

3）用手拧下大螺母（如果大螺母太紧，用木槌和十字槽螺钉旋具先轻轻敲松，再用手拧下大螺母），取出止退圈，用尖嘴钳夹出键并将其放在比较容易看见的地方（由于键比较小，在取出时要小心，以防丢失），再取出轴承（注意轴承的方向），如图 4-32 所示。

图 4-32　拆卸止退圈、键及轴承

4）用尖嘴钳夹出离合盘，再取出定位销、离合销和弹簧（用手压住离合盘，用记号笔做好高度记号），如图 4-33 所示。

5）拿起上刀体立放在桌子上，用手拧出定轴，取下反靠销，如图 4-34 所示。

（3）刀架的安装过程

1）将定轴上的键槽对准下刀体的键，用手压下去，如图 4-35 所示。

2）把反靠销装在上刀体上，将上刀体从定轴的顶端顺时针往下旋转（当定轴的顶端与上刀体内侧凹面平行时，停止旋转），如图 4-36 所示。

3）把定位销、离合销和弹簧装在上刀体，调整离合销高度，用内六角扳手转动刀架，使定位销和离合销的位置与离合盘上的位置一致时停止转动，如图 4-37 所示。

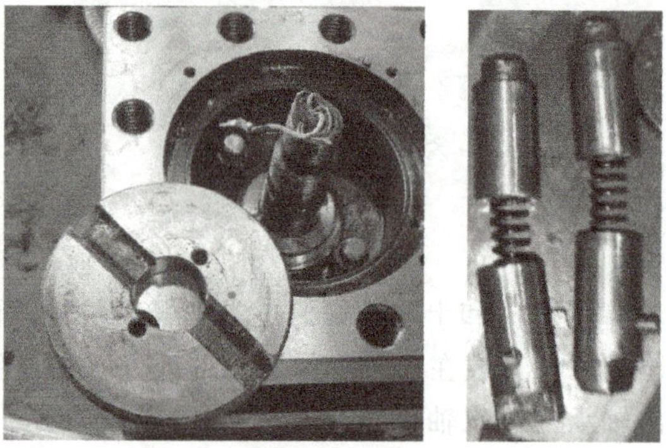

图 4-33　拆卸离合盘及其他附件

图 4-34　拆卸定轴和反靠销

图 4-35　安装定轴

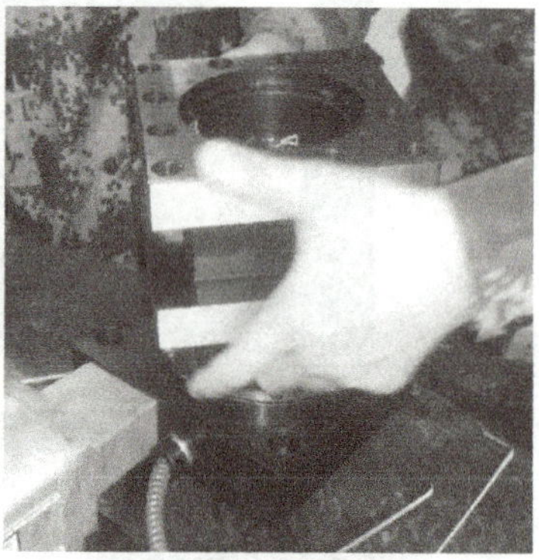

图 4-36　安装反靠销和上刀体

4）安装离合盘（图 4-38）。

图 4-37　安装定位销、离合销及弹簧

图 4-38　安装离合盘

5）安装轴承，如图 4-39 所示，注意轴承的方向。

6）安装止退圈，把止退圈的键槽对准定轴的键槽，用尖嘴钳夹住小键放入键槽，再拧紧大螺母，如图 4-40 所示。

图 4-39　安装轴承

图 4-40　安装止退圈、键及大螺母

7）装好霍尔元件，拧紧小螺母，用十字槽螺钉旋具装好刀位线，如图 4-41 所示。

8）装好罩座、铝盖，如图 4-42 所示。

图 4-41　安装霍尔元件、小螺母和刀位线

图 4-42　安装罩座和铝盖

2. PMC 联调实训

（1）PMC 基本设置　按系统面板【SYSTEM】键，再按软键【+】，直到显示【PMCCNF】键，按软键【设定】，进入 PMC 设定界面，如图 4-43 所示。

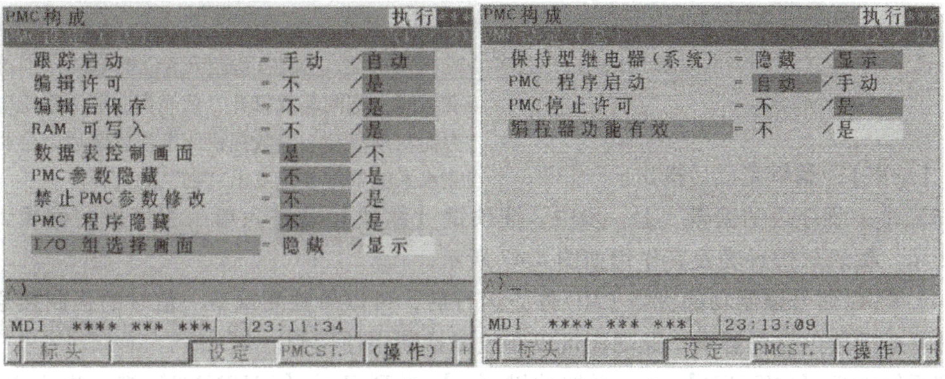

图 4-43　PMC 设定界面

（2）PMC 梯形图编辑　按系统面板【SYSTEM】键，再按软键【+】直到显示【PM-CLAD】键，显示梯形图，如图 4-44 所示。按【列表】软键，显示梯形图一览表。

按软键【操作】→【缩放】或者按【梯形图】软键，显示梯形图，如图 4-45 所示。

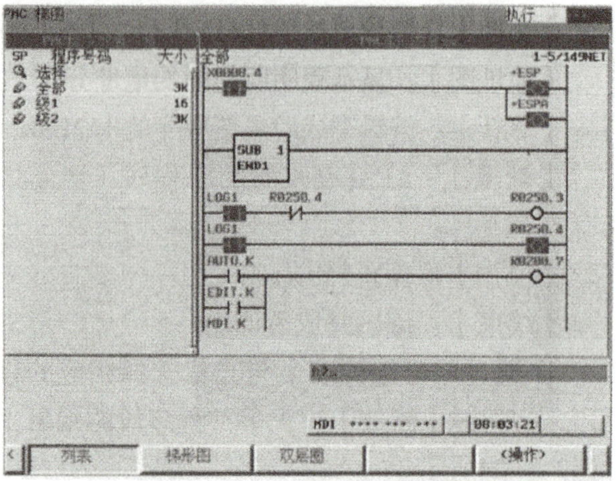

图 4-44　梯形图显示界面

各操作软键功能分别是：【列表】，显示程序的结构组成；【搜索】，进入检索方式；【缩放】，单独显示光标所在位置的梯形图；【产生】，在光标之前编辑新的网格；【自动】，地址号自动分配；【选择】，选择需复制、删除、剪切的程序；【复制、删除、剪切、粘贴】，复制、删除、剪切、粘贴所选程序；【更新】，编辑完成后更新程序的 RAM 区；【恢复】，恢复更改前的原程序；【停止】，停止 PMC 运行；【结束】，编辑完成后推出。

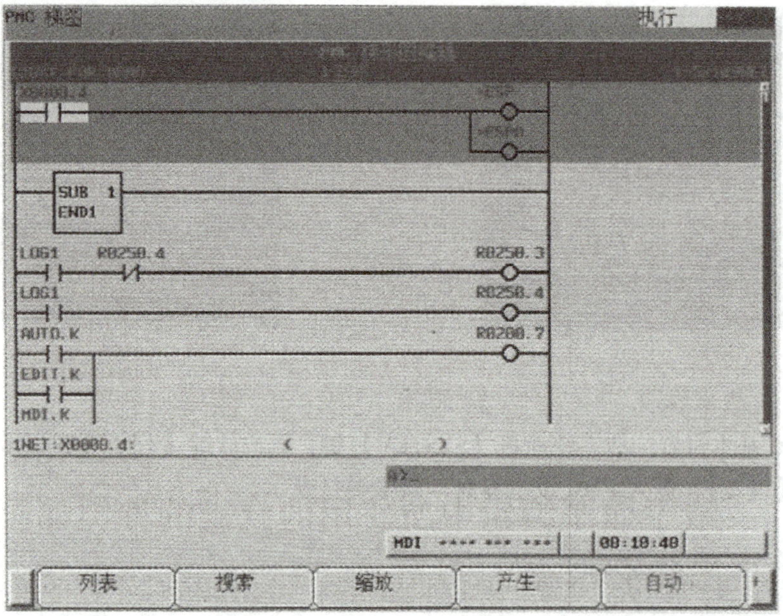

图 4-45　梯形图放大界面

（3）单一程序段的编辑　上一步中，按软键【缩放】可进入单一程序段的编辑，如图 4-46 所示。编辑软键种类及其作用如图 4-47 所示。

（4）PMC 信号强制功能　当 PMC 停止运行后，可以单独测试某一信号的强制接通 1 或者断开 0 对后续电路的影响。此功能可以在故障诊断中使用到。

按系统面板【SYSTEM】键，再按软键【+】直到显示【PMCMNT】键，进入 PMC 信

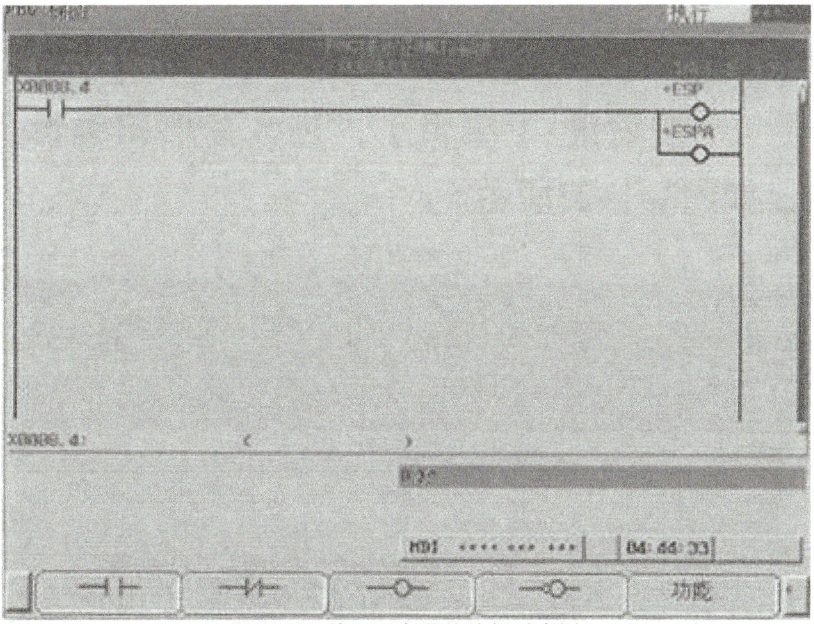

图 4-46 单一程序段的编辑示意图

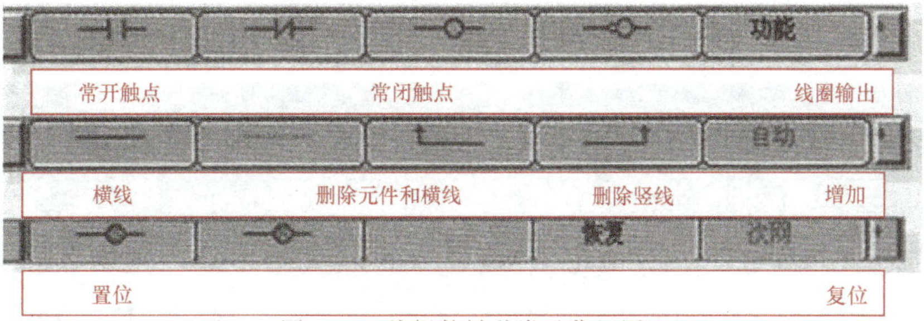

图 4-47 编辑软键种类及作用图

号显示界面，如图 4-48 所示。

输入信号地址后，利用软键【搜索】或者【翻页】键，将光标定位到所需要强制 0/1 的信号地址上。再按软键【强制】→【+】进入图 4-49 所示界面，按软键【开】即强制该信号输出 1，按软键【关】即强制该信号输出 0。

4.3.7 检查评价

1. 根据 LD4 刀架结构和刀架电路图回答以下问题

1）LD4 刀架由哪些机械零件组成？

2）电动机的运动是如何传递到刀架的？刀架转位是各零件之间如何密切配合完成的？

3）如果反靠销、定位销损坏，刀架能否正常运转？为什么？

4）刀架上的发信盘的刀位可不可随意换？为什么？

2. 根据 4.3.8 拓展资料中的刀架控制 PMC 程序，回答以下问题

1）输出信号 Y0.3 与 Y0.4 信号能否互换？为什么？

2）刀位信号是如何编码的？有没有新的方式？

3）如何在 PMC 程序中增加一行程序？如何操作？

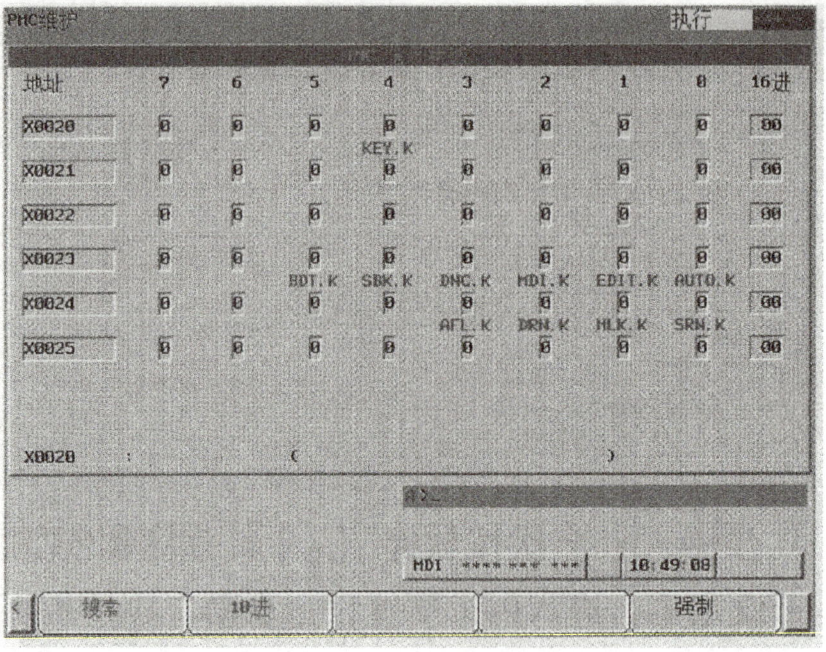

图 4-48　PMC 信号显示界面

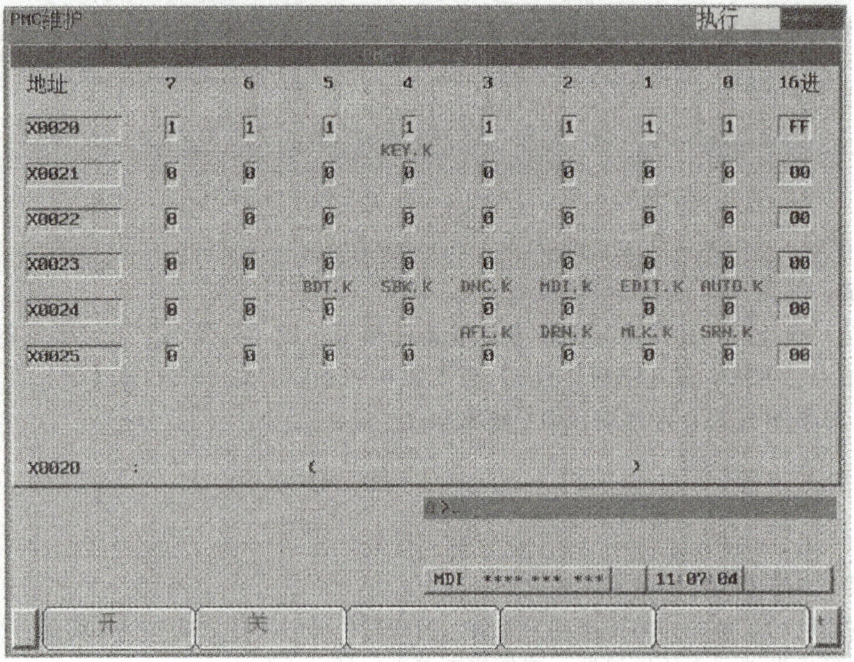

图 4-49　PMC 信号强制界面

4）当前刀位保存在什么地方？断电后能保存吗？

4.3.8　拓展资料

图 4-50 所示为机床刀架换刀的完整 PMC 程序，供大家参考。

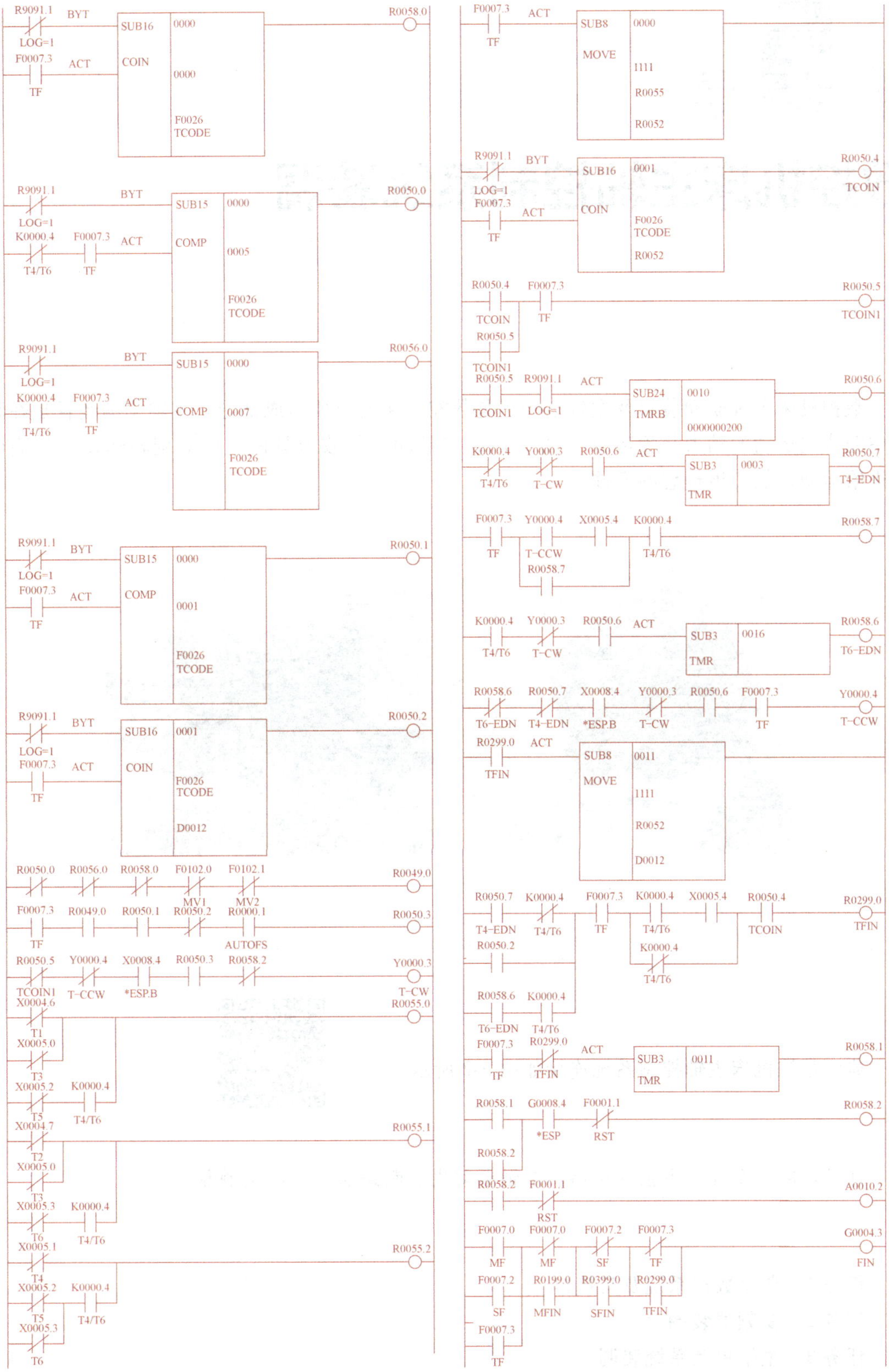

图 4-50 机床刀架换刀的完整 PMC 程序

第5章 数控机床主轴控制系统装调

5.1 情境引入

数控机床主轴驱动装置及主轴电动机是数控机床的重要组成部分。主轴驱动装置是在系统中完成主运动的动力装置部分（图 5-1），它带动工件或刀具做相应的旋转运动，从而配合进给运动，加工出理想的零件。

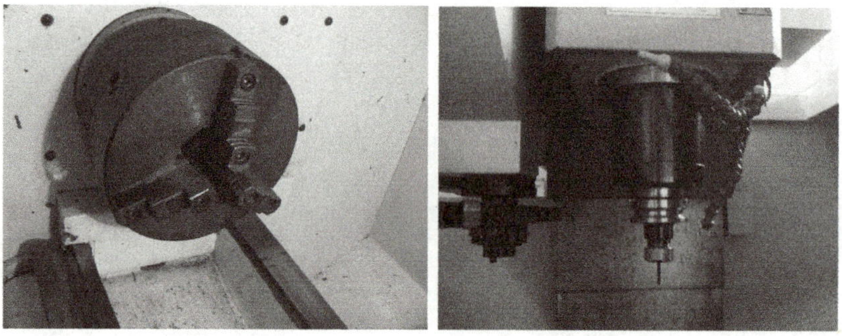

a) 数控车床主轴　　b) 铣削加工中心主轴

图 5-1　数控机床主轴

【典型结构】

典型数控机床主轴控制系统连接如图 5-2 所示。

【涉及元件】

计算机数控系统、主轴变频器、主轴电动机、断路器、交流接触器

【情景任务】

任务 1　典型数控系统及其接口
任务 2　变频器装调
任务 3　主轴控制系统装调

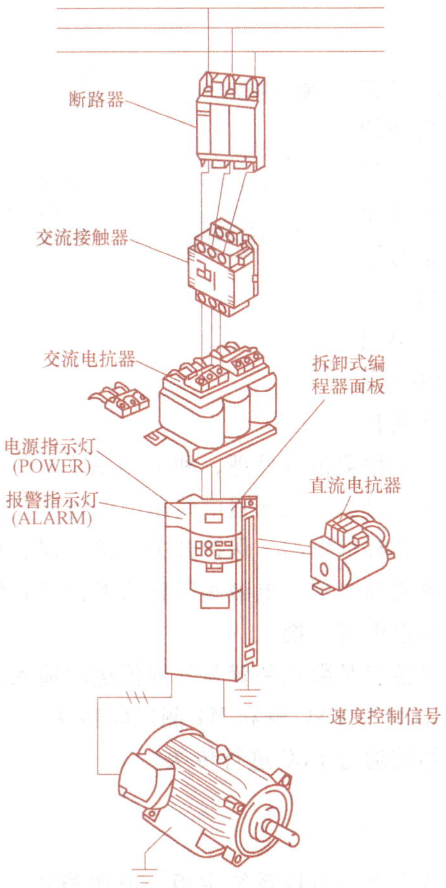

图 5-2　数控机床主轴控制系统连接

5.2　任务1　典型数控系统及其接口

【教学目标】

1. 掌握数控系统接口定义及功能分类。
2. 掌握典型数控系统中主轴控制系统的连接方法。

【素养目标】

1. 培养工作有计划、科学、认真、严谨的作风。
2. 增强学生用电安全意识。
3. 培养学生团队合作意识。
4. 对比国内外主流数控系统的设计，强调自主品牌的重要性。

【任务描述】

根据数控系统中主轴控制连接图（图 5-3），找出数控系统主轴控制线路。

5.2.1 数控系统结构

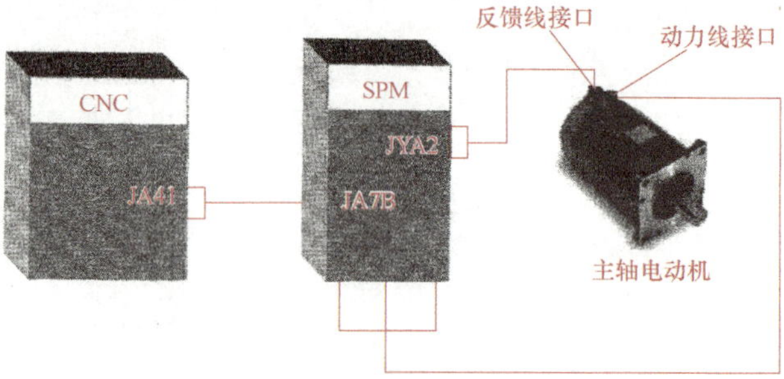

图 5-3 数控系统主轴控制连接图

数控系统的“接口”是数控装置与机床及机床电气设备之间的电气连接部分。接口分为 4 种类型，如图 5-4 所示。第一类是与驱动命令相连的接口，第二类是与测量系统和测量装置相连的接口；第三类是电源及保护电路接口；第四类是开关量信号和代码信号接口。第一、二类接口传送的是控制信息，属于数字控制、伺服控制及检测信号处理，和 PLC 无关。

第三类电源及保护电路接口是数控机床强电线路中的电源控制电路组成部分。强电线路由电源变压器、控制变压器、各种继电器、保护开关、接触器、功能继电器等连接而成，为辅助交流电动机、电磁铁、电磁离合器、电磁阀等到功率执行元件供电。强电线路不能与弱电线路直接连接，必须经中间继电器转换。

第四类开关量和代码信号接口是数控装置与外部传送的输入、输出控制信号接口。数控机床不带 PLC 时，这些信号直接在 CNC 侧和 MT 侧之间传送。当数控机床带有 PLC 时，这些信号除少数高速信号外，均需通过 PLC 进行传送。

5.2.2 FANUC 0i-D 数控系统的结构与接口

从硬件角度讲，数控系统主要由数控系统主板、电源模块、主轴模块、伺服模块、I/O 模块等构成。数控系统通过接口和这些模块建立联系，然后通过这些模块驱动数控机床执行部件，使数控机床按照指令要求有序地工作。

FANUC 0i-D 数控系统的主板结构与接口如图 5-5 所示。主板上方有两个风扇，便于主板散热。主板右下方有 DC 3V 的锂电池，是存储器的后备电池。用户所编制的零件加工程序、刀具偏置值以及系统参数等存储在控制单元的 CMOS（互补金属氧化物半导体）存储器中，当系统主电源切断时，可由锂电池继续供电，“记忆”这些数据。因此当电池电压下降到一定程度，显示器上出现“BAT”报警时，应及时更换电池，防止数据丢失。

（1）电源接口 CP1　数控系统控制单元主板正常工作时需要外部提供 DC 24V 电源。因此，外部 AC 220V 电源经过开关电源整流后变为 DC 24V，通过电源 CP1 接口输入，供主板工作。

（2）串行主轴/位置编码器接口 JA41　FANUC 数控系统对机床主运动的控制是通过主轴放大器来实现的。数控系统将串行主运动指令通过 JA41 接口传递给主轴放大器的 JA7B 接口，主轴放大器经过变频调速控制给主轴电动机输出动力电源。CNC 装置、主轴放大器、主轴电动机的连接关系如图 5-3 所示。

关于串行主轴接口 JA41，有以下几点需要说明：

1）该接口所连接的放大器一定是串行主轴放大器。

2）当系统使用模拟主轴时，应使 CNC 模拟主轴接口与放大器连接，串行主轴接口此时用于连接模拟主轴位置编码器。

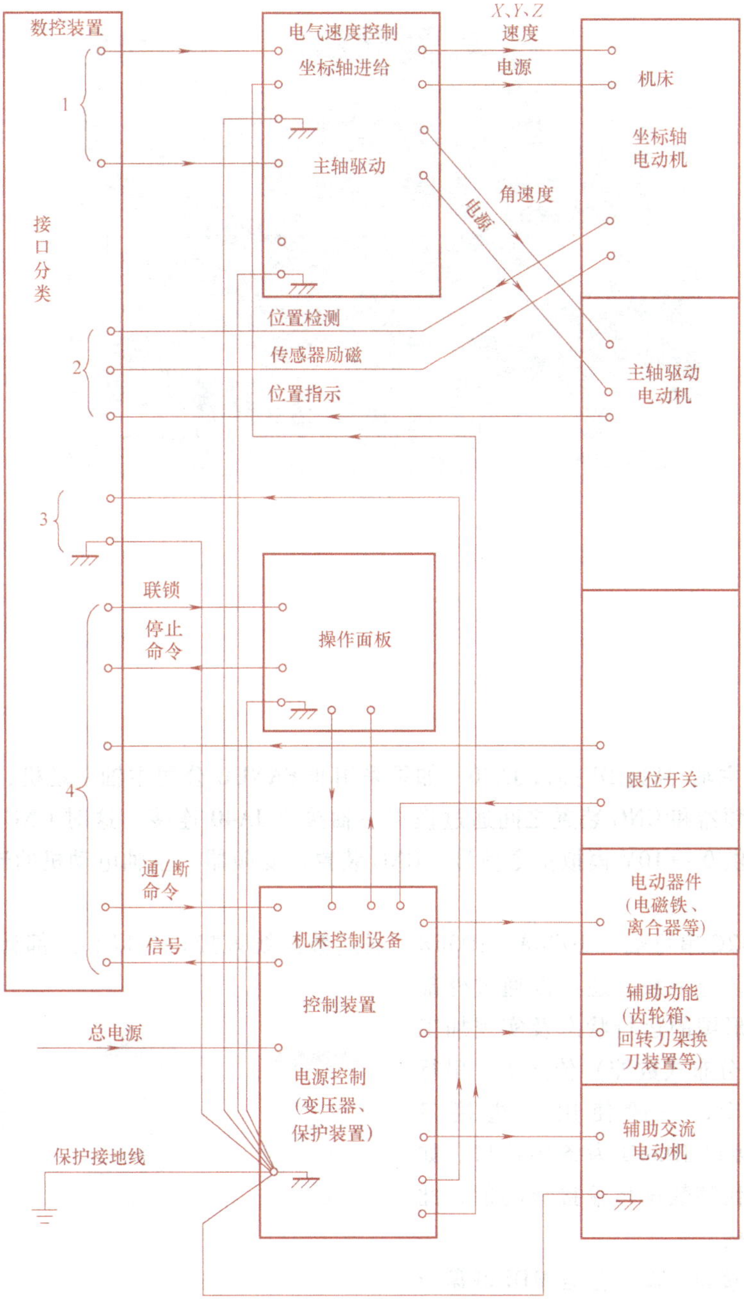

图 5-4　数控系统的接口

(3) I/O LINK 接口 JD51A　数控机床各坐标轴的运动控制，即用户加工程序中的 G、F 指令部分，由数控系统控制实现；而数控机床的顺序逻辑动作，即用户加工程序中的 M、S、T 指令部分，由 PMC 控制实现，其中包括主轴速度控制、刀具选择、工作台更换、回转工作台分度、工件夹紧与松开等。这些来自机床侧的输入、输出信号与 CNC 装置之间是通过 I/O LINK 建立通信联系的。

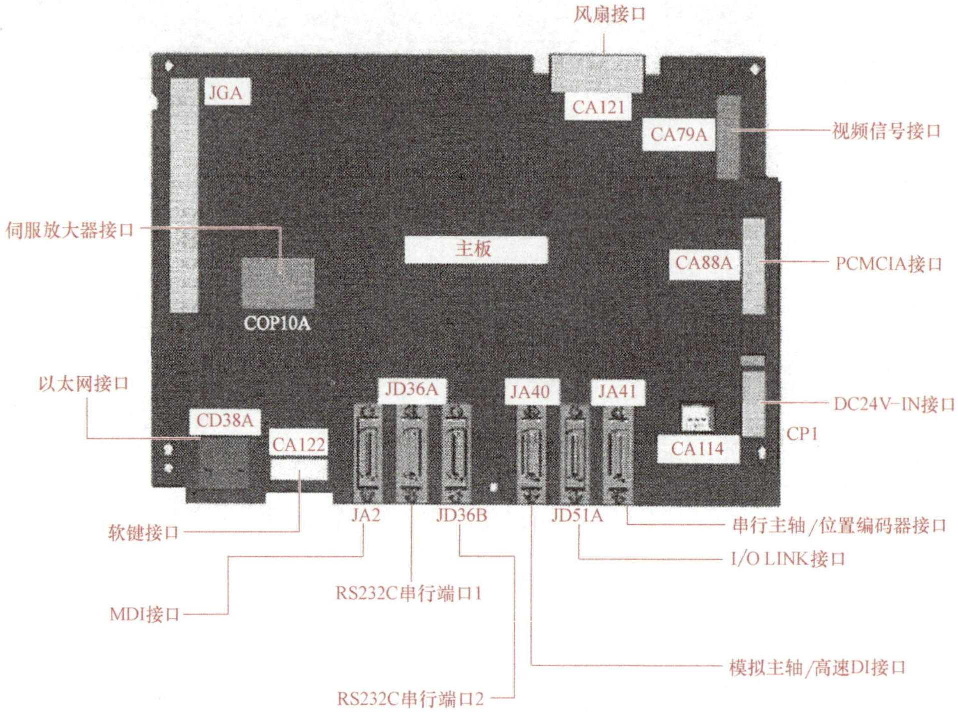

图 5-5 FANUC 0i-D 数控系统的主板结构与接口

（4）模拟主轴/高速 DI 接口 JA40 如果采用非 FANUC 公司主轴电动机，则可以采用变频器驱动，变频器和 CNC 装置之间通过模拟主轴接口 JA40 连接，这时 CNC 装置通过该接口给变频器提供 0~+10V 模拟指令信号。CNC 装置、变频器、主轴电动机的连接如图 5-6 所示。

（5）RS232C 串行端口 JD36A、JD36B 通过数据线该接口可以和外部计算机相连，实现梯形图的上传与下载，还可以通过外部计算机监控梯形图的运行状态及实现加工程序的 DNC（分布式数控）传送等。串行端口共有两个，一般使用左边接口 JD36A，右边接口 JD36B 为备用接口。如果使用存储卡代替数据传输接口功能，此接口可以不连接。

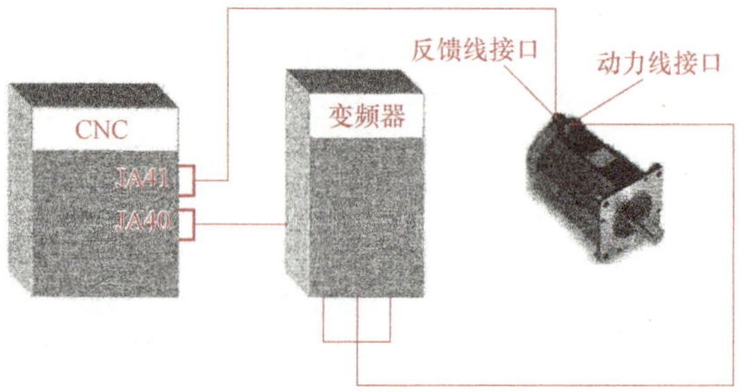

图 5-6 CNC 装置、变频器、主轴电动机的连接

（6）MDI 接口 JA2 它是 MDI 键盘与数控系统连接的接口。这个接口在数控系统出厂时已经连接好，不需要改动。

（7）软键接口 CA122 该接口是显示器下面软键与数控系统连接的接口。同样，这个接口在数控系统出厂时已经连接好，不需要改动。

（8）伺服放大器接口 COP10A 伺服放大器通过公共接口 COP10A、COP10B 接收 CNC 装置发出的进给运动速度和位移指令信号，对传送过来的信号进行转换和放大处理，驱动各轴伺服电动机运转，实现刀具和工件之间的相对运动。FANUC 数控系统与伺服放大器接口之间采用发那科串行伺服总线（Fanuc Serial Servo Bus，FSSB），该总线采用专用光缆。对于FANUC 单台伺服放大器，有驱动一轴的，有驱动两轴的，有驱动三轴的；从另外一个角度，一台数控机床根据进给轴数量不同、伺服放大器驱动轴数的不同有多种配置方式。CNC 装置、伺服放大器、伺服电动机的连接如图 5-7 所示。

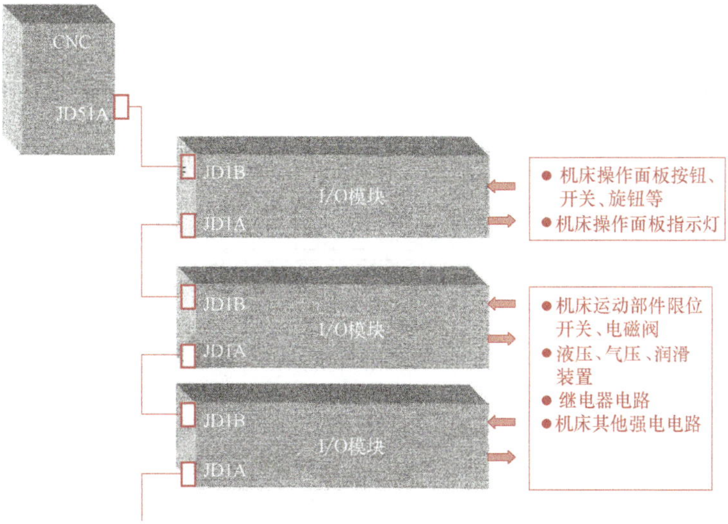

图 5-7　CNC 装置、伺服放大器、伺服电动机的连接

5.2.3　FANUC 0i-D 数控系统的综合连接

FANUC 0i-D 数控系统的综合连接如图 5-8 所示。

5.2.4　任务实施

进行数控系统硬件连接时，按以下步骤进行：

1. 连接准备

1）读懂并理解数控系统综合连接图。

2）核对数控系统主板、电源模块、主轴模块、伺服模块、I/O 模块等的安装位置，弄清楚各模块的接口定义，明确各模块的控制对象，选择合适的数据线进行接口之间的连接，并确保连接可靠。

2. 通电检查

按照数控系统综合连接图将硬件连接完毕后，应通电检查连接是否可靠。数控系统通电顺序如下：

1）接通机床 AC 200V 电源。

2）接通伺服放大器 AC 200V 控制电源。

3）接通 I/O LINK 连接的从属设备电源，接通显示器电源，接通 CNC 控制单元电源。

3. 规范断电

按照下面的顺序关断相应电源：

1）关断 I/O LINK 连接的从属设备电源，关断显示器电源，关断 CNC 控制单元电源。

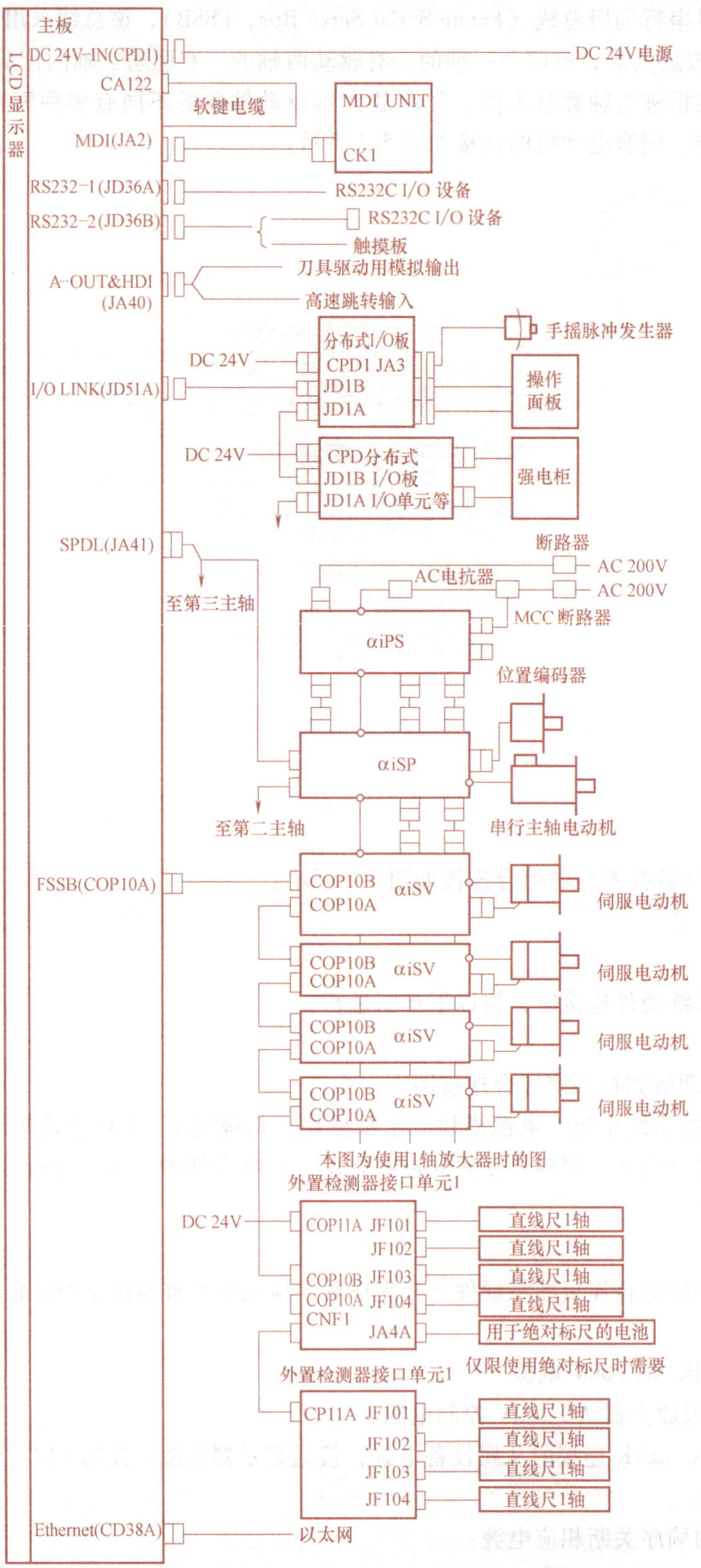

图 5-8　FANUC 0i-D 数控系统的综合连接

2）关断伺服放大器 AC 220V 控制电源。

3）关断机床 AC 220V 电源。

5.2.5　检查评价

1）认识你所在学校机床上的数控系统接口，了解其性质及功能。

2）根据现有设备的数控系统综合连接图，以小组协作形式，正确地完成连接工作。

3）按规范进行数控系统的通/断电调试，进行自评、互评，并完成相应的实训报告。

5.3　任务2　变频器装调

【教学目标】

1. 了解变频器的工作原理。
2. 熟悉 SIEMENS MM420 变频器（图 5-9）。
3. 掌握 SIEMENS MM420 变频器的端子连接。
4. 利用变频器面板操作控制电动机正/反转。

图 5-9　SIEMENS MM420 变频器外形图

【素养目标】

1. 培养学生家国情怀。
2. 引导学生热爱祖国。
3. 培养学生的工匠精神。

【任务描述】

通过了解 SIEMENS MM420 变频器的工作原理与端子连接，利用 SIEMENS MM420 变频器面板命令控制电动机正/反转。

5.3.1　三相异步电动机的调速原理

1. 三相异步电动机的结构

三相异步电动机按转子结构形式不同分为笼型转子和绕线转子两种。图 5-10 所示为一台笼型三相异步电动机的结构。异步电动机由两个基本部分组成：固定部分——定子；转动

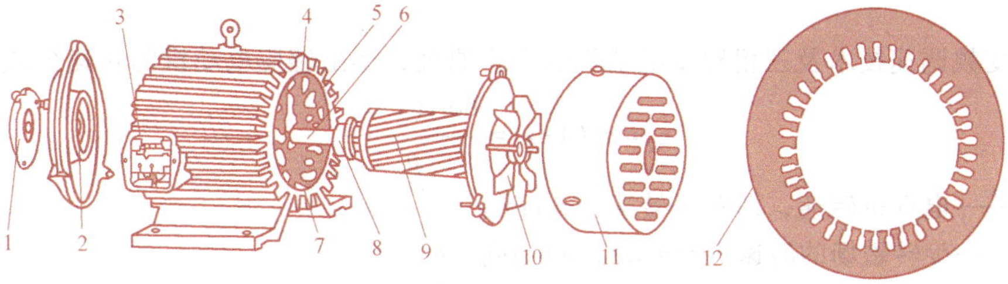

图 5-10　笼型三相异步电动机的结构

1—轴承盖　2—端盖　3—接线盒　4—定子铁心　5—定子绕组　6—转轴
7—机座　8—轴承　9—转子　10—风扇　11—罩壳　12—定子冲片

部分——转子。定子和转子之间有很窄的气隙。支承转子的端盖 2 用螺栓固定在定子外面的机座 7 壳上。

（1）定子　定子由机座 7、定子铁心 4、定子绕组 5 和端盖 2 组成。机座一般由铸铁制成，定子铁心由 0.5mm 厚的硅钢片叠成，片与片之间涂有绝缘漆。三相定子绕组是定子的电路部分，它可以接成星形，也可以接成三角形，根据供电电压而定。当电网线电压为 380V、电动机定子各相绕组额定电压是 220V 时，定子绕组必须接成星形。当电动机定子各相绕组额定电压是 380V 时，定子绕组必须接成三角形。

（2）转子　转子由硅钢片叠压在转轴上组成，转子硅钢片表面上有均匀分布的槽，槽内嵌放（或浇铸）转子绕组。笼型转子绕组是由嵌放在转子铁心线槽内的导体（铜条或铸铝）组成的，如图 5-11a 所示。绕线转子绕组和定子绕组一样，也是一个用绝缘导线绕成的三相对称绕组，被嵌放在转子铁心槽中，如图 5-11b 所示。

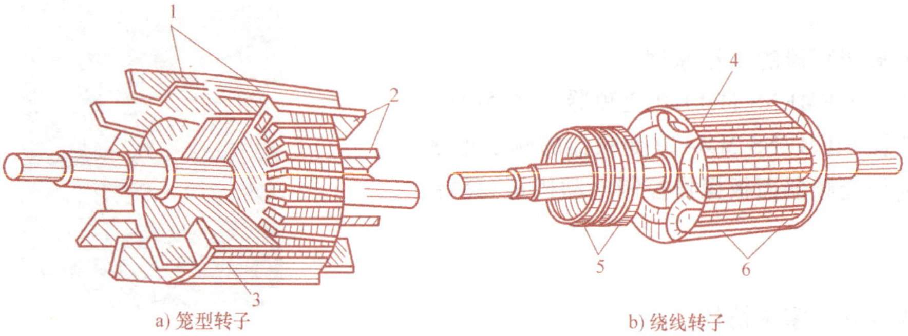

图 5-11　异步电动机的转子结构

1—铸铝条　2—风叶　3—转子铁心　4—铁心　5—集电环　6—转子绕组

三相异步电动机的旋转磁场的转速为

$$n_1 = \frac{60f_1}{p} \tag{5-1}$$

式中　n_1——旋转磁场的转速（r/min）；

f_1——定子电流频率（Hz）；

p——旋转磁场的磁极对数。

旋转磁场的转速 n_1 又称为同步转速。它取决于定子电流频率 f_1，（即电源频率）和旋转磁场的磁极对数 p。由式（5-1）可知，三相异步电动机磁极对数越多，旋转磁场的转速越慢，但所用线圈及铁心都要加大，电动机体积和尺寸也要加大，所以对磁极对数 p 有一定的限制。

2. 调速原理

根据变频调速技术及三相异步电动机的工作原理，得出感应电动机的转速公式为

$$n_2 = n_1(1-s) = \frac{60f_1(1-s)}{p} \tag{5-2}$$

式中　n_2——电动机转速，即转子转速（r/min）；

n_1——旋转磁场的转速（r/min），$n_1 = 60f_1/p$；

s——转差率，即旋转磁场转速与转子转速相差的程度，$s = (n_1 - n_2)/n_1$；

f_1——电流频率（Hz）；

p——磁极对数（定子铁心）。

因此调速方式有：①改变转差率 s（变转差率调速）；②改变磁极对数 p（变级调速）；③改变供电电流频率 f_1（变频调速）。

由上面分析可知，如果在定子绕组中通入三相对称电流，产生顺时针方向转动且同步转速为 n_1 的旋转磁场。这时静止的转子导体与旋转磁场之间存在着相对运动，相当于磁场静止而转子导体逆时针方向切割磁力线，从而产生感应电动势，其方向可根据右手定则确定。由于转子绕组是闭合的（笼型转子通过短路环连接成回路，绕线转子通过外接电阻连接成回路），于是在感应电动势的作用下，绕线内有感应电流流过。通有电流的转子因处于磁场中，与旋转磁场相互作用，根据左手定则，便可确定转子导体所受电磁力 $\boldsymbol{F}$ 的方向。电磁力对转子形成电磁转矩 T，其方向与旋转磁场的方向一致，转子在电磁转矩 T 的作用下旋转。由于定子和转子之间能量的传递是靠电磁感应作用的，故这种电动机称为感应电动机。

3. 转子的转速和转差率

转子的转速 n_2 是否与旋转磁场的转速 n_1 相同呢？回答是不可能的。因为一旦转子的转速和旋转磁场的转速相同，二者便无相对运动，转子也就不可能产生感应电动势和感应电流，也就没有电磁转矩了。只有当二者转速有差异时，才能产生电磁转矩，驱动转子转动。可见，转子转速 n_2 总是小于旋转磁场的同步转速 n_1。

同步转速与转子转速之差 $\Delta n=n_1-n_2$ 称为转速差，转速差与同步转速的比值称为转差率，用 s 表示，即

$$s=\frac{\Delta n}{n_1}=\frac{n_1-n_2}{n_1} \tag{5-3}$$

转差率是分析感应电动机运行情况的一个重要参数。例如起动时，$n_2=0$，$s=1$，转差率最大；稳定运行时，n_2 接近于 n_1，s 很小。额定运行时，s 约为 0.02～0.06；空载时 $s<0.005$。若转子的转速等于同步转速，即 $n_2=n_1$，$s=0$，这种情况称为理想空载状态。由于存在摩擦力等原因，在电动机实际运行中理想空载状态是不存在的。

5.3.2　变频器原理及分类

1. 变频器的电气原理图

变频器由整流电路、振荡电路、变压器（隔离、变压）、交流输出电路四部分构成，其电气原理图如图 5-12 所示。

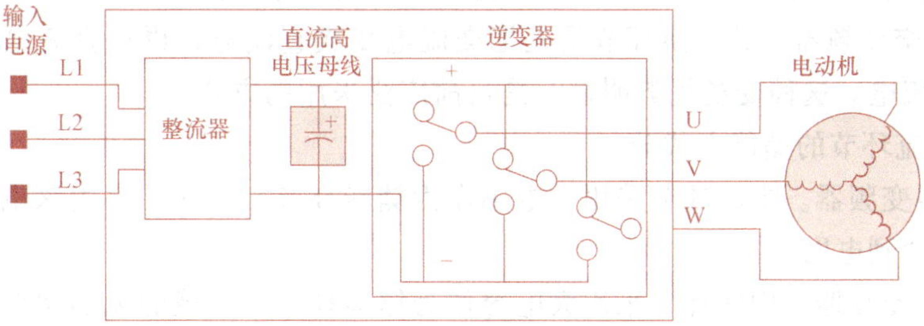

图 5-12　变频器电气原理图

2. 变频器的工作原理

通常，把电压和频率固定不变的交流电变换为电压或频率可变的交流电的装置称作变频器。该设备首先要把三相或单相交流电（AC）变换为直流电（DC），然后再把直流电

(DC) 变换为三相或单相交流电 (AC)，同时改变输出频率与电压，即改变电动机运行曲线上的 n_1，使电动机运行曲线平行下移。因此，变频器可以使电动机以较小的起动电流，获得较大的起动转矩，即变频器可以起动重载负荷。

变频器具有调压、调频、稳压、调速等基本功能，价格昂贵但性能良好，内部结构复杂但使用简单，所以不只是用于起动电动机，而且还广泛地应用在各个领域中，其功率、外形、体积、用途等各有不同。随着科学技术的发展，成本的降低，变频器还会得到更广泛的应用。

3. 变频器的分类

(1) 按变频器的调制方式分

1) 脉幅调制变频器。脉幅调制 (Pulse Amplitude Modulation，PAM) 变频器在整流电路部分对输出电压幅值进行控制，而在逆变电路部分对输出频率进行控制。

2) 脉宽调制。脉宽调制 (Pulse Width Modulation，PWM) 变频器保持整流得到的直流电压大小不变的条件下，在改变输出频率的同时，通过改变输出脉冲的宽度来改变等效输出电压。

(2) 按工作原理分

1) V/F 控制变频器。其工作原理是对变频器的频率和电压同时进行调节。

2) 转差频率控制变频器。其控制方式为 V/F 控制的改进方式。

3) 矢量控制变频器。其工作原理是将交流电动机的定子电流分解成磁场分量电流和转矩分量电流并分别加以控制。

4) 直接转矩控制变频器。其工作原理是把转矩作为控制量，直接控制转矩。这种控制技术是继矢量控制变频调速技术之后的一种新型的交流变频调速技术。

(3) 按用途分

1) 通用变频器。通用变频器可与普通的笼型电动机配套使用，能适应各种不同性质的负载并具有多种可供选择的功能。

2) 高性能专用变频器。高性能专用变频器针对控制要求较高的系统 (电梯、风机水泵等)，大多采用矢量控制方式。

3) 高频变频器。高频变频器一般与高速电动机配套使用。

(4) 按变换环节分

1) 交-交变频器。其变换环节是把频率固定的交流电直接变换成频率和电压连续可调的交流电。这种变换无中间环节，效率高，但连续可调的频率范围窄。

2) 交-直-交变频器。其变换环节是先把交流电变成直流电，再把直流电通过电力电子器件逆变成交流电。这种变换优势明显，是目前广泛采用的方式。

(5) 按直流环节的储能方式分

1) 电流型变频器。中间环节采用大电感作为储能环节，无功功率由该电感来缓冲，再生电能直接回馈到电网。

2) 电压型变频器。中间环节采用大电容作为储能环节，负载的无功功率将由该电容来缓冲，无功能量很难回馈到交流电网。

5.3.3　变频器外部结构

图 5-13 所示为典型的 SIEMENS MM420 变频器实物图及外部结构。

a) 实物图

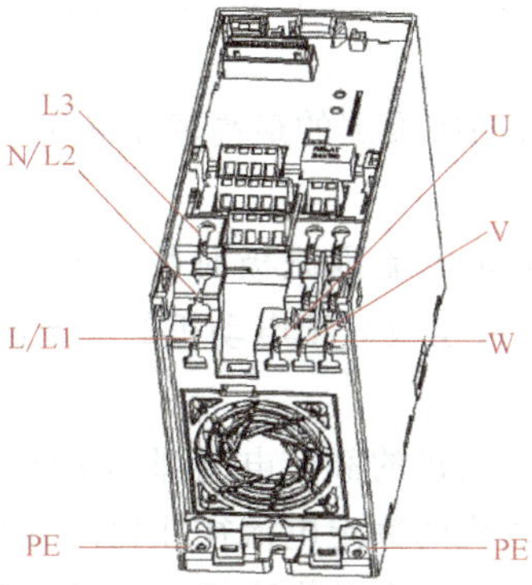

b) 外部结构

图 5-13　SIEMENS MM420 变频器实物图及外部结构

1. 变频器容量的选择

通常根据电动机的电流，按照以下几种情况来选择变频器的容量。

（1）加减速时容量的选定　变频器的最大输出转矩是由变频器的最大输出电流决定的。由于最大输出电流短时间内允许达到额定电流的（130%～150%），故可将变频器的最大输出电流降低 10%后再进行选定。

（2）频繁加减速运转时　根据加减速及恒速等各种运行状态下变频器的电流值来确定额定输出电流。

（3）电流变化不规则的场合　电动机在输出最大转矩时的电流应限制在变频器的额定输出电流内。

（4）多台电动机共用一台变频器供电

1）同时起动和运行。变频器的额定电流应大于多台电动机额定电流之和，可按下式选定：

$$I_N > (1.05 \sim 1.1)\sum_{m=1}^{n} I_{mN}$$

式中　I_N——变频器的额定电流（A）；

I_{mN}——电动机的额定电流（A）。

2）分别起动。必须考虑后起动电动机的直接起动电流，即

$$I_N > \frac{(1.05 \sim 1.1)\sum_{m=1}^{n} I_{mN} + K_1 + \sum I_{ST}}{K_2}$$

式中　I_N——变频器的额定电流（A）；

I_{mN}——各电动机的额定电流（A）；

I_{ST}——后起动电动机的直接起动电流（A）；

K_1——安全系数，取 1.2（从停止到起动）或 1.5~2.0；

K_2——过载能力，取 1.5。

在选择容量时要注意以下事项：①并联追加投入起动；②大过载容量；③轻载电动机。

2. 输出电压

按电动机的额定电压选择变频器的输出电压。我国电动机额定电压多数为 380V，故可

选用 400V 系列，一般是变频器的最大输出电压。

3. 输出频率

一般根据使用目的所确定的最高输出频率来选择。

4. 额定电流

（1）电动机的额定电流因磁极对数而异 在技术数据中有“配用电动机容量”一栏，一般要求变频器容量大于或等于电动机的额定电流。实际情况是：磁极对数越多，则额定电流越大。

1）2 极和 4 极电动机的额定电流都小于同容量变频器的额定电流。

2）6 极以上电动机的额定电流往往比同容量变频器的额定电流大。

（2）变频器的额定电流因载波频率而异 随着载波频率的上升，变频器允许的额定电流有较大幅度的下降。

5. 变频器类别的选择

一般说来，进口变频器的功能比较齐全，故障率也略低一些。但是一旦发生故障，需要配置元器件时，因进口变频器部件不但价格较昂贵，并且常常不易买到，会耽误生产。所以，没有特殊要求的一般情况下，建议尽量选用国产变频器。

5.3.4 变频器的连接

安装变频器时要注意它的接口及连接方法。图 5-14 所示为 SIEMENS MM420（即 MICROMASTER 420）变频器的接线图，图 5-15 所示为其各个接口的定义，图 5-16 所示则是这款变频器的外部供电电路。其他变频器的接法类似。

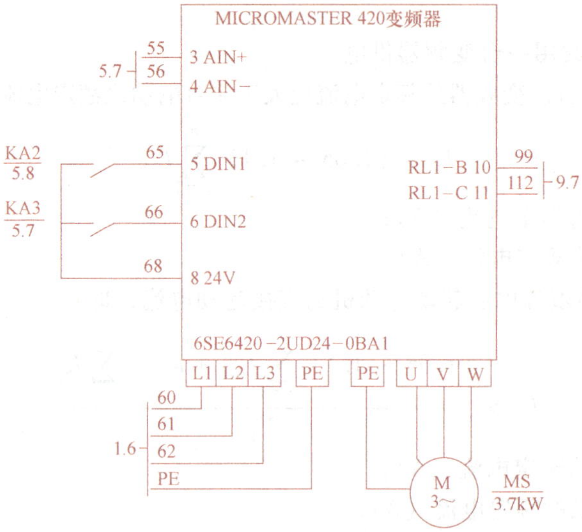

图 5-14 SIEMENS MM420 变频器的接线图

5.3.5 变频器的调试

变频器的标准配置操作面板为状态显示板（Status Display Panel，SDP），是标准件。在 SDP 上有两个 LED 指示灯，显示变频器的运行状态，如图 5-17a 所示。

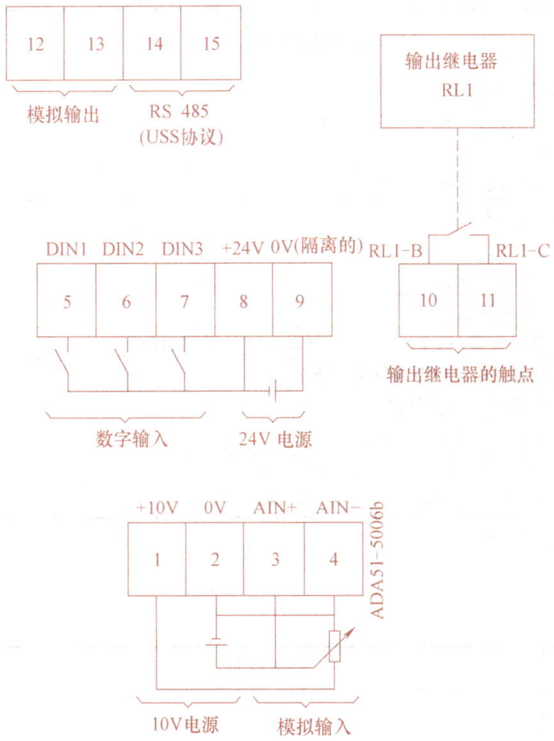

图 5-15　SIEMENS MM420 变频器的接口定义

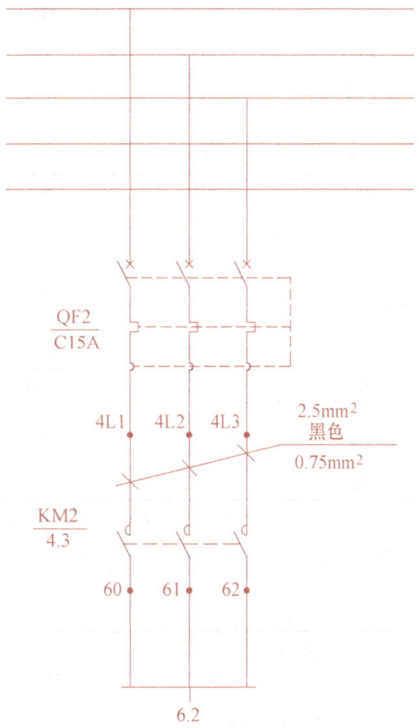

图 5-16　SIEMENS MM420 变频器的外部供电电路

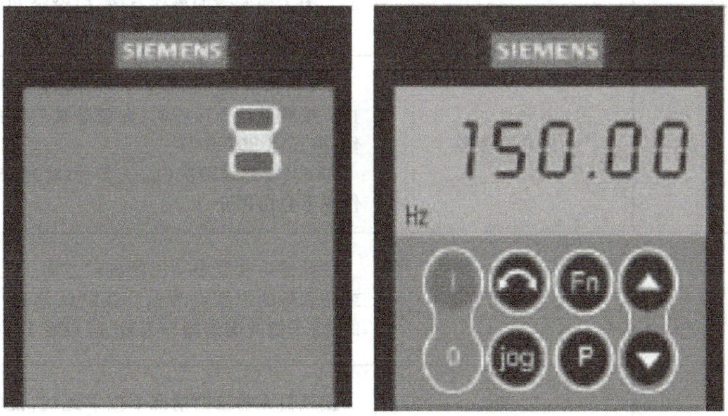

a) 状态显示板　　b) 基本操作面板

图 5-17　SIEMENS MM420 变频器的面板

如果要访问变频器的各个参数，并对变频器进行参数设置，需选配基本操作面板（Basic Operation Panel，BOP）它是可选件。在 BOP 上有一块液晶显示屏及八个操作按键，如图 5-17b 所示。

变频器操作的具体情况请参照变频器制造厂家的操作说明书。

1）SDP 上两个 LED 指示灯的含义，见表 5-1。

表 5-1　SDP 上两个 LED 指示灯的含义

LED 指示灯		优先级显示	变频器的状态
绿色	黄色		
OFF	OFF	1	供电电源未接通
OFF	ON	8	变频器故障，下面列出的故障除外
ON	OFF	13	变频器正在运行
ON	ON	14	准备运行，运行准备就绪
OFF	R1	4	故障：过电流
R1	OFF	5	故障：过电压
R1	ON	7	故障：电动机过温
ON	R1	8	故障：变频器过温
R1	R1	9	电流极限报警（两个 LED 指示灯以相同的时间闪烁）
R1	R1	11	其他报警（两个 LED 指示灯交替闪烁）
R1	R2	6/10	欠电压跳闸/欠电压报警
R2	R1	12	变频器不在准备状态，显示>0
R2	R2	2	ROM 故障（两个 LED 指示灯同时闪烁）
R2	R2	3	RAM 故障（两个 LED 指示灯光替闪烁）

注：R1—闪烁亮灯时间为 900ms；R2—闪烁亮灯时间为 300ms。

2）BOP 上的按键功能说明见表 5-2。

表 5-2　BOP 上的按键功能说明

按键	名称	功能说明
	状态显示	LED 显示变频器当前使用的设定值
	起动变频器	按此键起动变频器；按照默认值运行时，此键是被锁住的。为了使此键的操作有效，应设定 P0700=1
	停止变频器	OFF1：按此键，变频器将按照选定的斜坡下降速率减速停止。按照默认值运行时，此键是被锁住的；为了允许此键操作，应设定 P0700=1 OFF2：按此键两次（或一次，但时间较长），电动机在惯性作用下自由停止
	改变方向	按此键可改变电动机的旋转方向。反向用负号（-）表示，或用闪烁的小数点表示。按默认值运行时，此键是被锁住的；为了使此键的操作有效，应设定 P0700=1
	电动机点动	变频器无输出的情况下按下此键，使电动机起动，并按预先设定的点动频率运行。释放此键，变频器停止。如果变频器/电动机正在运行，按此键将不起作用
	功能	此键用于浏览辅助信息。按下此键并保持不动，将从运行时的任何一个参数开始显示以下数据： （1）直流回路电流（用 d 表示） （2）输出电流（A） （3）输出频率（Hz） （4）输出电压（V） （5）P0005 选定的数值

（续）

按键	名称	功能说明
	访问参数	按此键可以访问变频器参数
	增加数值	按此键即可增加面板上显示的数值 如果用 BOP 修改频率设定值，设定 P1000=1
	减少数值	按此键即可减少面板上显示的数值 如果用 BOP 修改频率设定值，设定 P1000=1

P0003 用户访问级，其最小值为 0 最大值为 4，默认值为 1。

本参数用于定义用户访问参数组的等级。对于大多数简单的应用对象，采用默认设定值（标准模式）就可以满足要求了。

可能的设定值如下：

0：用户定义的参数表，有关使用方法的详细情况请参看 P0013 的说明。

1：标准级，可以访问最经常使用的一些参数。

2：扩展级，允许扩展访问参数的范围，如变频器的 I/O 功能。

3：专家级，只供专家使用。

4：维修级，只供授权的维修人员使用，具有密码保护。

5.3.6　任务实施及评价

1. 制订计划

1）绘制 SIEMENS MM420 变频器的电气原理图。

2）列出电气元件清单。

3）选配导线。

4）确定电气连接顺序。

5）断电检查。

6）确定通电调试内容。

7）小组评价。

2. 小组决策

1）确定 SIEMENS MM420 变频器的电气原理图。

2）列出电气元件清单（表 5-3）。

表 5-3　电气元件清单（参考内容）

电气元件代号	名称	型号	技术数据	数量
V/F	变频器	MM420	输入 AC 380V	1
M3	三相异步电动机	双帆	AC 380V	1
QF	低压断路器	正泰	3 相 AC 380V	1

3）列出工具清单（表 5-4）。

表 5-4 工具清单（参考内容）

序号	工具名称	数量	规格	品牌
1	数字万用表	1	通用	FLUKE
2	小螺钉旋具	2	3mm×70mm	天卓
3	大螺钉旋具	2	6mm×100mm	天卓

4）小组分工。

5）确定工作流程。

3. 操作实训

1）在 A4 图纸上绘制电气原理图。

2）列出电气元件清单（电气元件选择）。

3）选配导线。

4）制作连接线（线标）。

5）电气连接操作。

4. 检查评价

1）断电检查。

2）通电调试。

5.3.7 拓展资料

日立变频器安装

日立（HITACHI）变频器也是一种常用的变频器，HITACHI SJ300 变频器的实物图如图 5-18 所示，其接线图如图 5-19 所示，其操作面板组成如图 5-20 所示。

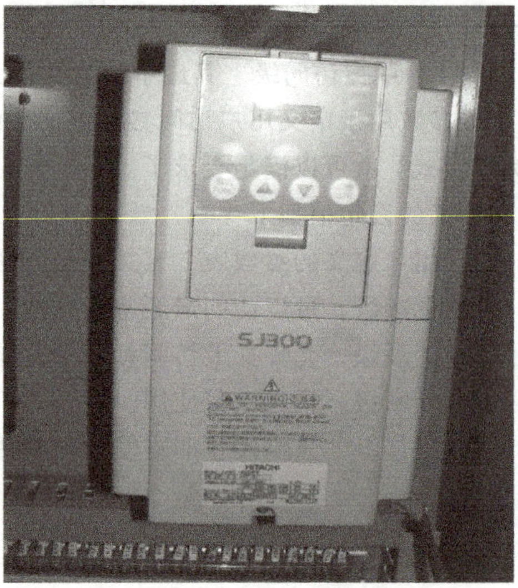

图 5-18 HITACHI SJ300 变频器的实物图

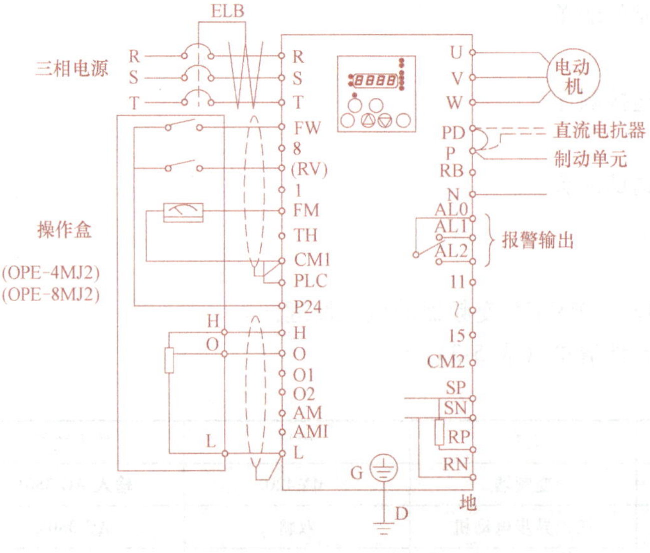

图 5-19 HITACHI SJ300 变频器接线图

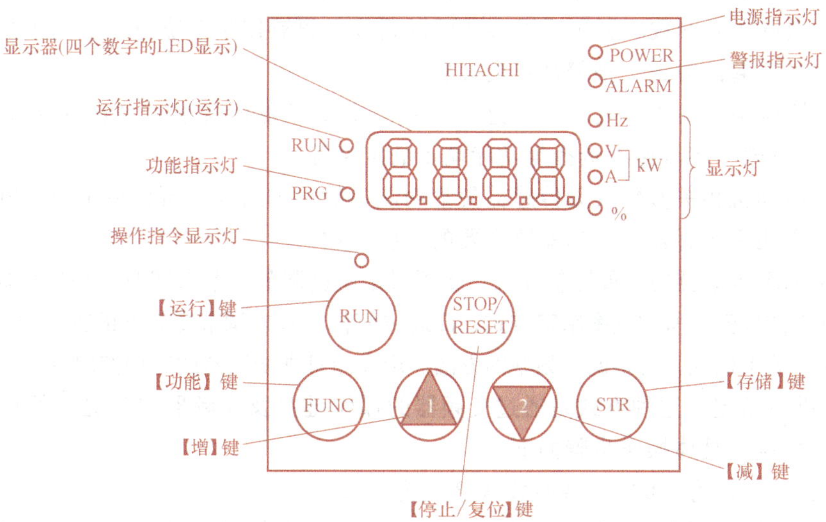

图 5-20　HITACHI SJ300 变频器的操作面板组成

操作面板上各个按键的作用定义如下：

【RUN】键——【运行】键，可以给变频器提供一个运行的指令。按此键可以起动电动机的运转，前提是变频器处在键盘控制方式下。

【STOP/RESET】键——【停止/复位】键，可以给变频器提供一个停止运行的指令。按此键可以停止电动机的运转，前提是变频器处在键盘控制方式下。

【FUNC】键——【功能】键，可以在选择参数模式和设置参数时使用。

【▲】键——【增】键，修改参数时增大参数值。

【▼】键——【减】键，修改参数时减小参数值。

【STR】键——【存储】键，按下后保存变频器的修改参数。

电位器——操作者可以通过这个变频器所带的电位器来改变变频器的输入模拟电压指令，进而改变转速。

（1）变频器常见功能参数　变频器常见功能参数很多，一般都有数十甚至上百个参数供用户选择及设定。实际应用中，没必要对每个参数都进行设置和调试，多数采用出厂设定值即可。但有些参数由于和实际使用情况有很大关系，并且有的参数还相互关联，因此要根据实际情况进行设定和调试。

因各类型变频器功能有差异，而相同功能参数的名称也一致，为叙述方便，下面以日立变频器参数名称为例进行介绍。由于各类型变频器参数区别并不是太大，有可能名称不同，但是其功能基本一致，因此只要对一种变频器的参数熟悉精通以后，完全可以做到触类旁通。

HITACHI SJ 系列变频器参数主要分为以下几组：

D 组——监视功能参数。无论变频器处在运行或者是停止状态，都可以使用本组参数来获取系统的重要参数，如电动机电流、输出频率、旋转方向等。

F 组——主要常用参数。本组参数是用来设定变频器的常用参数，如加减速时间常数、电动机的输出频率等。

A 组——标准功能参数。这些参数的设定直接影响到变频器输出的最基本的特性，如变频控制方式的选择、输出最大频率的限定、控制特性的选择等。

B组——微调功能参数。利用这组参数可以调节变频器控制系统与电动机匹配上的一些细微的功能，如重起的方式、报警功能的设置等。

C组——智能端子功能参数。利用这组参数可对变频器所提供的智能端子功能进行定义，如主轴正/反转、多段速度选择等功能端子的定义等。

H组——电动机相关参数及无传感器矢量功能参数。本组参数可以用于设置电动机的一些特征参数及采用无传感器矢量功能所需要的一些参数。

（2）HITACHI变频器的三种控制方式　变频器是通过调节频率来调节电动机转速的，因此变频器的控制方式也就是所谓频率给定方式，即通过何种方式来调节变频器的输出频率，从而调节电动机转速。简单地说，就是调节频率的方法。现介绍日立变频器的三种控制方式。

1）手操键盘给定。这种方式是通过变频器的操作键盘及变频器本身提供的控制参数来对变频器进行控制。具体操作步骤如下：

① 将参数A01设为“02”，将参数A02设为“02”。

② 通过【▲】或【▼】键改变参数F01（变频器频率给定）的参数值，即增加或减小给定频率。

③ 完成上述步骤后，变频器已经进入待命状态。按【RUN】键，电动机运转。

④ 按【STOP/RESET】键，停止电动机。

⑤ 设置参数F04的参数值为“00”（正转）或“01”（反转），从而改变电动机的旋转方向。

⑥ 按【RUN】键，电动机运转，但方向已经改变。

2）电位器给定。日立变频器面板上配有调速电位器，可通过其旋钮来调节变频器所需要的指令电压，以控制变频器的输出频率，改变电动机的运行速度。采用这种控制方式的具体操作步骤如下：

① 将参数A01设为“00”，将参数A02设为“02”，将参数A04设为“60”。

② 按【RUN】键，这时电动机应该可以旋转。

③ 通过改变电位器的旋转角度来改变变频器的输出频率，控制电动机的旋转速度。

3）数控系统给定。数控机床常见的控制方式是通过变频器上的控制端子进行控制，变频器上的频率给定与运行指令给定都是利用数控系统进行控制的。采用数控系统控制时的做法如下：

① 将参数A01和A02均设为01。

② 通过数控系统发出主轴控制命令，控制变频器的运作。例如在MDI下执行“M03 S500”程序段，电动机就会以500r/min正转。

5.4　任务3　主轴控制系统装调

【教学目标】

1. 了解主轴控制类型。
2. 读懂主轴控制电气原理图。

3. 读懂主轴正/反转主程序和子程序。
4. 能够根据示例 PLC 程序编写程序，控制主轴正/反转。

【素养目标】

1. 培养工作有计划、科学、认真、严谨的作风。
2. 增强学生用电安全意识。
3. 培养学生团队合作意识。
4. 国内外主流主轴控制系统的设计。

【任务描述】

根据电气原理图，正确连接主轴控制相关电路，并能够判断是哪种主轴控制方式，根据802C 示例程序改写主轴正/反转控制程序。图 5-21 所示即为西门子 802 主轴控制系统图。

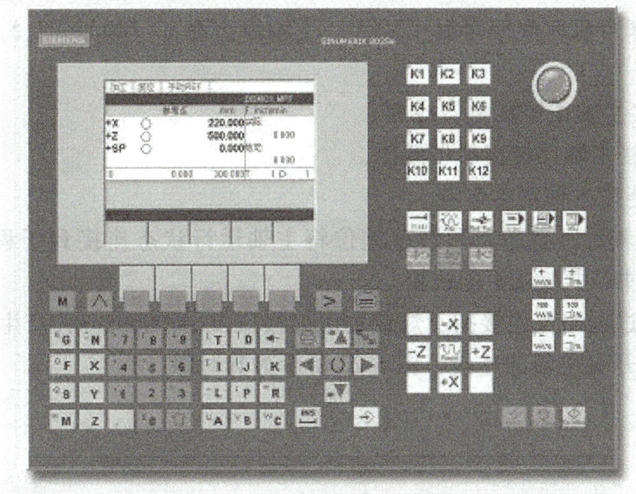

图 5-21　西门子 802 主轴控制系统图

5.4.1　主轴控制类型

主轴驱动机械变速目前主要有三种形式。

1. 二级以上变速

采用齿轮液压换档、分级变速，能满足各种切削运动的转矩输出，但因其结构复杂，需配置温控、润滑装置。

2. 一级变速

通常采用同步带传动，结构简单，安装方便，可避免齿轮传动带来的噪声，系统的调速范围与电动机一样，受电动机速度范围的限制。

3. 直接驱动（电主轴）

直接使用电动机驱动，其优点是结构紧凑、占用空间小、转换效率高，但主轴的转速变化及转矩输出和电动机的特性一致，因而受到限制。目前高性能的主轴电动机及控制器已完全能满足使用。电主轴在使用时需要有冷却循环系统，防止电动机温度升高。

本节选用的 802 主轴控制系统可用于控制以下类型的主轴：开关主轴；单极性（0~+10V 给定）模拟主轴或双极性（±10V 给定）模拟主轴。

5.4.2　主轴控制电气原理图解读

1. 开关主轴

开关主轴多用于普通异步电动机，由两个接触器控制正转和反转。

输入信号如下：

DELAY——根据主轴制动的实际时间设定主轴制动延时。

T_64——通过标志存储位将急停子程序 T64 的输出连接到该子程序。

SP_EN——主轴运行条件，如卡盘夹紧状态，可由子程序 49 引出。

UNI_PO——常“1”位，SM0.0。

KEY cw——来自机床操作面板（MCP）主轴正转键（V10000001.4）。

KEY ccw——来自机床操作面板（MCP）主轴反转键（V10000001.6）。

KEY stop——来自机床操作面板（MCP）主轴停止键（V10000001.5）。

输出信号如下：

SP_cw——连接主轴正转接触器线圈。

SP_ccw——连接主轴反转接触器线圈。

SP_brake——连接主轴制动装置。

SP_LED——主轴运行状态。通过存储位将主轴运行状态连接到子程序 49 作为互锁条件，即在主轴运行过程中卡盘不能放松。

ERROR——通过输出位连接指示灯或输出到接口 V1600000x.x，产生 PLC 报警。

图 5-22 所示为开关主轴的连接，图 5-23 所示为其时序。

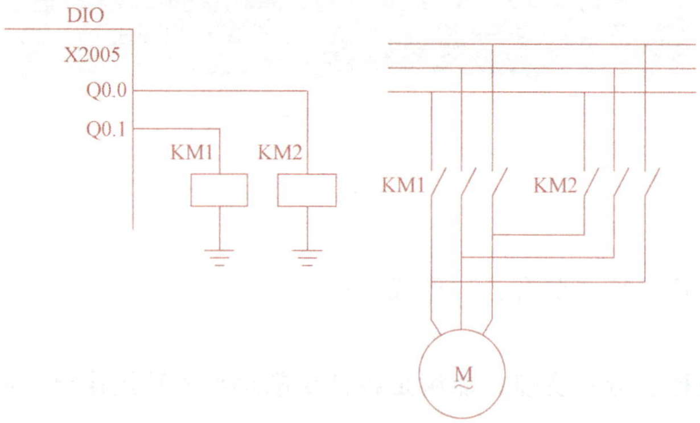

图 5-22　开关主轴的连接

2. 0~±10V 给定的单极性模拟主轴

变频器多用单极性模拟主轴。

输入信号如下：

DELAY——根据变频器的实际制动时间设定主轴制动延时。

T_64——通过标志存储位将急停子程序 T64 的输出连接到该子程序。

SP_EN——主轴运行条件，如卡盘夹紧状态，可由子程序 49 引出。

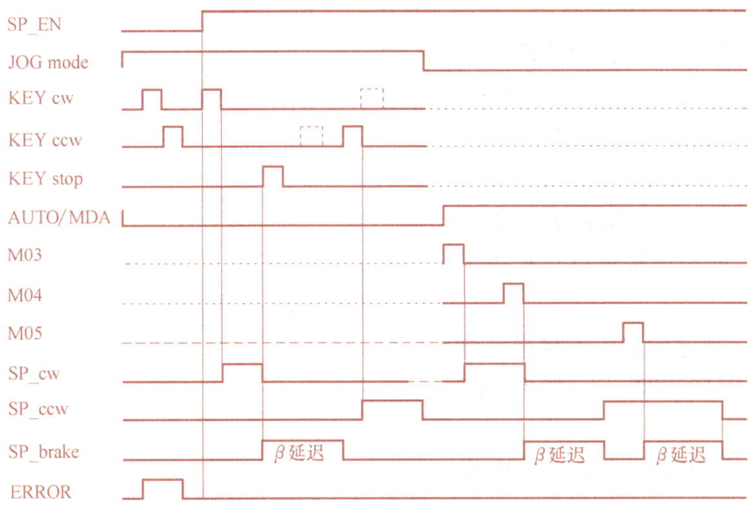

图 5-23　开关主轴控制时序

UNI_PO——常“1”位，SM0.0。

KEY cw——来自机床操作面板（MCP）主轴正转键（V10000001.4）。

KEY ccw——来自机床操作面板（MCP）主轴反转键（V10000001.6）。

KEY stop——来自机床操作面板（MCP）主轴停止键（V10000001.5）。

输出信号如下：

SP_cw——通过继电器将变频器的正转使能和其公共端短接。

SP_ccw——通过继电器将变频器的反转使能和其公共端短接。

SP_brake——输出到空位，M127.7。

SP_LED——主轴运行状态。通过存储位将主轴运行状态连接到子程序 49 作为互锁条件，即在主轴运行过程中卡盘不能放松。

ERROR——通过输出位连接指示灯或输出到接口 V1600000x.x，产生 PLC 报警。

图 5-24 所示为单极性模拟主轴连接图。

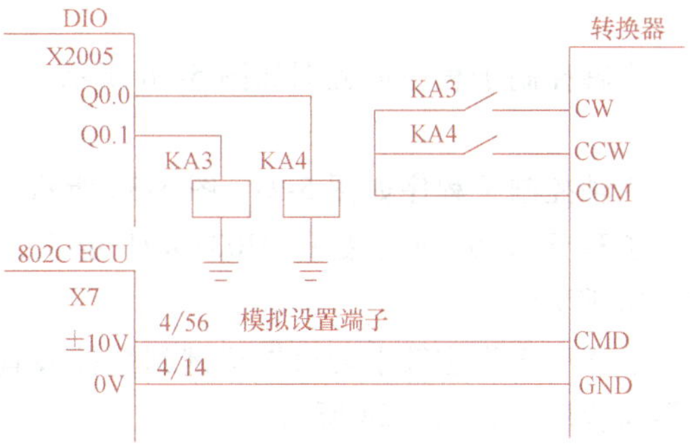

图 5-24　单极性模拟主轴连接图

3. ±10V 给定的双极性模拟主轴

双极性模拟主轴多用于伺服主轴或双极性给定变频器。

输入信号如下：

DELAY——根据主轴制动的实际时间设定主轴制动延时。

T_64——通过标志存储位将急停子程序 T64 的输出连接到该子程序。

SP_EN——主轴运行条件，如卡盘夹紧状态，可由子程序 49 引出。

UNI_PO——常“1”位，SM0.0。

KEY cw——来自机床操作面板（MCP）主轴正转键（V10000001.4）。

KEY ccw——来自机床操作面板（MCP）主轴反转键（V10000001.6）。

KEY stop——来自机床操作面板（MCP）主轴停止键（V10000001.5）。

输出信号如下：

SP_cw——连接到空位，M127.7。

SP_ccw——连接到空位，M127.7。

SP_brake——连接到空位，M127.7。

SP_LED——主轴运行状态。通过存储位将主轴运行状态连接到子程序 49 作为互锁条件，即在主轴运行过程中卡盘不能放松。

ERROR——通过输出位连接指示灯或输出到接口 V1600000x.x，产生 PLC 报警。

图 5-25 所示为双极性模拟主轴的连接。

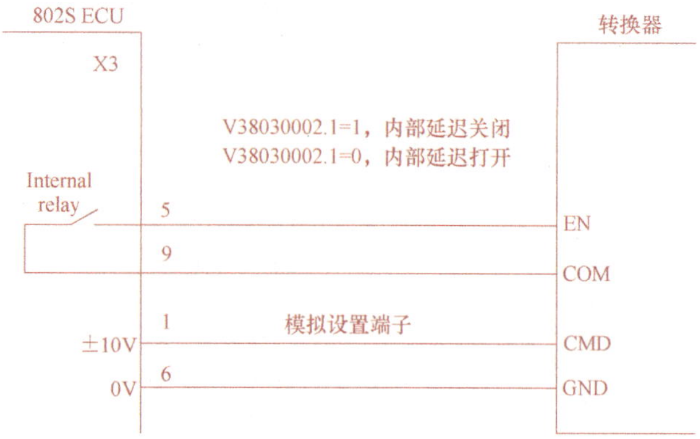

图 5-25　双极性模拟主轴的连接

注意：当 802C baseline 变频器连接双极性模拟主轴时，主轴控制单元的模拟给定信号应与由 X7 端口引出的电缆上标有 4/56 和 4/14 的信号线连接，其使能与标有 4/56 和 4/9 的信号线连接。

5.4.3　主轴正/反转 PLC 程序解读

主轴控制子程序可用于控制开关主轴、单极性（0~+10V 给定）模拟主轴或双极性（±10V 给定）模拟主轴。

1. 程序流程图

主轴控制子程序流程图如图 5-26 所示。

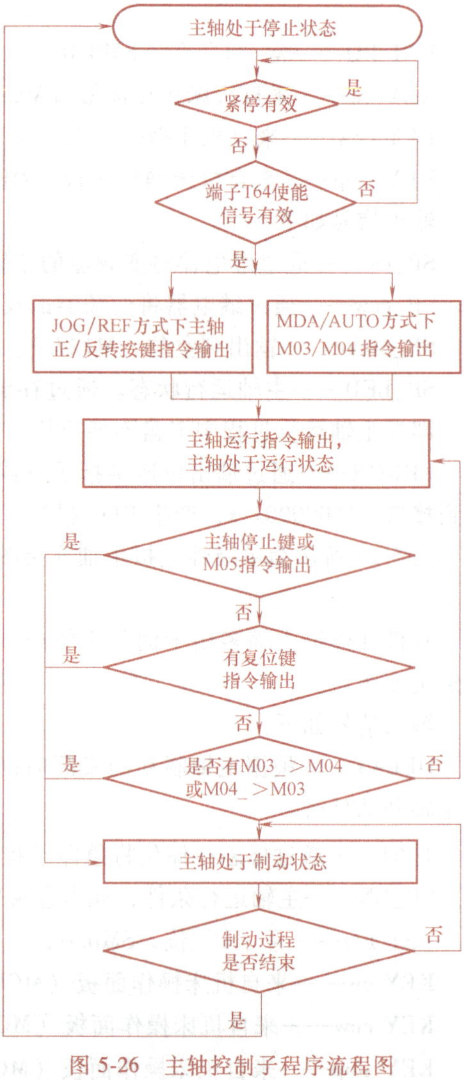

图 5-26　主轴控制子程序流程图

2. 主轴控制子程序调试实例

主轴控制子程序如图 5-27~图 5-33 所示。

子程序 1 为静态变量 M03/M04 定义，如图 5-27 所示。

子程序 2 为主轴手动操作按键到数控装置人机界面程序，如图 5-28 所示。

子程序 3 为主轴状态记录程序，子程序 4 为主轴操作命令生成程序，如图 5-29 所示。

子程序 5 为主轴命令有效程序，子程序 6 为主轴停止命令输出程序，分别如图 5-30 和图 5-31 所示。

子程序 7 为主轴停止命令输出程序，如图 5-32 所示。子程序 8 为主轴停止定时程序，子程序 9 为主轴停止定时后续程序，如图 5-33 所示。

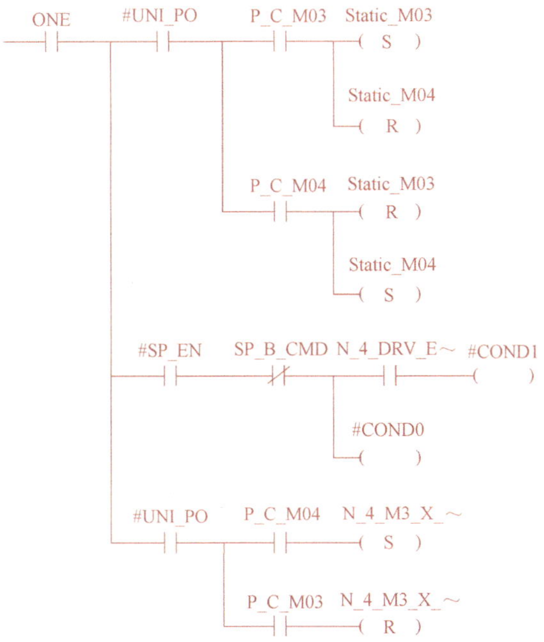

图 5-27　子程序 1

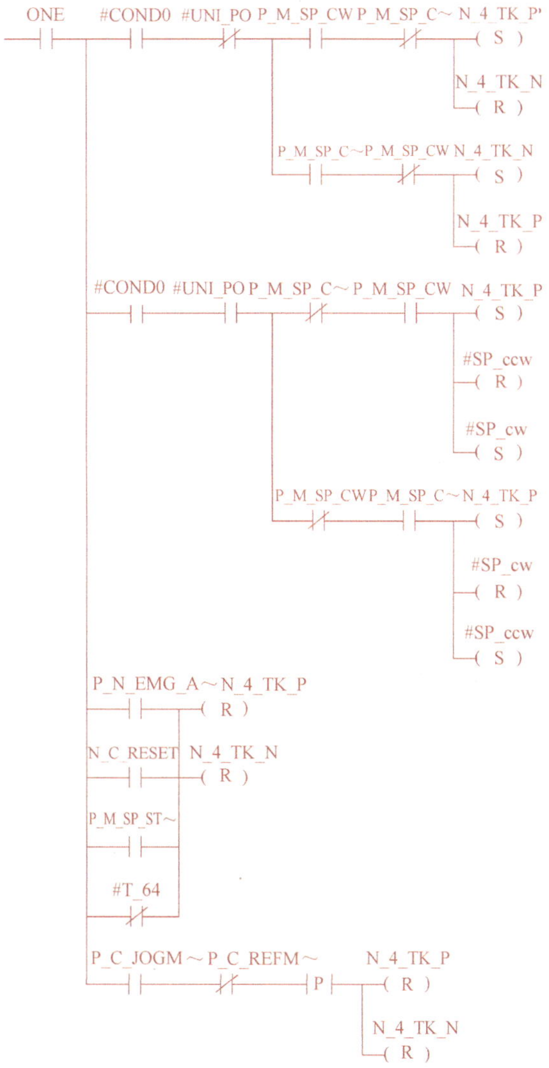

图 5-28　子程序 2

3. 主程序

主程序如图 5-34 所示。

5.4.4　任务实施及评价

1. 制订计划

1）绘制主轴控制梯形图。

2）列出电气元件清单及工具清单。

3）选配导线。

4）电气连接。

5）断电检查。

6）通电调试。

7）小组评价。

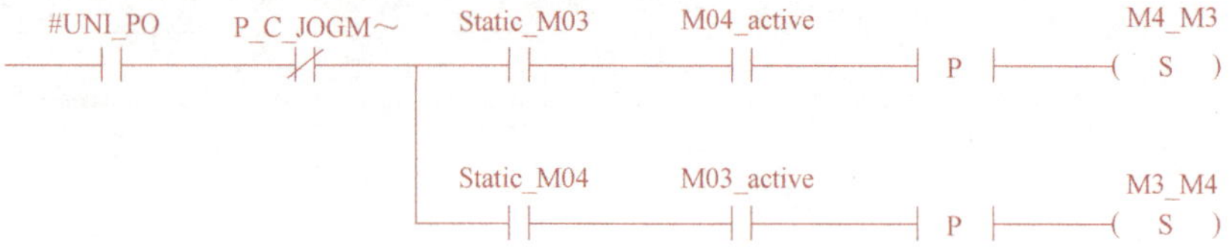

a) 子程序3

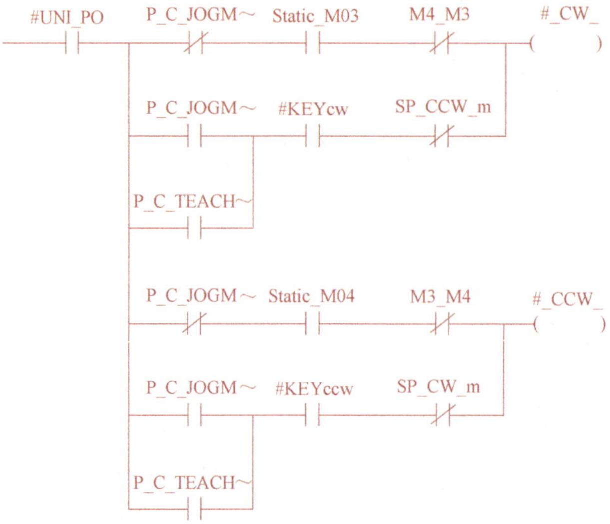

b) 子程序4

图 5-29　子程序 3 和 4

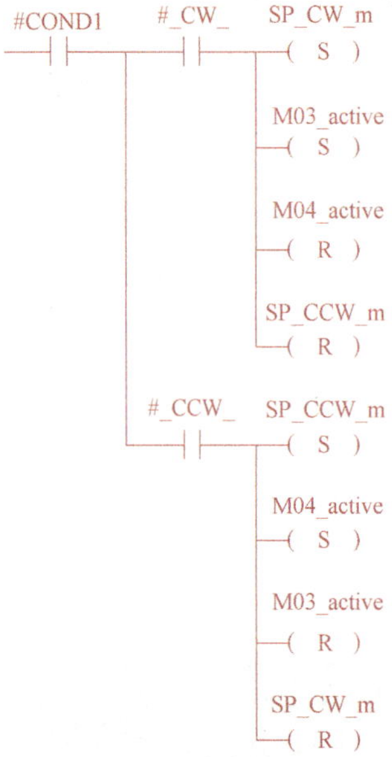

图 5-30　子程序 5

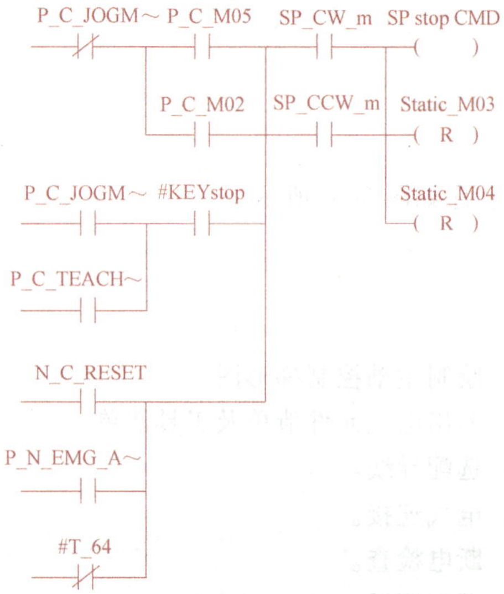

图 5-31　子程序 6

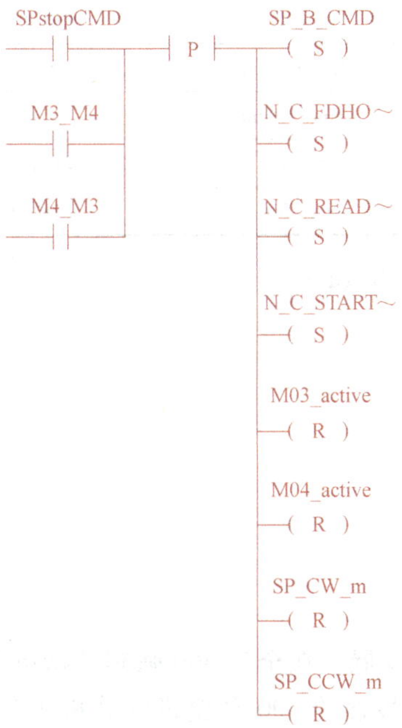

图 5-32　子程序 7

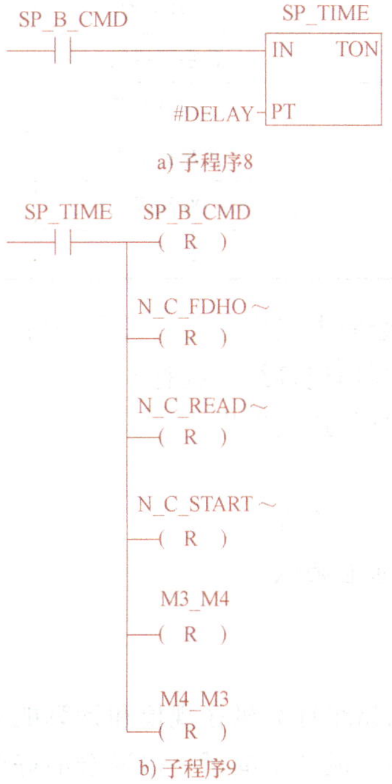

图 5-33　子程序 8 和 9

2. 小组决策

1）确定主轴控制梯形图。

2）列出电气元件清单（表 5-5）。

3）列出工具清单（表 5-6）。

4）小组分工。

5）确定工作流程。

3. 操作实训

1）领取电气元件。

2）领取工具。

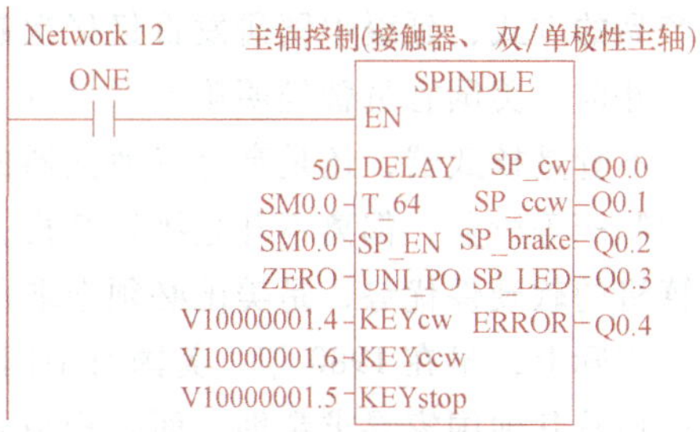

图 5-34　802S 机床主轴控制主程序

表 5-5　电气元件清单（参考内容）

电气元件代号	名称	型号	技术数据	数量
V/F	变频器	MM420	输入 AC 380V	1
M 3～	三相异步电动机	双帆	AC 380V	1
QF	低压断路器	正泰	3 相 AC 380V	1
KA	中间继电器	正泰	DC 24V	2
PLC	可编程控制器	S7-200		1

表 5-6　工具清单（参考内容）

序号	工具名称	数量	规格	品牌
1	数字万用表	1	通用	FLUKE
2	小螺钉旋具	2	3mm×70mm	天卓
3	大螺钉旋具	2	6mm×100mm	天卓
4	S7-200 编程软件	1	STEP7	西门子
5	数据线	1	9 针 9 孔	艾莫迅

3）绘制电气原理图（每人一份），自己安排时间，用 A4 纸。

4）制作连接线（线标）。

5）电气连接操作。

4. 检查评价

1）断电检查。

2）通电调试。

课后见闻：国之重器——成功逆袭的中国超级计算机

中国超级计算机在规模和计算能力两大领域中飞速发展，在全球 500 强超算榜单中超越一众对手，成功上演了一出逆袭的好戏！在现今世界上最强的 500 台超级计算机排名榜中，中国可用的计算机数量，以及单一先进超级计算机的性能，都已经超越了美国。这也导致美国在近年来加强对华遏制及封锁时，明确将 7 家与中国超级计算机相关的企业及科研院所列入到了他们所谓的实体清单当中，意图通过阻止中国获得包括新式计算机 CPU 等一系列尖端产品的方式，延缓中国研发百亿亿次超级计算机的步伐。

此前，美国官员曾经明确对外表示：超级计算机，对于任何一个国家来说都是国之重器，不管是核武器，还是高超音速武器的研发，还是现代先进制造业、人工智能发展，以及医学制药等行业，都离不开超级计算机，倘若美国想要在接下来的竞争当中保持领先，超级计算机的软硬件优势，是美国必须夺取的最重要制高点之一。

实际上，早在 1980 年，美国对中国超算的相关限制就已经开始了。面对封锁，中国并未选择从其他国家寻求帮助，而是积极开发属于自己的配套技术及产品，并最终在 1999 年建成完全属于自己的第 1 台超级计算机“神威”。而“神威”的启用，只是中国超级计算机行业的起步信号，2009 年研制成功的天河 1 号，让中国成为了第 2 个可以独立建造千万亿次超算的国家，2013 年投入使用的天河 2 号，更是打败了美国的“泰坦”，成为了当时全世界运算速度最快的超级计算机，2016 年的“神威 · 太湖之光”以超第二名近三倍的运算速度夺得全球超级计算机 TOP500 榜单第一。

第6章 数控机床进给控制系统装调

6.1 情境引入

数控机床进给轴，如 *X*、*Y*、*Z*、*A* 轴等负责进给运动，其控制方式方法与主轴有所不同。数控机床进给系统的精度决定数控机床的加工精度。一般地，进给系统包括数控装置、伺服驱动器、伺服电动机和机械部件等，其中伺服驱动器是决定进给系统性能好坏的关键部件。发那科 βi 伺服驱动器如图 6-1 所示。

【典型结构】

分析图 6-2 所示 CK6132 型数控车床中的进给控制系统。

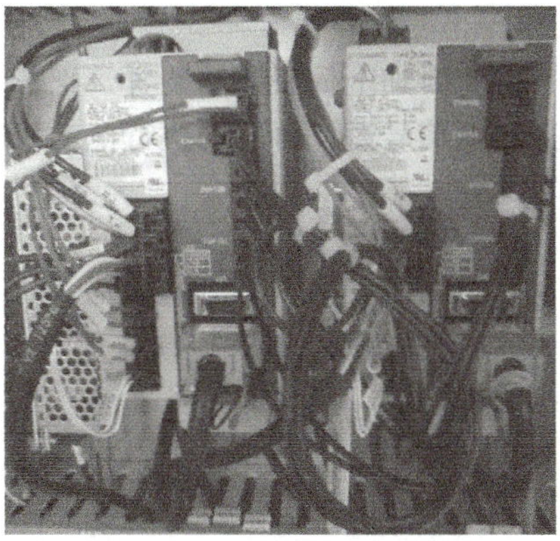

图 6-1 发那科 βi 伺服驱动器

图 6-2 CK6132 型数控车床

【涉及元件】

面板按钮、PLC、伺服驱动器、接触器、中间继电器

【情景任务】

任务 1 进给轴控制系统装调

任务 2 数控机床急停控制系统装调

6.2 任务1 进给轴控制系统装调

【教学目标】

1. 了解伺服控制系统的分类。
2. 掌握发那科 βi 伺服驱动器的连接方法。
3. 熟悉伺服控制原理。
4. 掌握伺服控制相关参数的设置方法。
5. 理解伺服控制梯形图的原理。

【素养目标】

1. 安全用电常识。
2. 设备操作的工匠精神。
3. 国内外主流数控系统超程回路的设计。

【任务描述】

1. 根据机床电气原理图，能够连接伺服控制系统电路。
2. 根据进给轴控制要求，能够设置进给控制参数。
3. 根据进给控制故障，能够使用梯形图进行初步诊断。

6.2.1 伺服控制系统简介

数控系统发出的信号比较微弱，无法直接驱动电动机，中间要加上伺服驱动装置，把数控系统发出的微弱脉冲信号经整形、放大等电路处理为较强的电信号后，再驱动执行电动机带动工作台运动。

1. 伺服控制系统的结构

数控机床伺服控制系统的基本组成如图 6-3 所示。

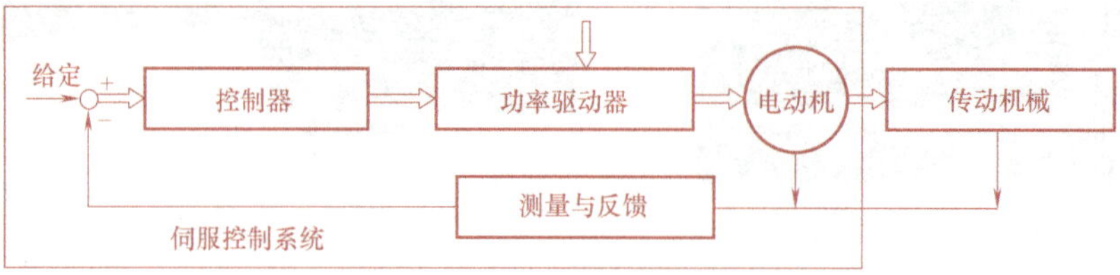

图 6-3 数控机床伺服控制系统的基本组成

从图 6-3 可知，一个完整的伺服控制系统主要由四部分组成：控制器、功率驱动器、执行元件、测量与反馈装置。其中，控制器就是比较控制环节。在 CNC 系统中，由于计算机的引入，比较控制环节的功能一般由软件完成。控制器按照数控系统的给定值和通过测量与反馈装置检测的实际运行值的差来调节控制量，它能够接收输入的加工程序和反馈信号，经系统软件运行处理后，由输入口送出指令信号。

功率驱动器是伺服系统的“大脑”，其作用是接收控制器发出的指令，并将输入信号转换成电压信号，经过功率放大后，驱动电动机旋转，转速的大小由指令控制。若要实现恒速控制功能，驱动电路应能接收速度反馈信号，并将反馈信号与计算机的输入信号进行比较，将差值信号作为控制信号，使电动机保持恒速转动。

电动机则按供电大小拖动机械运转，它可以是直流电动机、交流电动机，也可以是步进电动机。开环控制时通常采用步进电动机。

测量与反馈单元主要包含速度测量与反馈和位置测量与反馈，检测元件的精度是影响机床精度主要因素之一，常见的检测元件主要有光电编码器、测速发电机、感应同步器、光栅和磁尺等。

2. 伺服控制系统的分类

伺服控制系统的主要组成部分变化多样，其中任何部分的变化控制系统都可构成不同种类的伺服控制系统。例如根据驱动电动机的类型，可将其分为直流伺服控制系统和交流伺服控制系统；根据控制器实现方法的不同，可将其分为模拟伺服控制系统和数字伺服控制系统；根据伺服控制系统有无检测元件或调节原理不同，可分为开环伺服控制系统、半闭环伺服控制系统和闭环伺服控制系统，如图 6-4 所示；按作用或功能的不同可分为进给伺服控制系统和主轴伺服控制系统。

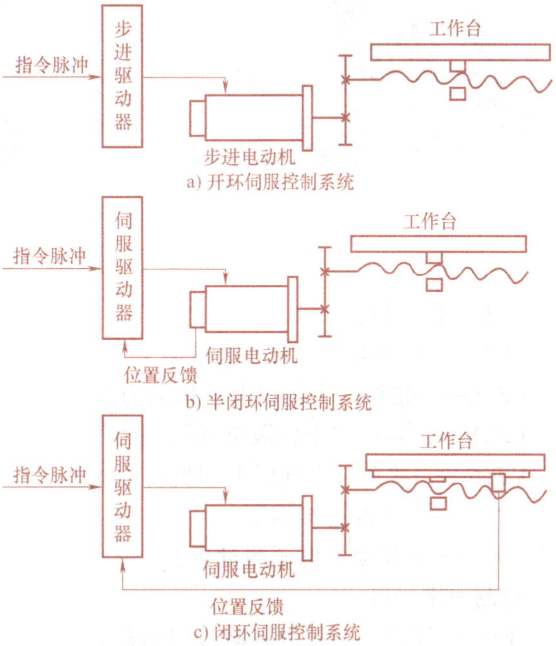

图 6-4　伺服控制系统的分类

6.2.2　发那科 βi 伺服驱动器的连接

发那科伺服驱动器有 αi 和 βi 两个系列。αi 系列为分体式伺服驱动器，即驱动器的组成部分为电源模块、主轴驱动模块和伺服放大器模块，这几个模块可以分离；βi 系列为一体式伺服驱动器，即电源模块和驱动模块是一个整体，不能分离。

βi 系列伺服驱动器又分为 βi SVSP 和 βi SV 两种。βi SVSP（一体化结构）系列的一个驱动器可以驱动多个电动机，而 βi SV（独立式）系列是一个伺服驱动器只能驱动一个伺服电动机，如图 6-5 所示。

1. βi SVSP 伺服驱动器的接口

βi SVSP 伺服驱动器的总体连线图如图 6-6 所示，下面介绍其主要接口。

左侧第一排：

CX3——主电源电动机控制中心（Motor Control Center，MCC）控制信号接口。

CX4——急停信号接口。

CXA2C——24V 直流电源输入接口（CXA2A—24V 直流电源输出接口）。

CX5X——绝对式编码器内置电池用接口。

COP10B——伺服 FSSB 光缆输入接口。

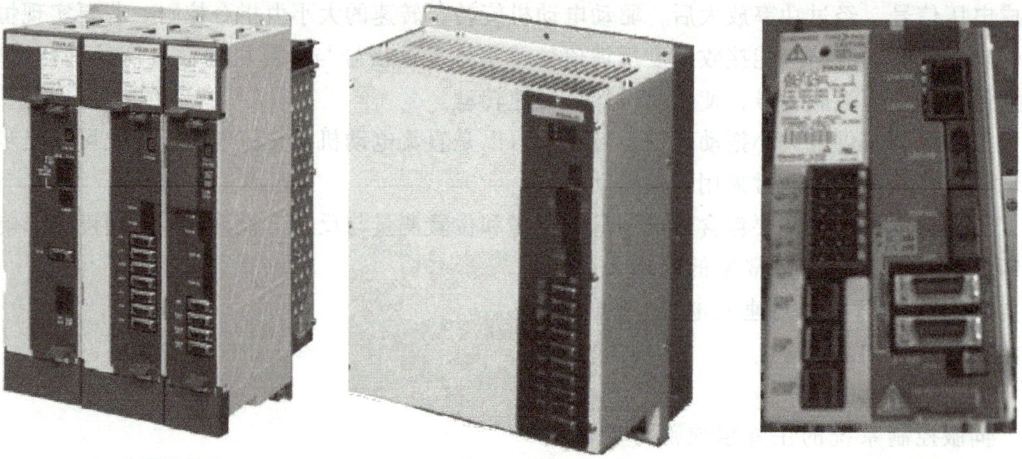

a) αi伺服驱动器　　b) βi SVSP伺服驱动器　　c) βi SV伺服驱动器

图 6-5　发那科伺服驱动器

下面一排接口：

TB2——主轴电动机动力电缆端子。

CZ2L——接第一个伺服电动机动力线。

CZ2M——接第二个伺服电动机动力线。

CZ2N——接第三个伺服电动机动力线。

TB1——主电源连接端子。

TB3——直流动力电源测量点。

右侧一排接口：

JF1——连第一个伺服电动机编码器。

JF2——连第二个伺服电动机编码器。

JF3——连第三个伺服电动机编码器。

JX6——断电后备模块。

JY1——负载表等接口。

JA7A——主轴指令信号串行输出接口。

JA7B——主轴指令信号串行输入接口。

JYA2——主轴传感器反馈信号。

JYA3——主轴位置编码器或外部一转信号接口。

JYA4——独立的主轴位置编码器接口。

2. βi SV 伺服驱动器

βi SV4 和 βi SV20 伺服驱动器总体连线图如图 6-7 所示，以 βi SV20 为例介绍其主要接线端口。

左排：

CXA19B——24V 电源输入接口。

COP10B——伺服 FSSB 光缆输入接口。

CZ7-1——主电源输入接口（AC 200V）。

CZ7-2——外置放电电阻接口。

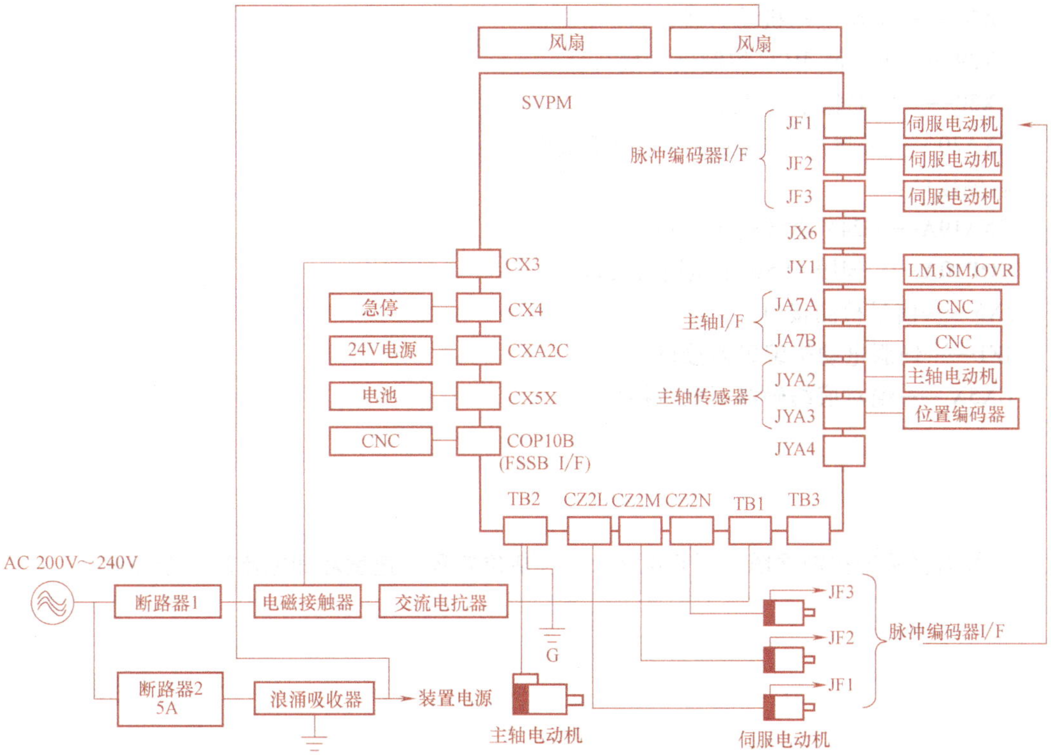

图 6-6　βi SVSP 伺服驱动器总体连线图

注：图中 SVPM 即 SVSP。

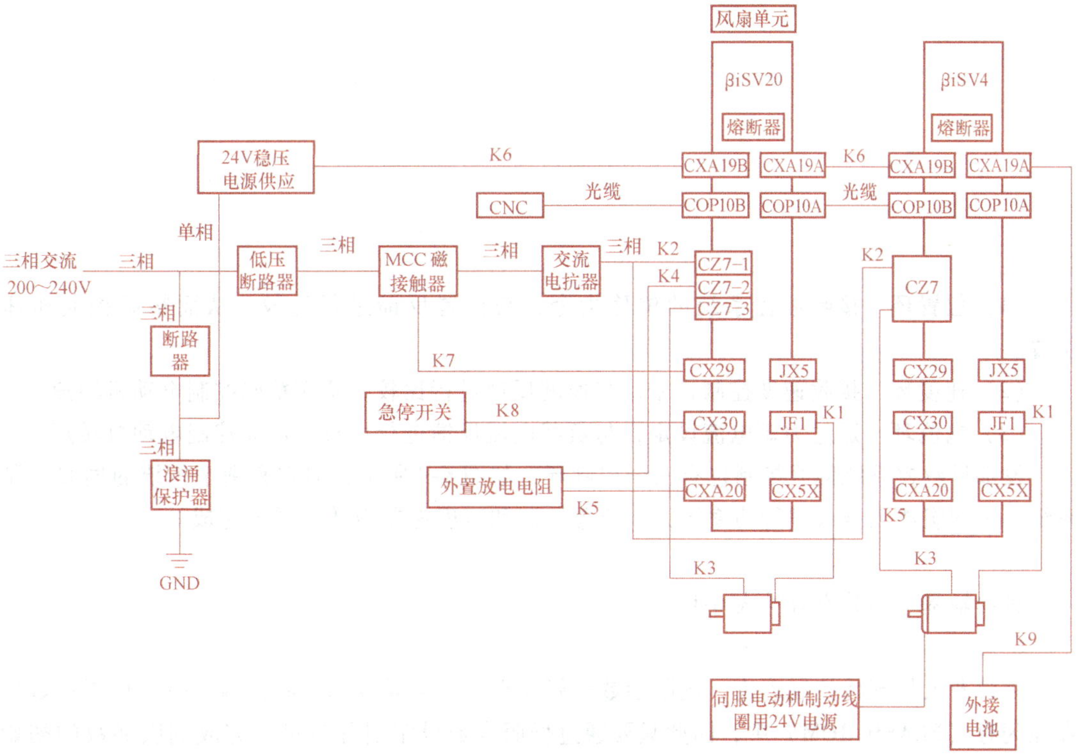

图 6-7　βi SV 伺服驱动器总体连线图

CZ7-3——伺服电动机动力线接口。

CX29——主电源 MCC 控制信号接口。

CX30——外部急停信号接口。

CXA20——外置放电电阻接口（用于报警）。

右侧接口：

CXA19A——24V 电源输出接口。

COP10A——伺服 FSSB 光缆输出接口。

JX5——信号检测接口。

JF1——伺服电动机编码器接口。

CX5X——绝对值编码器用电池接口。

6.2.3　进给控制原理及参数设置

1. 进给控制原理

一般伺服系统控制框图如图 6-8 所示，包括位置环、速度环和电流环三个控制环。

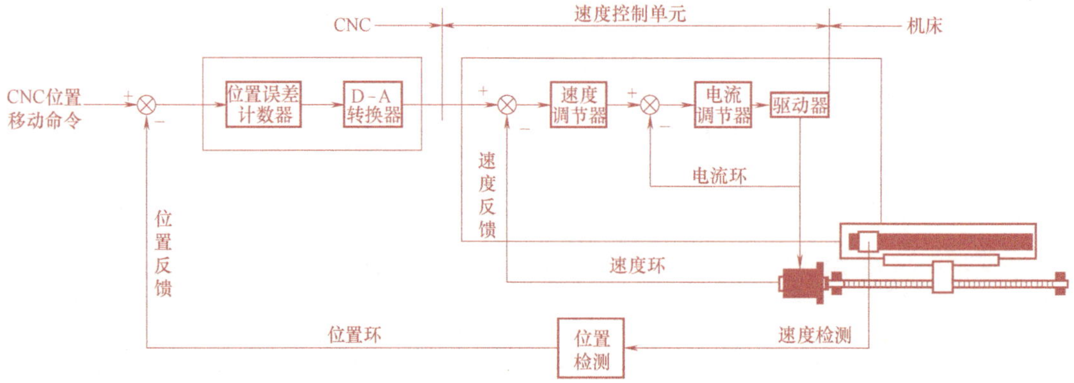

图 6-8　伺服系统控制框图

（1）位置环　接收数控系统的位移指令，与位置反馈进行比较，从而精确控制机床位置。

（2）速度环　接收速度控制指令，与速度反馈进行比较，从而精确控制电动机转速。

（3）电流环　通过力矩电流设定，与负载电流反馈进行比较，从而控制电动机转矩。

发那科数控系统伺服控制也有三个控制环，如图 6-9 所示，但它有别于传统的伺服控制系统——伺服放大器只进行功率放大，位置控制和速度控制由数控系统完成。

2. 轴基本参数设置

进给轴基本参数设置见表 6-1。

3. 伺服参数

因涉及大量现代控制理论，伺服参数有好几百个，但是发那科将试验测得的伺服参数保存在闪存（FLASH ROM）中，因此只要通过伺服参数设定引导就可以完成伺服参数的初始化，即将 FLASH ROM 中的参数传送到伺服放大器中。

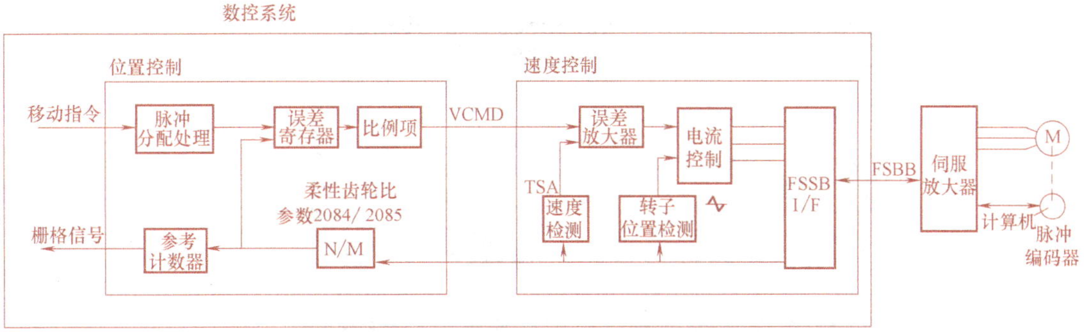

图 6-9 发那科数控系统伺服控制框图

表 6-1 进给轴基本参数设置

参数号	参数功能	备注	
1001	米制/英制单位选择		
1002	手动方式同时控制轴数		
1005	设置未回零执行自动运行		
1006	直线轴/旋转轴设定		
1013	最小输入单位设定	脉冲当量	
1020	各轴程序名称设定	设定值	轴名称
		88	*X*
		89	*Y*
		90	*Z*
		65	*A*
		85	*U*
1022	设定各轴属性	设定值	意义
		0	旋转轴
		1	基本三轴中的 *X* 轴
		2	基本三轴中的 *Y* 轴
		3	基本三轴中的 *Z* 轴
		5	*X* 轴的平行轴
		6	*Y* 轴的平行轴
		7	*Z* 轴的平行轴
1023	各轴的伺服轴号设置		

(1) 初始化设定位 伺服参数初始化设定界面如图 6-10 所示，将【初始化设定位】——参数 2000 的各位设为 0，重启数控系统，就可将伺服参数进行初始化设定，即本界面的参数全部初始化。

(2) 电动机代码 即图 6-10 中的“电动机代码”，常见的伺服电动机代码见表 6-2，其余电机代码请查阅伺服放大器手册。【电机代码】参数为 2020。

表 6-2 常见伺服电动机代码

电动机型号	驱动器最大电流	电动机代码
αi s4/4000	40A	273
αi s8/3000	40A	277
αi s12/3000	80A	293
αi s22/3000	80A	297
βi s4/4000	20A	256
βi s8/3000	20A	258
βi s12/2000	40A	269
βi s12/3000	40A	272
βi s22/2000	40A	274

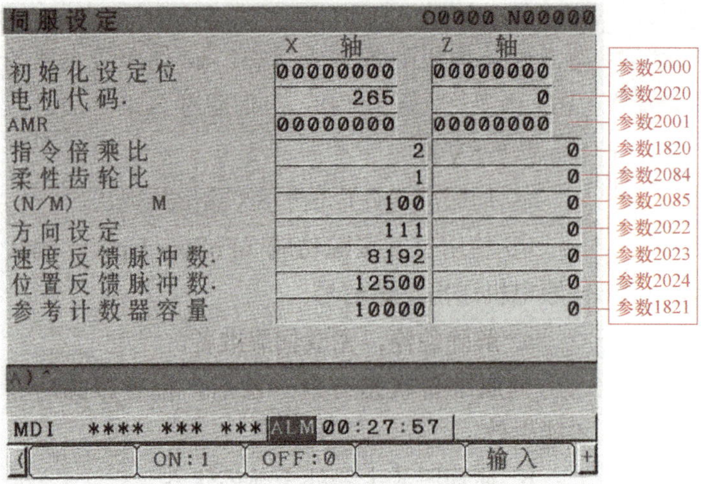

图 6-10　伺服参数初始化设定界面

（3）AMR　参数为 2001，一般设为“00000000”。

（4）指令倍乘比　参数为 1820。通常情况下，发那科要求指令单位=检测单位，CMR=1，所以 1820=2。

（5）柔性齿轮比　在半闭环控制系统中有

$$\text{柔性齿轮比}=\frac{N(\text{参数号 }2084)}{M(\text{参数号 }2085)}=\frac{\text{电动机每转一转所需要的位置脉冲数}}{10000000}(\text{约分数})$$

在齿轮副传动比为 1∶1 的情况下，针对不同滚珠丝杠导程的柔性齿轮比见表 6-3。

表 6-3　常设柔性齿轮比

滚珠丝杠导程/mm	电动机每转所需位置脉冲数/(脉冲/r)	柔性齿轮比/(N/M)
6	6000	3/500
8	8000	1/125
10	10000	1/100
20	20000	1/50
30	30000	3/100

（6）方向设定　【方向设定】参数为 2022，正向值为 111，负向值为-111。

（7）反馈脉冲数　【速度反馈脉冲数】的参数为 2023，【位置反馈脉冲数】的参数为 2024。在半闭环伺服控制系统中，速度反馈脉冲参数 2023 的设定值为 8192，位置反馈脉冲参数 2024 的设定值为 12500。

（8）参考计数器容量　【参考计数器容量】参数为 1821。在半闭环伺服控制系统中，参考计数器容量一般设定为电动机转一转所需要的脉冲数。

6.2.4　进给轴相关 PMC 控制程序

以数控车床为例，讲解其进给轴控制程序。

1. 进给轴 PMC 控制内容

进给轴的控制由数控系统和 PMC 相互配合完成，其中由 PMC 负责的内容包括：

1）手动状态下，轴的选择、移动方向和速度的选择。

2）手轮模式下，轴的选择和倍率的选择。

3）自动模式下，进给倍率的选择。

4）各轴的回零。

2. 进给轴相关 PMC 信号地址

进给轴相关 PMC 信号地址见表 6-4。

表 6-4 进给轴相关 PMC 信号地址

信号地址	信号符号	信号名称	信号解释
F003#1	MH	手轮进给选择检测信号	手轮模式
F003#2	MJ	JOG 进给选择检测信号	手动模式
F003#3	MMDI	手动数据输入选择检测信号	MDI 模式
F003#5	MMEM	自动运行选择检测信号	自动模式
G043#0~2	MD1\2\4	方式选择信号	PMC 发给 CNC 的模式切换信号
G100	+J1~+J4	进给轴的方向选择信号	正方向：#0，第一个轴；#1，第二轴
G102	-J1~-J4	进给轴的方向选择信号	负方向：#0，第一个轴；#1，第二轴
F4#5	MREF	手动返回参考点检测信号	回零模式
F094	ZP1~ZP4	返回参考点结束信号	F94.0，轴 1 参考点、F94.1，轴 2 参考点
G019#7	RT	手动快速移动选择信号	
G014#0、#1	ROV1、2	快速进给倍率信号	如何使用在下文中有描述
G19#4、#5	MP1、MP2	手轮进给量选择信号	手轮倍率确定在下文中有描述
G010，G011	*JV0~15	手动移动速度倍率信号	可以设置 16 种速度
G012	*FV0~7	进给速度倍率信号	在 PMC 中设置倍率值
G096#0~6	*HROV0~6	1%快速进给倍率信号	

3. 进给相关功能的建立方法

（1）机床操作模式的建立　通常机床的各种运动都建立在相应的模式下。常见的机床工作方式与 FG 信号对应关系见表 6-5。

表 6-5 常见机床工作方式与 FG 信号对应

G43.7	G43.5	G43.2	G43.1	G43.0	机床工作方式	输出信号
—	—	0	0	0	手动数据输入（MDI）	F3.3
—	0	0	0	1	自动运行（MEM）	F3.5
—	—	0	1	1	编辑模式（EDIT）	F3.6
—	—	1	0	0	手轮/增量进给	F3.1
0	—	1	0	1	手动进给（JOG）	F3.2
					回参考点（REF）	F4.5

（2）速度的建立　操作模式建立好后，机床在各种模式下都要有运行速度，其值是设定在参数中的，PMC 需要提供给 CNC 速度输出的倍率控制，从而产生实际的速度输出。

手动方式下有如下速度倍率需要处理：

$$手动方式速度=参数设定值(\text{No. }1423)\times手动进给倍率(\text{G010},\text{G011})$$

式中，手动进给倍率由 G010~G011 确定，对应于 0.00%~655.35%，其值在梯形图中写入。

$$快速方式速度=参数设定值(\text{No. }1420)\times快速倍率$$

式中，快速倍率由 ROV1、ROV2（G014.0，G014.1）确定，见表 6-6。

表 6-6 快速倍率

G014.1	G014.0	倍率
0	0	100%
0	1	50%
1	0	25%
1	1	F

各轴快速移动速度的参数为 1420，数值单位为 mm/min，也就是 G00 的速度。

各轴手动快速移动速度的参数为 1424，数值单位为 mm/min。当 1424 设定值为 0 时，手动快速移动速度为参数 1420 的值。

各轴快速移动倍率 F 的速度参数为 1421，数值单位为 mm/min。

（3）手轮增量倍率的确定　手轮增量倍率见表 6-7。

表 6-7　手轮增量倍率

G19.5	G19.4	倍率
0	0	×1
0	1	×10
1	0	×*m*
1	1	×*n*

表 6-6 中 *m* 的值由参数 7113 确定，取值范围为 1~127；*n* 的值由参数 7114 确定，取值范围为 1~1000。

4. 进给电路

（1）主电路　进给主电路主要由伺服驱动器和进给伺服电动机构成，如图 6-11 中 SVM-20 驱动器和 SMX/Z 电动机。

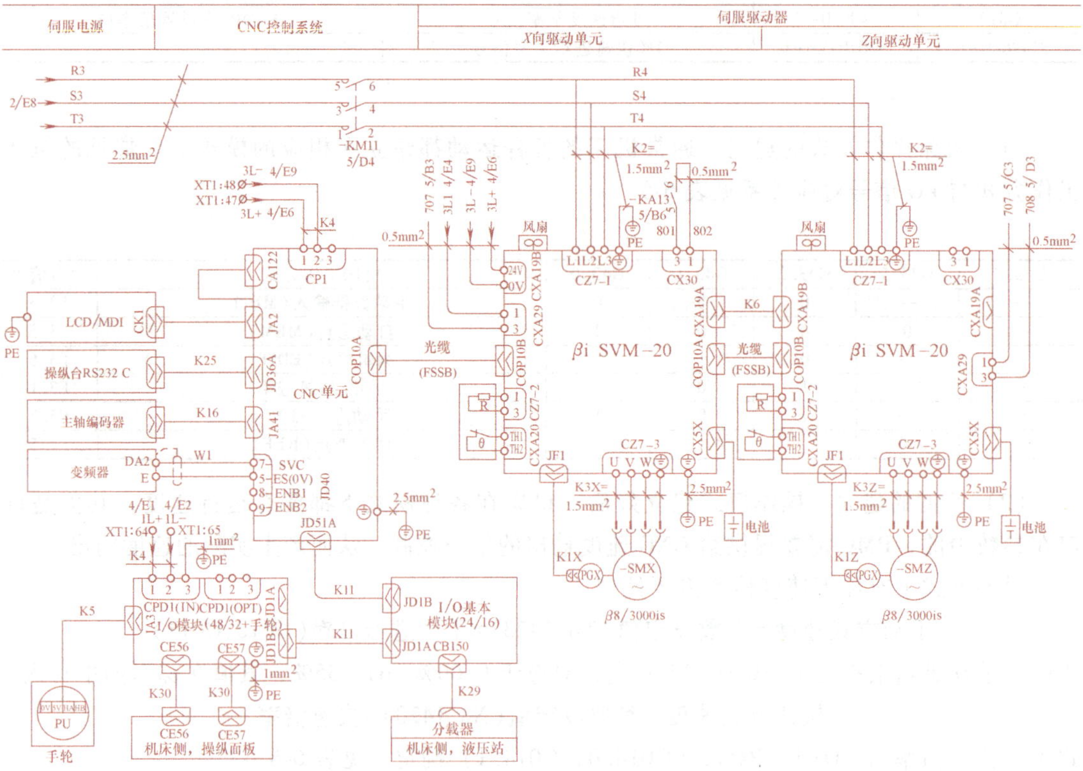

图 6-11　进给主电路

（2）控制电路　进给控制主要是操作面板的点位，包括手动轴选择、进给倍率、轴选、自动进给倍率等，如图 6-12 所示。

5. 进给相关功能指令

二进制码变换指令 CODB——把 2 字节的二进制数据（0~256）转换成 1 字节、2 字节

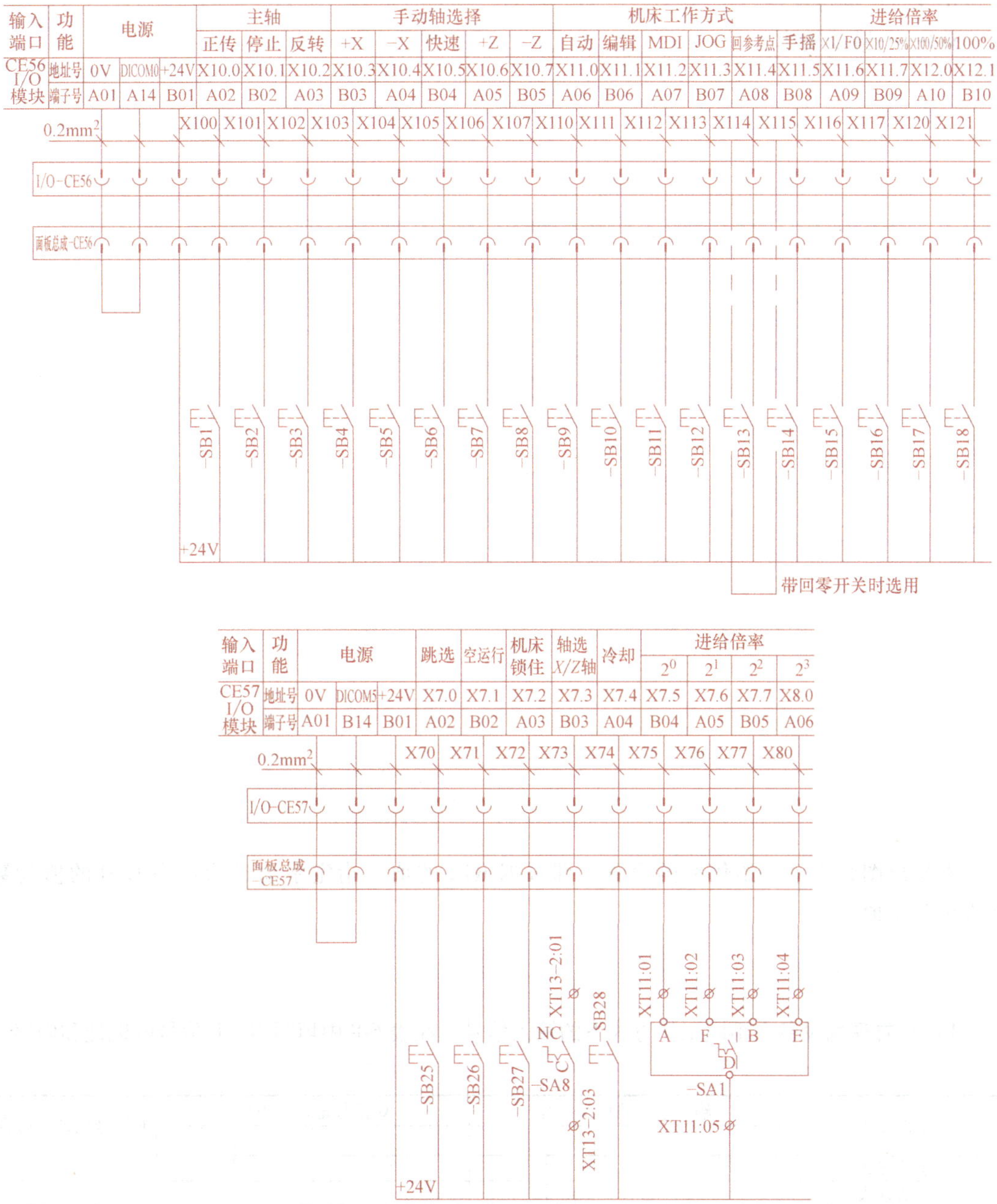

图 6-12 进给控制电路

或 4 字节的二进制数据指令，如图 6-13 所示，其参数意义如下：

形式指定——1，表示 1 字节二进制数，2 表示 2 字节二进制数，4 表示 4 字节二进制数。

变换数据个数——指定转换的数据量，从 0 开始，总数为写入值+1。

变换的输入数据地址——指定变换数据的存放地址。

变换的输出数据地址——变换后数据的输出地址。

RST——错误输出复位。

ACT——执行条件。

W1——错误输出。

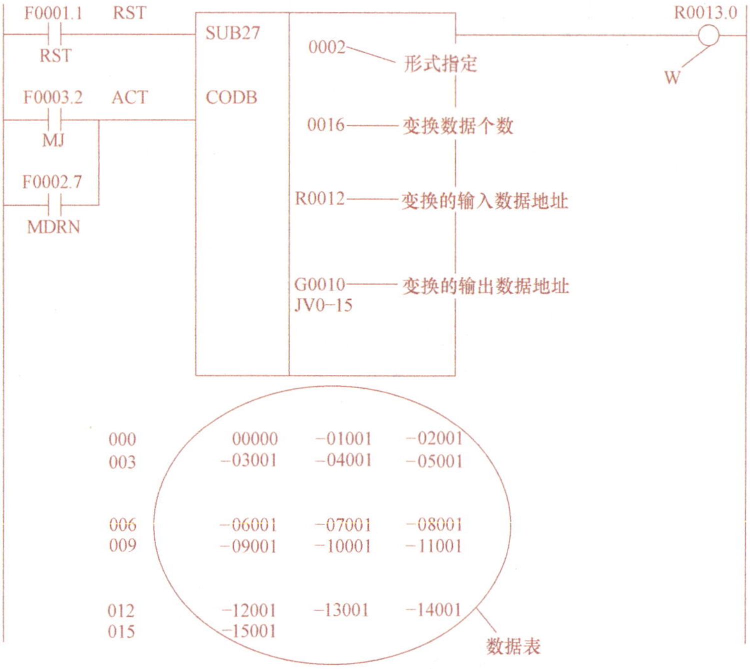

图 6-13　CODB 功能指令梯形图

本梯形图是手动进给倍率的设置，即根据 R12 的值，指定手动进给倍率 G10 的值为数据表中某个值。

6.2.5　任务实施

1）查看现场设备在不同工作方式下的输入信号，在表 6-8 中填写 G、F 信号的地址和内容。

表 6-8　工作方式信号地址表

工作方式	输入信号地址及内容				G 信号地址及内容				F 信号地址及内容
手动方式									
自动方式									
编辑方式									
手轮方式									
手动回参考点									

2）查看现场设备，记录该设备的基本情况，并回答问题。

① 伺服驱动器型号：________________。

② 有几个伺服接线端口？各个端口各起什么作用？

3）利用存储卡进行 PMC 程序备份和还原。

为方便读取 PMC 程序和做好备份，通常要将所有新机床的 PMC 程序、参数等备份到计算机上，以便数控系统崩溃后的恢复。用 CF 存储卡进行备份和还原是一种常见的方式。如

图 6-14、图 6-15 所示，将 CF 卡插入 CF 卡套中，再插入数控系统卡槽中，就可实现与 CNC 的数据交互；CF 卡插入读卡器中，可用于与计算机的 USB 数据口数据交互。

系统备份还原有两种方式：

① 系统上电时同时按住最右边两个软键（图 6-15 下部框中的键），进入开机界面主菜单，如图 6-16 所示。

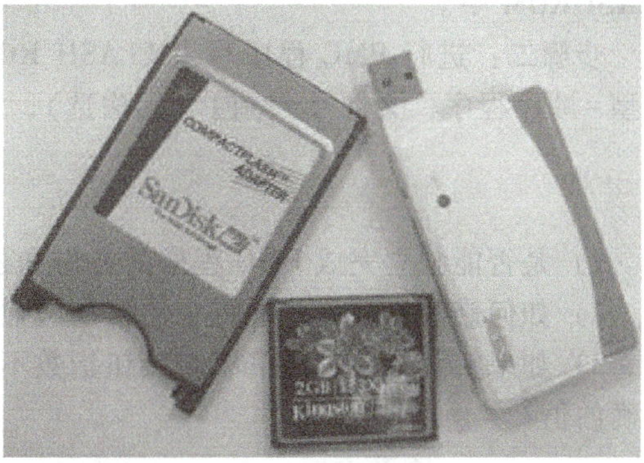

图 6-14　CF 卡读卡器

PMC 备份：进入【6. SYSTEM DATA SAVE】→【PMC1】→【SELECT】→【YES】；或者进入【7. SRAM DATA UTILITY】→【SRAM BACK UP】（CNC→MEMORY CARD）→【SELECT】→【YES】。

PMC 还原：进入【2. USER DATA LOADING】→选择需加载的梯形图文件，如 PMC1. 001→【SELECT】→【YES】；或者进入【7. SRAM DATA UTILITY】→【SRAM BACK UP】（MEMORY CARD→CNC）→【SELECT】→【YES】。

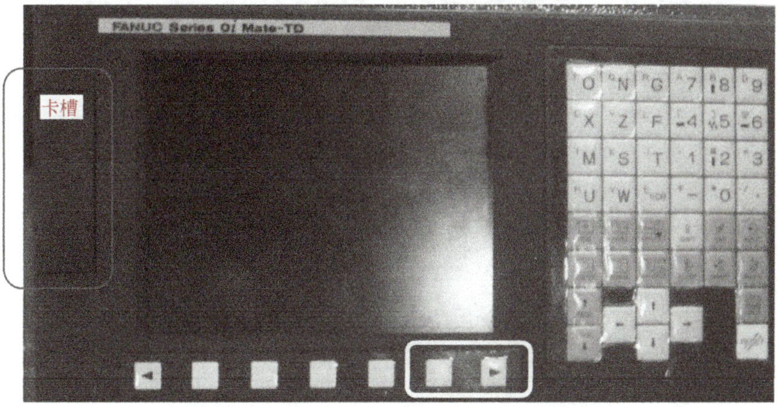

图 6-15　系统卡槽位置

② 系统进入界面后，可以根据需要独立备份参数、梯形图等。按下列操作：系统面板【SYSTEM】键→【+】→【PMC-MNT】→【I/O】→【操作】，显示如图 6-17 所示的界面。

备份操作：装置=存储卡（CF 卡）；功能=写；数据类型=顺序程序；文件名=PMC1_LAD. 000；按【执行】键，CNC 系统中的 PMC 程序就存储到 CF 卡中，如图 6-18 所示。

还原操作：

步骤一：装置=存储卡（CF 卡）；功能=读取；数据类型=空白（无法选）；文件号=1（CF 卡中的 PMC 文件序号）；文

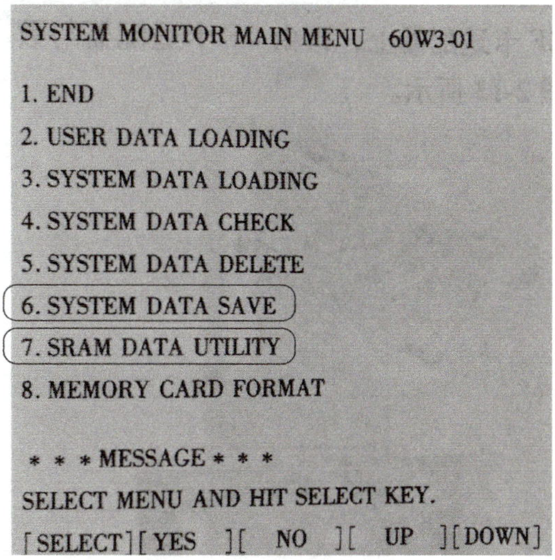
SYSTEM MONITOR MAIN MENU　60W3-01
1. END
2. USER DATA LOADING
3. SYSTEM DATA LOADING
4. SYSTEM DATA CHECK
5. SYSTEM DATA DELETE
6. SYSTEM DATA SAVE
7. SRAM DATA UTILITY
8. MEMORY CARD FORMAT
* * * MESSAGE * * *
SELECT MENU AND HIT SELECT KEY.
[SELECT][YES][NO][UP][DOWN]
图 6-16　开机界面主菜单

件名=PMC_LAD.000（CF卡中PMC文件的名字）；按【执行】键，CF卡中PMC程序就存储到CNC系统中的DRAM。此时的PMC断电后丢失，因此必须再将其保存到FLASHROM中。

步骤二：进行PMC程序写入FLASH ROM操作，装置=FLASH ROM；功能=写；数据类型=顺序程序；文件号=空白（无法选）；文件名=空白（无法选）。

6.2.6 检查评价

1）是否能独立完成PMC程序的备份和还原操作？

2）如何修改参数，才能将手动移动 X 轴的移动速度改为1000mm/min？

3）如果实际自动进给倍率与旋钮指数不一致，有可能是哪里出了问题？该如何修改成正确的值？

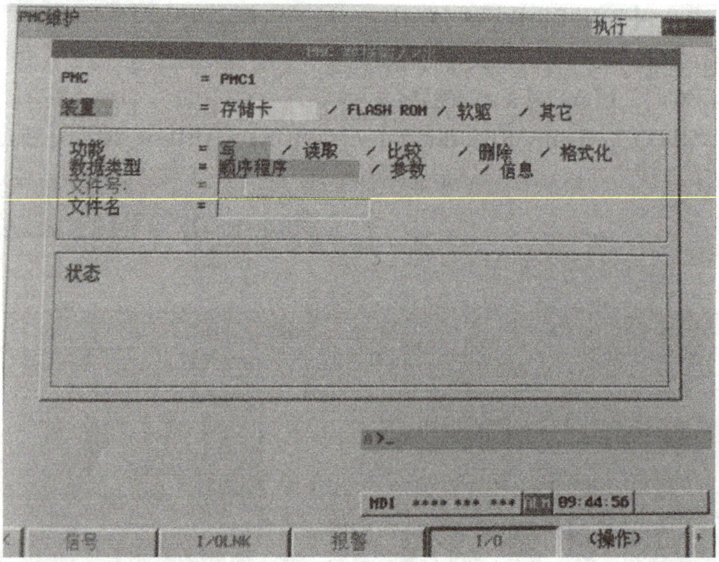

图6-17　PMC备份还原界面（一）

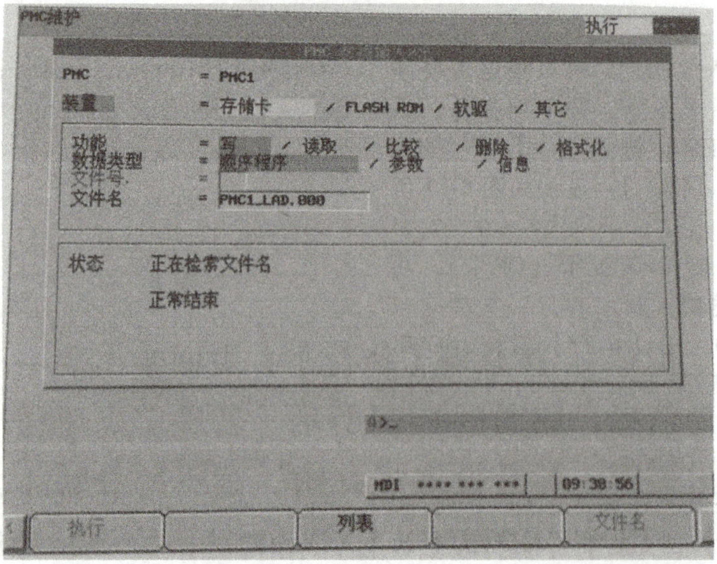

图6-18　PMC备份还原界面（二）

6.2.7　拓展资料

进给轴 PMC 程序案例如图 6-19 所示。

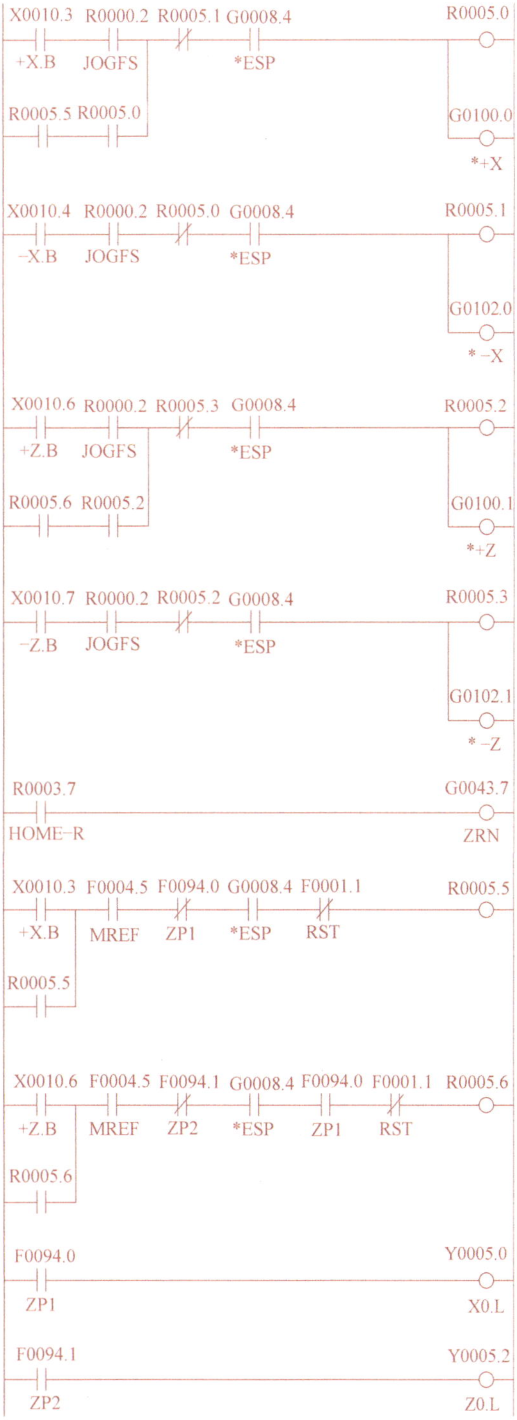

图 6-19　进给轴 PMC 程序案例

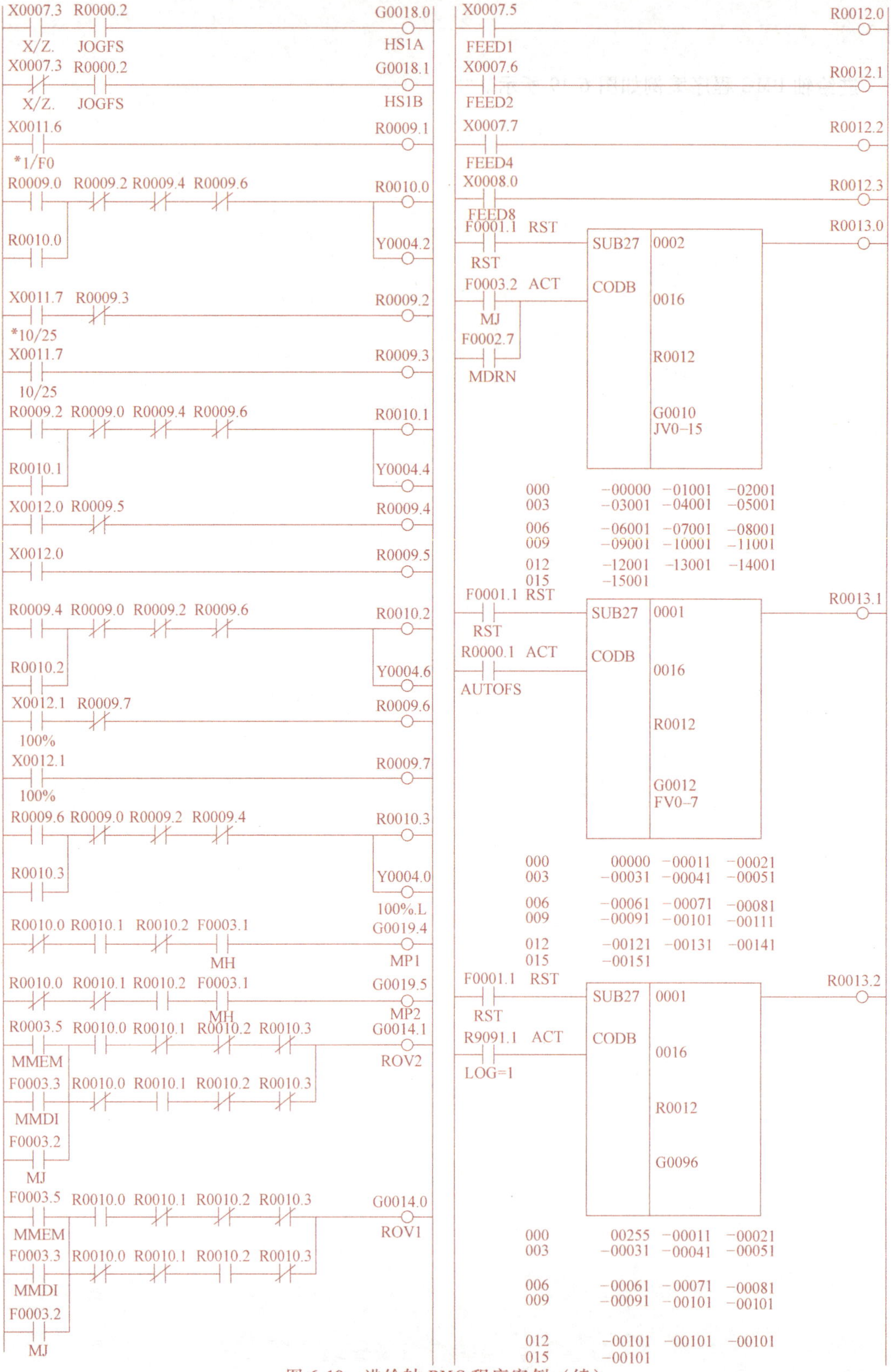

图 6-19　进给轴 PMC 程序案例（续）

6.3　任务2　数控机床急停控制系统装调

【教学目标】

1. 熟悉急停的概念。
2. 掌握数控机床急停控制涉及的相关电气元件。
3. 掌握急停的设计思路。
4. 掌握急停相关的 PMC 程序部分。

【素养目标】

1. 培养学生家国情怀。
2. 引导学生热爱祖国。
3. 对中国科技发展的责任感和使命感。

【任务描述】

1. 根据机床电气原理图，能够连接急停电路。
2. 根据实际机床的急停故障，能够分析急停原因并解决急停故障。

6.3.1　数控机床急停概念

所谓急停，就是数控机床进入紧急停止状态，其产生原因有可能是操作者在特殊情况下（机床撞刀、伤人等）按下急停按钮，也有可能是机床发生故障而不能正常运行时，使机床进给轴、主轴、换刀等处于停止的状态。

图 6-20a 所示为加工中心处于急停状态，红色指示灯一直在闪烁；图 6-20b 所示为车床

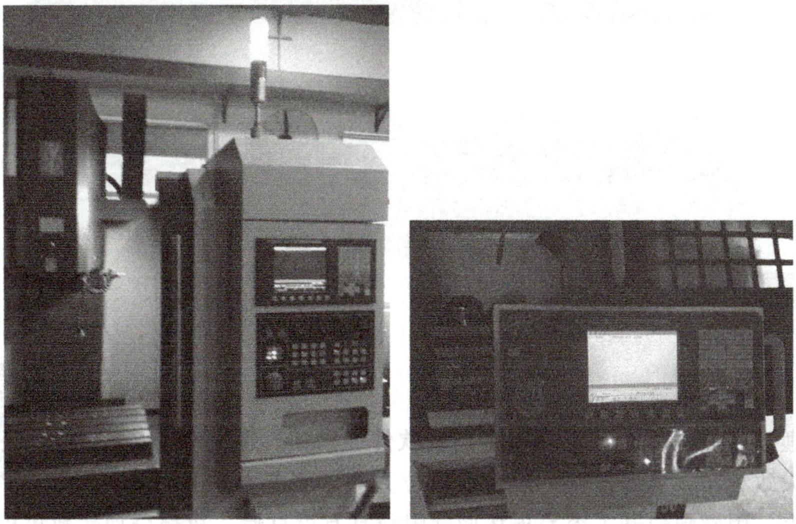

a) 加工中心处于急停状态　　b) 车床处于急停状态

图 6-20　机床处于急停状态

处于急停状态。

6.3.2 急停回路相关元件介绍

1. 急停按钮

当发生紧急情况的时候，操作人员可以通过快速按急停按钮来达到保护的措施。一般大中型机器设备或者电器上都可以看到急停按钮，其颜色一般为醒目的红色。急停按钮的外观及图形与文字符号如图 6-21 所示，尽管文字也是 SB，但是它与普通常开常闭按钮不同之处是：拍下急停按钮手松开后，不会自动弹回，而是需要顺时针旋转约 45°，才会弹起。

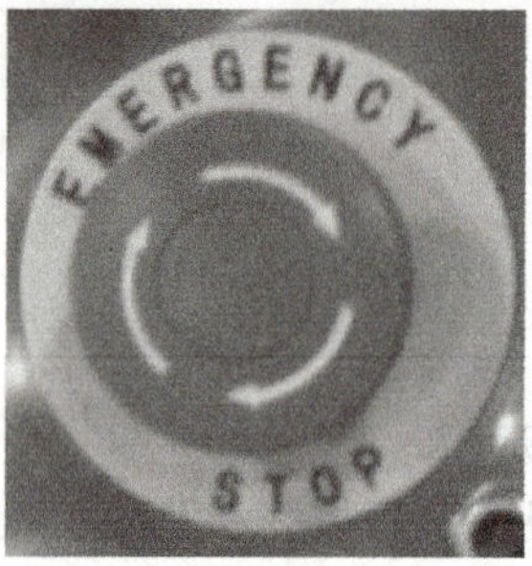

a) 外观

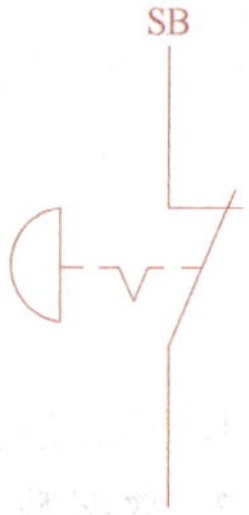

b) 图形与文字符号

图 6-21　急停按钮的外观及图形与文字符号

2. 急停 PMC 信号的 I/O 单元

拍下急停按钮后的信号需要通过 I/O 模块传入 PMC 进行处理，因此需要用到相关的 I/O 硬件模块，如车床常用的 CE57 板（图 6-22）、铣床/加工中心常用的 I/O 模块（图 6-23）。

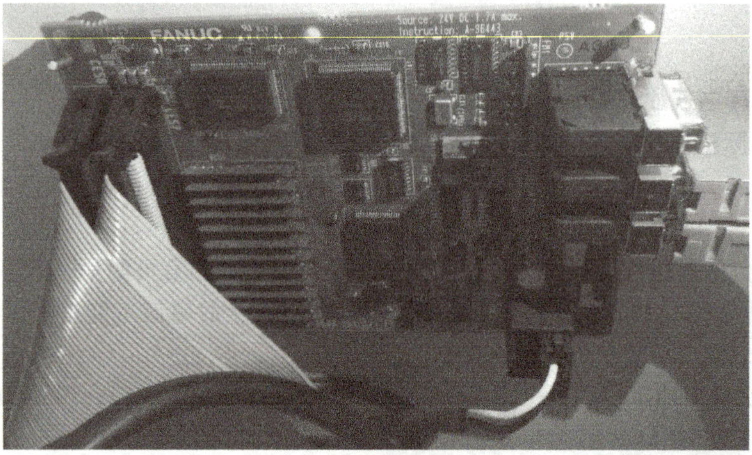

图 6-22　车床常用的 CE57 板

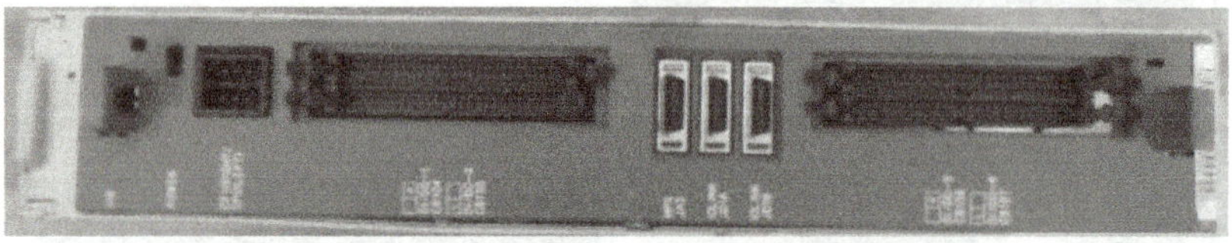

图 6-23　铣床/加工中心常用的 I/O 模块

6.3.3 数控机床急停回路设计方法

急停处理一般包含硬件（急停回路）和软件（PMC）两部分。急停回路的设计原理大致相同，急停按钮一般与硬限位开关串联起来，且通常使用开关的动断触点。因硬限位开关容易损坏而软限位具有可靠性，故部分现代数控机床已经不再使用硬限位开关。

机床碰到硬限位开关或按下急停按钮时，将使机床进入紧急停止状态，该信号被输入CNC控制单元、伺服放大器以及主轴放大器。当急停信号（＊ESP）和行程限位开关都闭合时，CNC控制单元进入急停释放状态，伺服放大器和主轴电动机处于可控制及运行状态。当急停信号（＊ESP）或行程限位开关断开时，CNC控制单元复位并进入急停状态，伺服放大器和主轴电动机减速直至停止。图6-24所示即为FNAUC系统急停回路设计推荐方法。

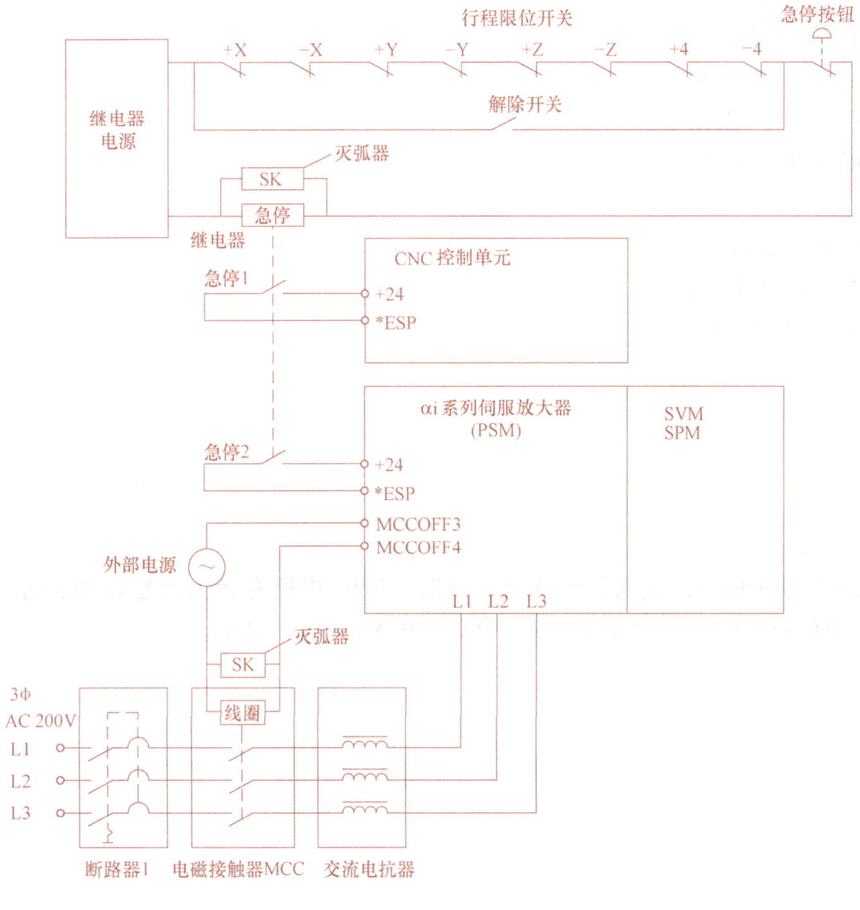

图6-24　FNAUC系统急停回路设计推荐做法

6.3.4　数控机床急停回路与PMC程序

1. 急停回路

以FANUC-0i-Mate-TD型号数控系统的车床为例，其急停回路如图6-25所示。

一般地，急停回路通常是急停按钮+中间继电器（+行程开关，若有硬限位），要实现急停的功能，主要是通过中间继电器的常开触点对应的后续电路：如图6-25所示，第一个常开触点接入PMC；如图6-25c所示，第二个常开触点接入伺服驱动器，以控制伺服轴。

2. PMC 程序

以装有 FANUC 0i-Mate-TD 型号数控系统的车床为例，急停 PMC 程序如图 6-26 所示。

X8.4 信号——急停回路中 KA 的常开触点输入信号（由厂家规定）。

G8.4 信号——发那科 0i D 系列中 PMC 发给 CNC 的急停信号（由厂家定义）。

当拍下急停按钮后，一方面，X8.4 信号中断，导致 G8.4 信号中断。

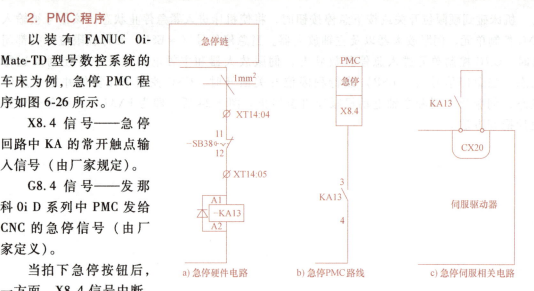

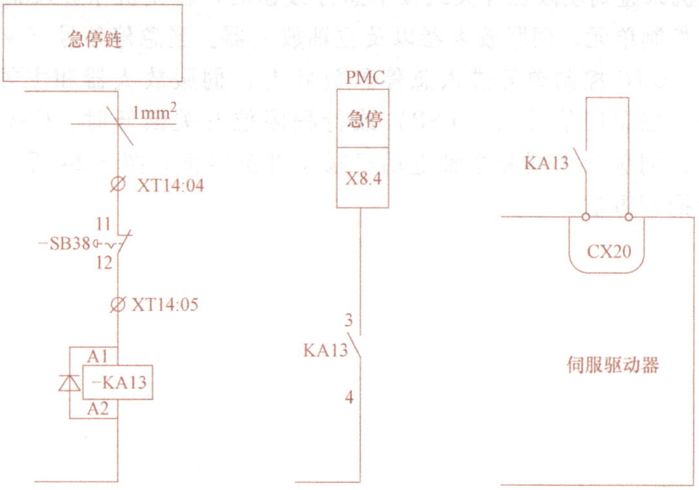

a) 急停硬件电路　b) 急停PMC路线　c) 急停伺服相关电路

图 6-25　数控车急停回路

图 6-26　急停 PMC 程序

CNC 没有收到 G8.4 信号即进入急停状态；同时，PMC 中所有相关的输出即会停止。如图 6-27 所示，急停时，G8.4 常开触点不通，Y0.5 和 Y2.4 输出停止。

图 6-27　急停输出案例

另一方面，伺服驱动电路 CX20 没有接通，伺服驱动器输出停止，即所有驱动进给轴电动机停止转动，所有轴立即停止运转。

6.3.5　任务实施

以 CK6132S 型机床急停回路为例，说明急停回路的测量过程，其电气原理图如图 6-28 所示。

具体实施过程如下：

1）测量端子 0V 和端子 497 之间的导通性，如图 6-29 所示。注意：端子 499 已在 Z 轴的行程开关处短接。

2）万用表的红、黑表笔分别接端子排 XT2 的端子 0V 及端子 497，如图 6-30 所示。

3）端子排 XT2 的端子 0V 及端子 497 放大图，如图 6-31 所示。

4）用万用表来判断线路接通与否，万用表显示如图 6-32 所示。注意：在机床通电时用电压档，在机床断电时用电阻档，不能用反。

5）测量端子 0V 和端子 493 之间的导通性，如图 6-33 所示。注意：端子 495 已在 *X* 轴的行程开关处短接。

6）万用表的红、黑表笔分别接端子排 XT2 的端子 0V 及端子排 AT3 的端子 493，如图 6-34 所示（只显示黑表笔）。

7）端子排 AT3 的端子 493 放大图如图 6-35 所示。

8）万用表的红、黑表笔分别接端子排 XT2 的端子 0V 及端子排 AT3 的端子 543，如图 6-36 所示。

9）端子排 AT3 的端子 543 放大图，如图 6-37 所示。

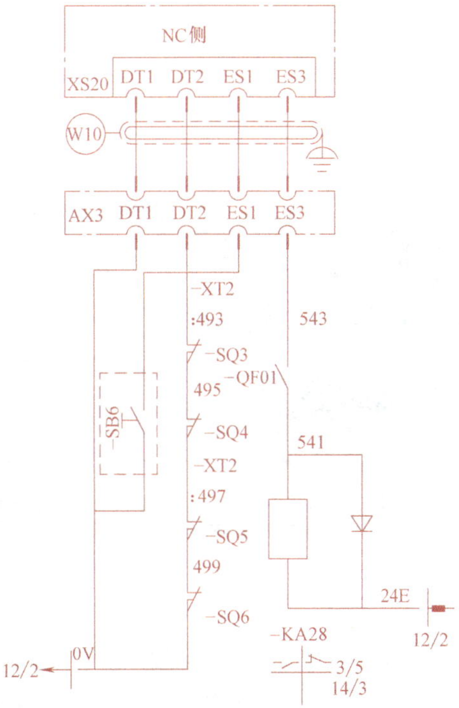

图 6-28　急停回路电气原理图

10）端子排 AT3 的端子 493 和端子 543 分别接 XS20 的端子 ES1（0T2）和端子 ES3（图 6-38）。注意：XS20 接在数控系统的背面。

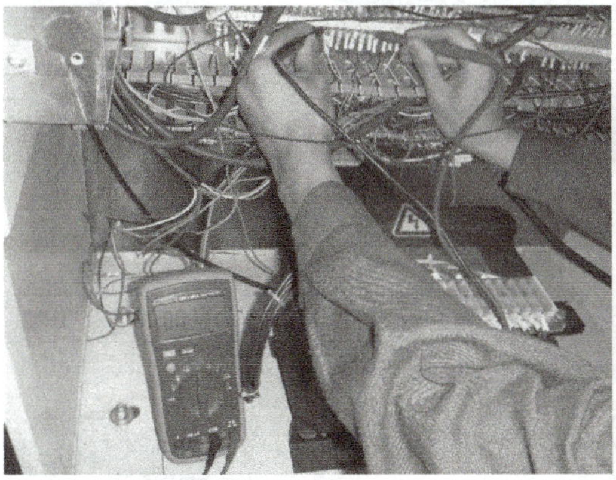

图 6-29　测量示意图

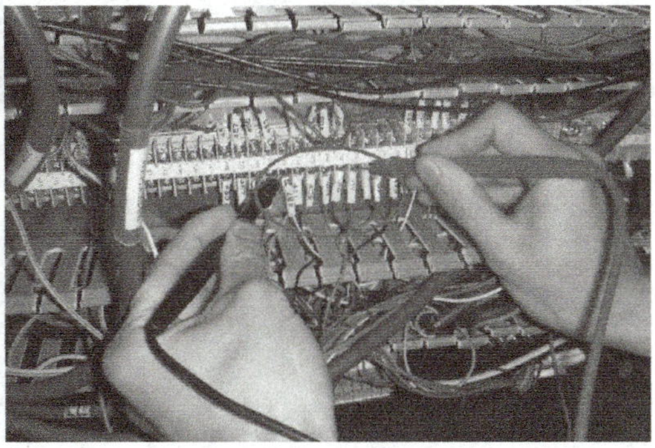

图 6-30　测量端子 0V 和端子 497

11）测量端子 0V 和端子 543 之间的导通性，如图 6-39 所示。

12）端子 543 的放大图如图 6-40 所示。注意：端子 543 接开关 QF01 的 13 号接线端。

13）测量端子 0V 和端子 541 之间的导通性，如图 6-41 所示。注意：端子 543 和端子 541 为开关 QF01 的一对常开触点。

14）端子 541 的放大图如图 6-42 所示。注意：端子 541 接开关 QF01 的 14 号接线端。

图 6-31 测量放大图

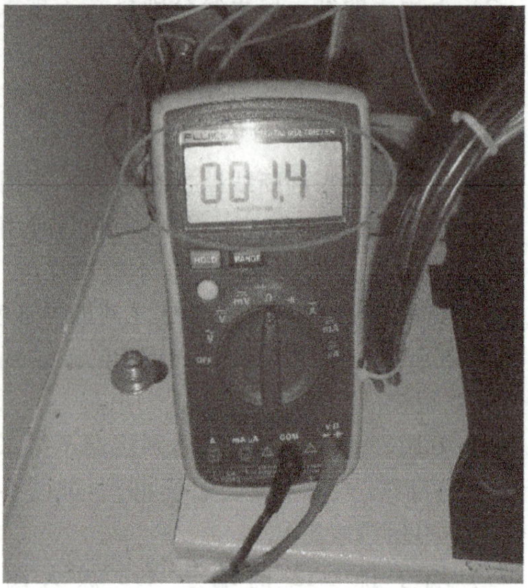

图 6-32 万用表显示

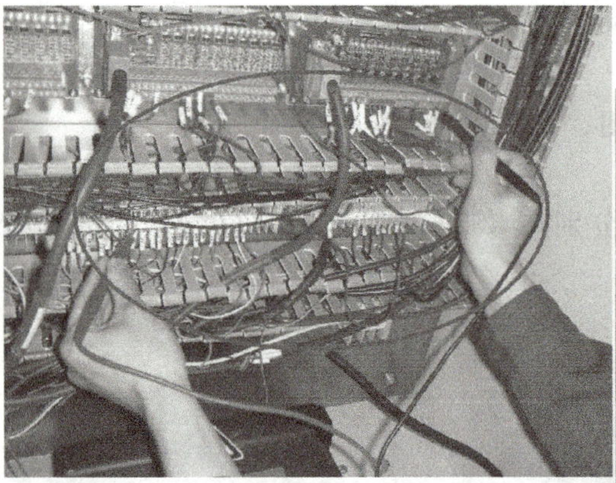

图 6-33 测量端子 0V 和端子 493

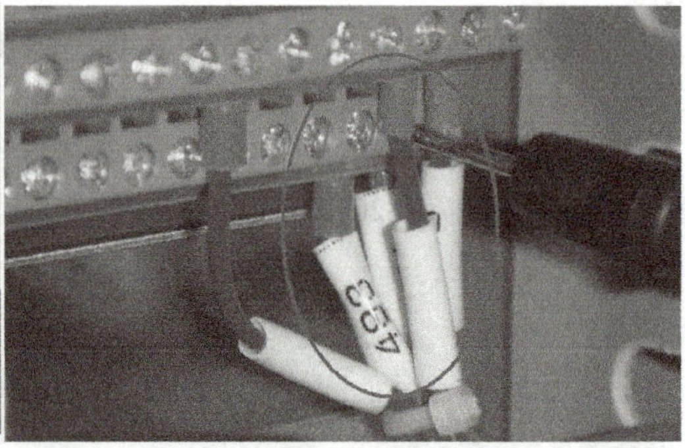

图 6-34 测量图

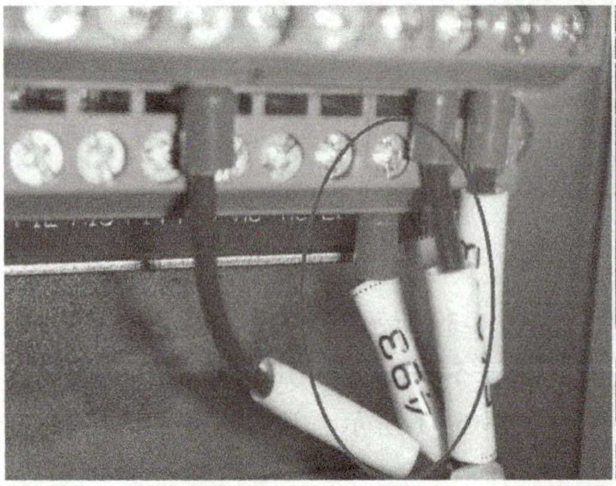

图 6-35 端子 493 放大图

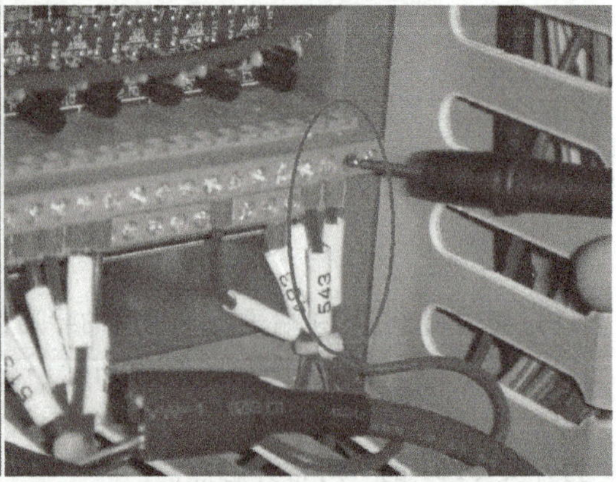

图 6-36 测量端子 0V 和端子 543

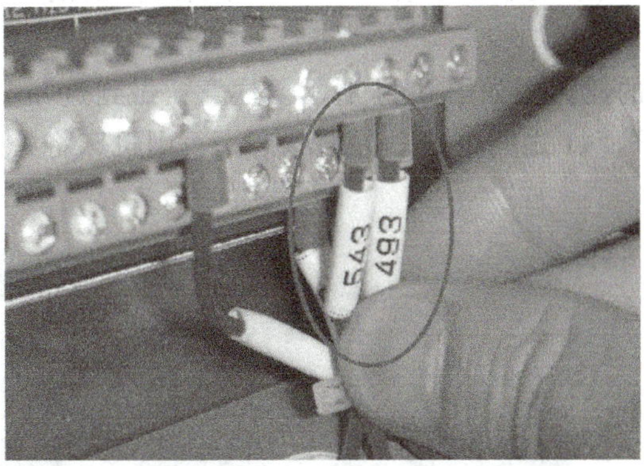

图 6-37　543 端子放大图

图 6-38　测量端子 493 和端子 543

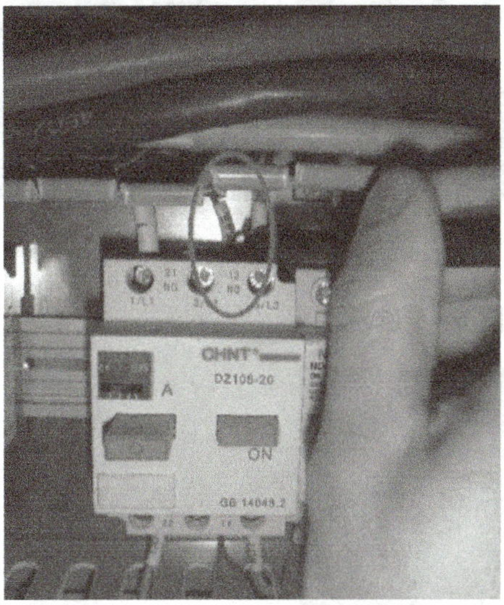

图 6-39　测量端子 0V 和端子 543

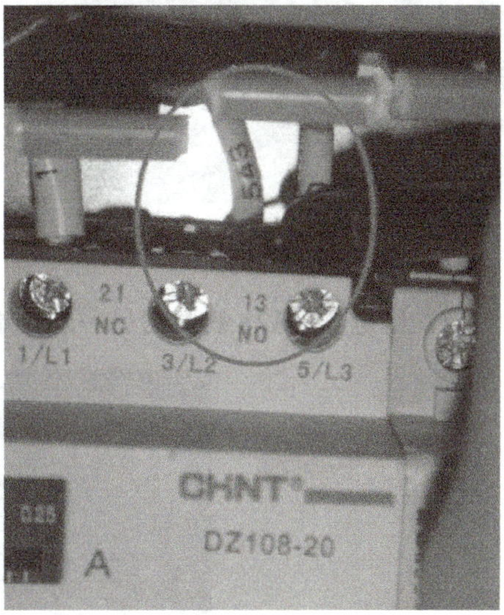

图 6-40　端子 543 的放大图

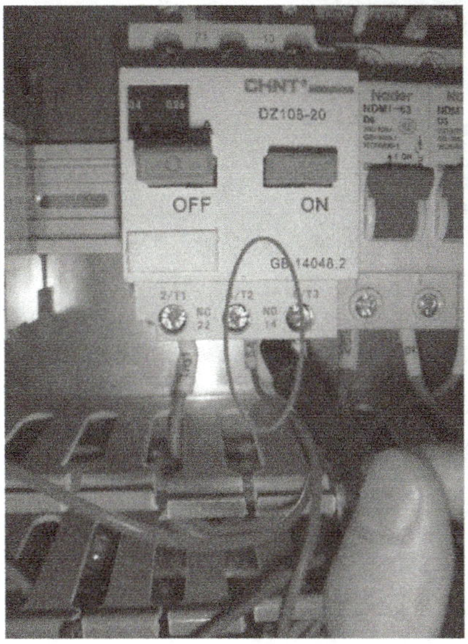

图 6-41　测量端子 0V 和端子 541

图 6-42　端子 541 的放大图

15）端子 541 从开关 QF01 的 14 号接线端接到此处继电器 KA28 的线圈，如图 6-43 所示。

16）继电器 KA28 的线圈接线端 541 端子的放大图如图 6-44 所示。注意：做到这一步，应保证从第一步的接线端子 0V 到这一步的端子 541 之间电路是导通状态，否则机床将处于急停状态。

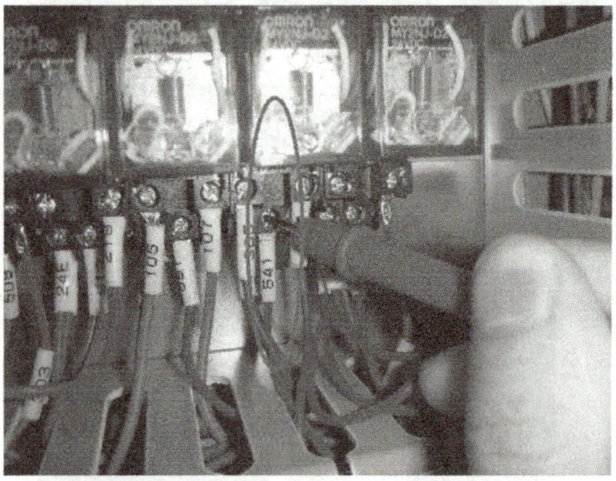

图 6-43　端子 541 接到继电器 KA28 的线圈

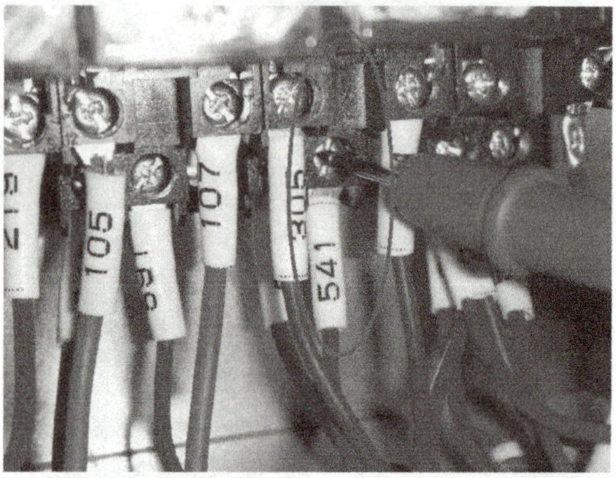

图 6-44　KA28 线圈接线端的 541 端子放大图

17）继电器 KA28 线圈的另一端接端子 24E，如图 6-45 所示。

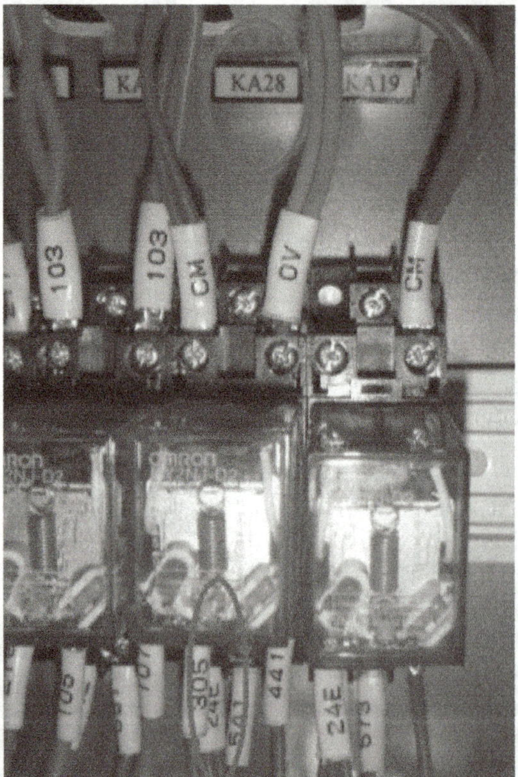

图 6-45　KA28 线圈的另一端接端子 24E

18）端子 24E 的另一端接在端子排 XT2 上，如图 6-46 所示。

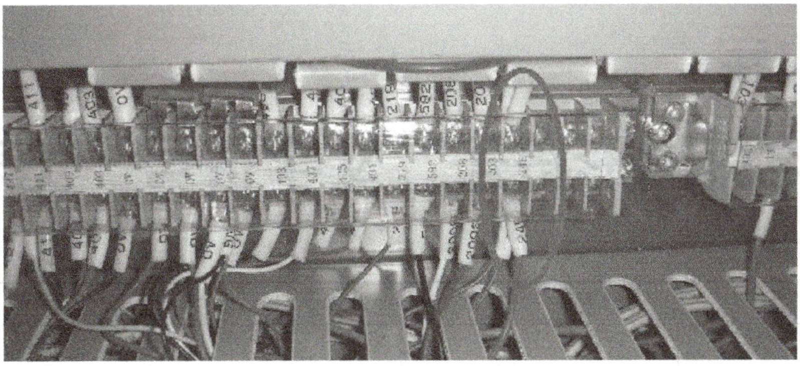

图 6-46　端子 24E 的另一端接在端子排 XT2 上

6.3.6　检查评价

1）根据现有设备的电路图，能否找出实际的急停线路走向和每一个接线位置？

2）急停按钮能否用普通常开常闭按钮取代？为什么？

3）FANUC 0i-D 系列的急停输入信号 X8.4 可不可以用别的点位如 X1.0 等取代？为什么？

课后见闻："急停"按钮——控制领域的"安全锁"

违章作业是安全生产的大敌，十起事故，九起违章。在实际操作中，有人为图一时方便，擅自拆除了自以为有碍作业的安全装置，而急停按钮可以说是安全控制的最后一把锁。

目前，自动化设备还只是一个循规做事的机器，一旦因为现场情况的变化导致运行异常，就需要操作人员拍下急停按钮使机器停下来。而一旦急停功能失效，轻则毁机，重则伤人，所以急停按钮的安全功能是所有设备中最重要的。在日常工作中，急停按钮的错误使用方法通常有以下几种：①常开触点接入线路；②错用急停按钮的切断功能；③急停按钮当断路器用；④急停按钮从不测试。

安全意识低是造成伤害事故的思想根源，我们一定要牢记：所有的安全装置都是为了保护操作者生命安全和健康而设置的。机械装置的危险区就像一只吃人的"老虎"，安全装置就是关老虎的"铁笼"。当你拆除了安全装置后，这只"老虎"就随时会伤害我们的身体。

附　录

常用电气图形符号、文字符号一览表

类别	名称	图形符号	文字符号	类别	名称	图形符号	文字符号
开关	单极控制开关		SA	接触器	常开辅助触点		KM
开关	手动开关一般符号		SA	接触器	常闭辅助触点		KM
开关	三极控制开关	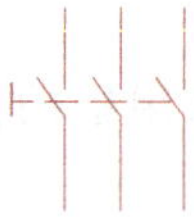	QS	位置开关	常开触点		SQ
开关	三极隔离开关	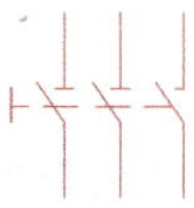	QS	位置开关	常闭触点	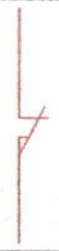	SQ
开关	三极负荷开关	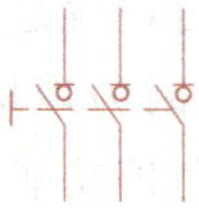	QS	位置开关	复合触点	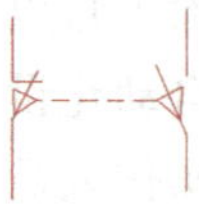	SQ
开关	组合旋钮开关	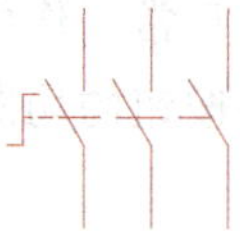	QS	按钮	常开按钮		SB
开关	低压断路器	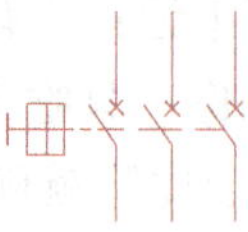	QF	按钮	常闭按钮		SB
开关	控制器或操作开关	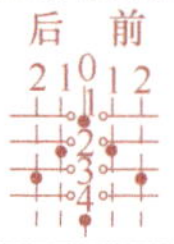	SA	按钮	复合按钮		SB
接触器	线圈操作器件	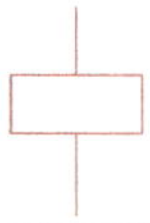	KM	按钮	急停按钮		SB
接触器	常开主触点	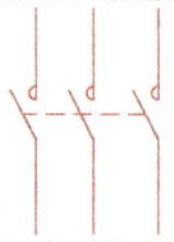	KM	按钮	钥匙操作式按钮	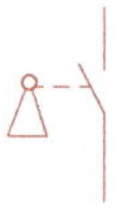	SB

（续）

类别	名称	图形符号	文字符号
热继电器	驱动元件	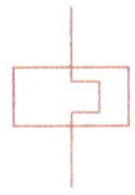	FR
	常闭触点	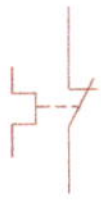	FR
中间继电器	线圈	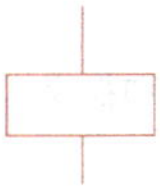	KA
	常开触点		KA
时间继电器	通电延时（缓吸）线圈	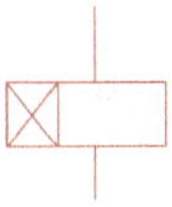	KT
	断电延时（缓放）线圈	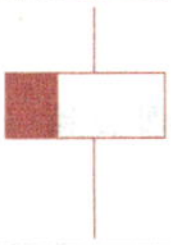	KT
	瞬时闭合的常开触点		KT
	瞬时断开的常闭触点		KT
	延时闭合的常开触点		KT
	延时断开的常闭触点		KT
	延时闭合的常闭触点		KT
	延时断开的常开触点		KT
电磁操作器	电磁铁的一般符号	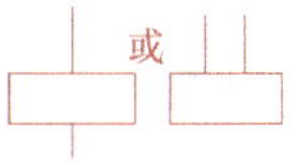	YA
	电磁吸盘	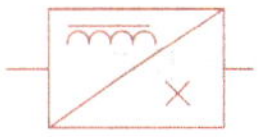	YH
	电磁离合器	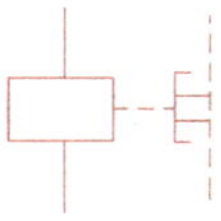	YC
	电磁制动器	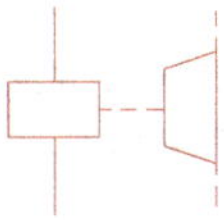	YB
	电磁阀	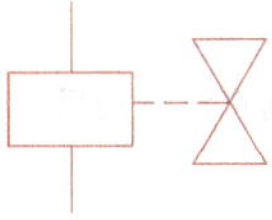	YV
中间继电器	常闭触点		KA
电流继电器	过电流线圈	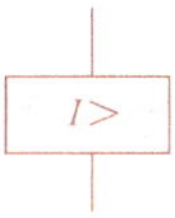	KA
	欠电流线圈	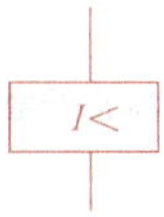	KA
	常开触点		KA
	常闭触点		KA
电压继电器	过电压线圈	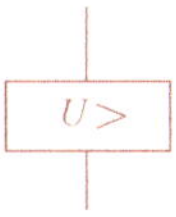	KV
	欠电压线圈	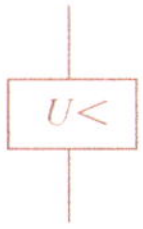	KV

（续）

类别	名称	图形符号	文字符号	类别	名称	图形符号	文字符号
电压继电器	常开触点		KV	灯	信号灯（指示灯一般符号）		HL
	常闭触点		KV		照明灯（一般符号）		EL
电动机	三相笼型异步电动机	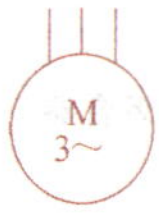	M	接插器	插头和插座	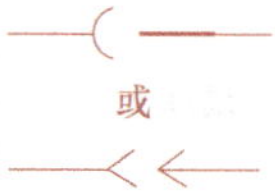	X 插头 XP 插座 XS
	三相绕线转子异步电动机	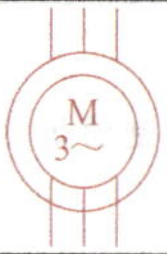	M	电动机	串励直流电动机	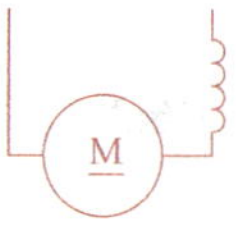	M
	他励直流电动机	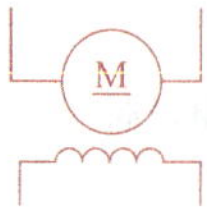	M	熔断器	熔断器		FU
	并励直流电动机	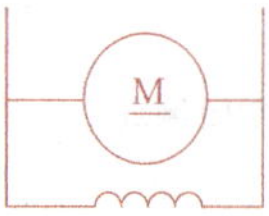	M	变压器	单相变压器	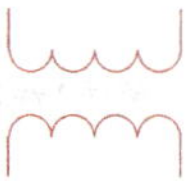	TC
非电量控制的继电器	速度继电器常开触点	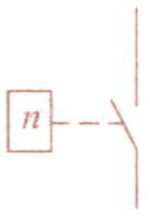	KS		三相变压器	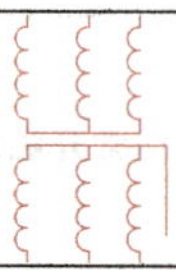	TM
	压力继电器常开触点		KP	互感器	电压互感器	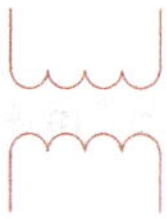	TV
发电机	发电机	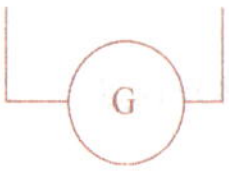	G		电流互感器		TA
	直流测速发电机	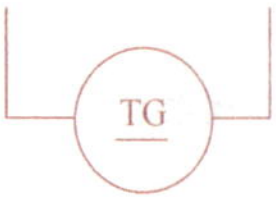	TG	电抗器	电抗器	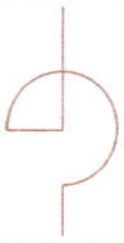	L

参 考 文 献

[1] 人力资源和社会保障部教材办公室. 数控机床机械装调与维修［M］. 北京：中国劳动社会保障出版社，2012.

[2] 刘江，卢鹏程，许朝山. FANUC 数控系统 PMC 编程［M］. 北京：高等教育出版社，2011.

[3] 周兰，陈少艾. FANUC 0i-D/0i Mate-D 数控系统连接调试与 PMC 编程［M］. 北京：机械工业出版社，2012.

[4] 吴毅. 数控机床故障维修情境式教程［M］. 北京：高等教育出版社，2013.

[5] 汤彩萍. 数控系统安装与调试：基于工作过程工学结合课程实施整体解决方案［M］. 北京：电子工业出版社，2009.

[6] 李宏胜，朱强，曹锦江. FANUC 数控系统维护与维修［M］. 北京：高等教育出版社，2011.

[7] 韩鸿鸾. 数控机床电气系统装调与维修一体化教程［M］. 2 版. 北京：机械工业出版社，2021.

[8] 王先逵. 我国机床数字控制技术的回顾和发展［J］. 现代制造工程. 2011.（1）：1-8.

[9] 夏燕兰. 数控机床电气控制［M］. 3 版. 北京：机械工业出版社. 2017.